MATHÉMATIQUES
&
APPLICATIONS

Directeurs de la collection:
G. Allaire et M. Benaïm

51

Bernard Bonnard
Ludovic Faubourg
Emmanuel Trélat

Mécanique céleste
et contrôle
des véhicules spatiaux

 Springer

Bernard Bonnard
Ludovic Faubourg

UMR CNRS 5584
Département de Mathématiques
Institut de Mathématiques de Bourgogne
UFR des Sciences et Techniques
Université de Bourgogne
BP 47 870
21078 Dijon Cedex
France
bernard.bonnard@u-bourgogne.fr
ludovic.faubourg@wanadoo.fr

Emmanuel Trélat

Laboratoire de Mathématique
Equipe d'Analyse Numérique et EDP
UMR 8628
Université Paris-Sud
Bâtiment 425
91405 Orsay Cedex
France
emmanuel.trelat@math.u-psud.fr

Library of Congress Control Number: 2005931933

Mathematics Subject Classification (2000): 93C10, 49J15, 70Q05, 70F15

ISSN 1154-483X
ISBN-10 3-540-28373-0 Springer Berlin Heidelberg New York
ISBN-13 978-3-540-28373-7 Springer Berlin Heidelberg New York

Springer est membre du Springer Science+Business Media
© Springer-Verlag Berlin Heidelberg 2006
springeronline.com
Imprimé en Pays-Bas

Imprimé sur papier non acide   41/SPI - 5 4 3 2 1 0 -

Préface

L'origine de ce livre est double. D'une part, il s'appuie sur deux projets de recherche sur le contrôle véhicules spatiaux. Le premier étudié dans les années 80, sur le problème du contrôle d'attitude d'un satellite rigide, en collaboration avec l'ESA et dont l'objectif était d'appliquer les techniques du contrôle dit géométrique. Le second projet, avec le CNES, concerne le calcul des trajectoires de rentrée atmosphérique de la navette spatiale. Ces travaux ont donné lieu à des développements méthodologiques en théorie des systèmes qu'il nous a paru intéressant d'intégrer dans une série de cours de DEA enseignés à des étudiants en mathématiques et en physique à l'université de Dijon, en parallèle avec un cours plus classique sur les systèmes dynamiques et la mécanique céleste. En effet la connexion est évidente. D'une part parce que la partie contrôle utilise de façon fine des propriétés des équations de la mécanique spatiale que sont les équations d'Euler ou les équations de Kepler, et les coordonnées issues de la mécanique céleste pour modéliser les systèmes. D'autre part les techniques dites variationnelles du calcul des variations traditionnel sont développées en théorie des systèmes sous le nom de contrôle optimal et jouent un rôle important en mécanique céleste dans le programme de montrer l'existence de trajectoires périodiques. Par ailleurs des outils communs à la théorie du contrôle et à la mécanique céleste sont la géométrie symplectique et l'étude des équations différentielles Hamiltoniennes. Enfin il ne faut pas cacher qu'une des ambitions de cet ouvrage est de rassembler des lecteurs intéressés de deux communautés scientifiques disjointes plus pour des raisons culturelles que scientifiques, l'une issue des sciences de l'ingénieur et l'autre des mathématiques.

La première partie du livre est une introduction à la mécanique céleste, non exhaustive car le sujet est encyclopédique. Notre présentation est orientée vers les applications en mécanique spatiale. Néanmoins, une de ses ambitions est, à notre modeste niveau, de réactualiser les travaux exceptionnels de Poincaré en mécanique céleste [58], qui sont aussi à l'origine du développement moderne des systèmes dynamiques, et de compléter certains ouvrages déjà anciens comme ceux de Moser, Siegel [64] ou de Sternberg [65]. Ces livres orientés par ailleurs vers le KAM étant assez techniques mathématiquement. L'organisation de la partie mécanique céleste est la suivante. Le premier chapitre est une introduction à la géométrie symplectique et aux propriétés des systèmes Hamiltoniens qui s'appuie sur l'excellent ouvrage de Meyer et Hall [53]. Le second chapitre est consacré à l'étude des propriétés des systèmes dynamiques Hamiltoniens : intégrabilité et stabilité. On y présente le théorème de Liouville et on fait une introduction descriptive au KAM avant de conclure par le théorème de Poincaré-Hopf sur les propriétés de récurrence des trajectoires dans le cadre borné. On introduit, dans le chapitre 3, le problème des N corps. Vu sa complexité, on connait très peu de solutions excepté le cas du problème des 2 corps ou problème de Kepler, et le problème des 3 corps, si on se limite au problème dit circulaire restreint. Ce chapitre contient aussi une introduction à un problème clef de la mécanique céleste : les collisions. Le chapitre 4 est consacré au programme de recherche des trajectoires périodiques. On présente deux méthodes toutes deux issues des travaux de Poincaré. La première est la technique dite de continuation fondée sur le théorème des fonctions implicites. Cette méthode bien que simple est en fait une technique des perturbations très importante pour calculer des trajectoires périodiques dans le problème des 3 corps restreint, qui peut s'interpréter comme une perturbation du problème de Kepler. La seconde méthode plus sophistiquée est la méthode directe du calcul des variations qui est appliquée ici pour calculer des trajectoires périodiques pour les systèmes Hamiltoniens. Cette technique est en plein développement actuellement et a permis de calculer de nouvelles trajectoires périodiques dans le problème de N corps, notamment le huit de Chenciner et Montgomery [20].

La seconde partie de ce livre concerne le contrôle des véhicules spatiaux. On restreint notre présentation à trois problèmes : le contrôle de l'attitude ou orientation du satellite, le problème de transfert orbital, avec ou sans rendez-vous et enfin le problème du contrôle de l'arc atmosphérique. Le premier chapitre de la seconde partie est consacré au problème de contrôle d'attitude. Il contient une introduction aux méthodes dites géométriques pour étudier la contrôlabilité des systèmes non linéaires. Ces techniques appliquées au contrôle d'attitude permettent d'analyser complètement la contrôlabilité de tels systèmes en utilisant les propriétés de récurrence du système libre (les équations d'Euler-Poinsot) déduites du théorème de Poincaré-Hopf. Le second chapitre est consacré au problème de transfert d'orbite. Le système libre est décrit en première approximation par les équations de Kepler. On a choisi de présenter le problème dans le cadre d'un projet en cours de développement avec des moteurs à poussée faible. Ce type de système nécessite des lois de commande adaptées. Une approche standard par la technique de stabilisation est rappelée. On analyse ensuite le problème du temps minimal qui est ici un problème crucial car le temps de transfert à une orbite géostationnaire est long, de l'ordre de 150 jours. Par ailleurs pour ce type de système, le contrôle n'agit pas quand le satellite rentre dans la zone d'ombre : c'est le problème des éclipses qui doit être pris en compte dans le calcul de la loi opimale, la trajectoire étant réfractée en passant de la zone éclairée à la zone d'ombre. Les lois de la réfraction sont la conséquence du principe du maximum avec contraintes, un chapitre entier est consacré à présenter ce principe. La tâche est ardue car il s'agit d'une extension non triviale du principe du maximum standard. Il est par ailleurs utilisé et développé dans un chapitre de cet ouvrage, consacré au contrôle de l'arc atmosphérique. Dans ce cas la navette se comporte comme un planeur (la poussée étant coupée), volant à haute vitesse (de l'ordre de 8000 m/s en début de trajectoire), soumis à des forces fluides dans l'atmosphère, une force de frottement appelée traînée et une force de portance qui permet de contrôler la navette. Le problème est complexe car il y a des contraintes actives sur l'état : une contrainte sur le flux thermique et une contrainte sur l'accélération normale. Pour ce type de système un critère à minimiser dans le calcul de trajectoires est le facteur d'usure de la navette, modélisé par l'intégrale du flux thermique. Enfin, un chapitre est consacré aux méthodes numériques dites indirectes en contrôle optimal, introduisant aussi la théorie des points conjugués et des algorithmes d'implémentation numérique.

Avertissement aux lecteurs. La première partie de l'ouvrage, consacrée à la mécanique céleste, est motivée par l'introduction des concepts et outils nécessaires dans la seconde partie. La seconde partie, sur la mécanique spatiale, est une présentation didactique et simplifiée des résultats obtenus dans nos travaux en contrôle d'attitude, transfert orbital, et rentrée atmosphérique. Pour une analyse plus complète, le lecteur intéressé est invité à consulter nos articles.

Remerciements. Les auteurs remercient R. Roussarie et J.-B. Caillau.

Dijon, Orsay,   *Bernard Bonnard*
mai 2005   *Ludovic Faubourg*
                                                       Emmanuel Trélat

Table des matières

Partie II Contrôle des véhicules spatiaux

Partie I

Mécanique céleste

1

Géométrie symplectique et transformations canoniques

L'objectif de ce chapitre est d'introduire les outils de géométrie symplectique qui seront utilisés dans cet ouvrage. Par ailleurs, on établit le lien de la géométrie symplectique avec le calcul des variations classique. On fait une présentation du principe du maximum de Pontriaguine dans sa forme faible. Ce principe permet d'établir une formulation Hamiltonienne directe pour calculer les extrémales d'un problème de minimisation.

1.1 Rappels d'algèbre extérieure et géométrie symplectique linéaire

Dans cette section, les espaces vectoriels sont de dimension finie sur $\mathbb{K} = \mathbb{R}$ ou $\mathbb{C}$.

Définition 1. *Soient E et F deux espaces vectoriels, $\alpha : F^p \to \mathbb{K}$ une forme multilinéaire de degré p, et $h : E \to F$ une application linéaire. L'image réciproque de α par h est la forme $h^*\alpha : (x_1, \ldots, x_p) \mapsto \alpha(h(x_1), \ldots, h(x_p))$.*

Définition 2. *On dit que α est une forme extérieure de degré p si α est une forme multilinéaire de degré p antisymétrique. L'ensemble des formes extérieures de degré p sur E est noté $\Lambda^p(E)$. C'est un espace vectoriel de dimension C_n^p.*

Définition 3. *Si α est une forme multilinéaire de degré p et β une forme multilinéaire de degré q, on définit le produit tensoriel par*

$$(\alpha \otimes \beta)(x) = \alpha(x_1, \ldots, x_p)\beta(x_{p+1}, \ldots, x_{p+q})$$

où $x = (x_1, \ldots, x_p, x_{p+1}, \ldots, x_{p+q})$.

Si $\alpha \in \Lambda^p(E)$ et $\beta \in \Lambda^q(E)$, on définit le produit extérieur par

$$(\alpha \wedge \beta)(x) = \frac{1}{p!}\frac{1}{q!}\sum_\sigma \varepsilon(\sigma)\alpha(x_{\sigma(1)}, \ldots, x_{\sigma(p)})\beta(x_{\sigma(p+1)}, \ldots, x_{\sigma(p+q)})$$

où $x = (x_1, \ldots, x_p, x_{p+1}, \ldots, x_{p+q})$, σ est une permutation sur l'ensemble des indices et $\varepsilon(\sigma)$ sa signature ; $(\alpha \wedge \beta)$ est une forme extérieure de degré $p + q$.

Proposition 1. *Soit* $(e_i)_{1 \leqslant i \leqslant n}$ *une base de* E, *et soit* $(e_i^*)_{1 \leqslant i \leqslant n}$ *sa base duale. Alors une base de* $\Lambda^p(E)$ *est* $(e_{i_1}^* \wedge \cdots \wedge e_{i_p}^*)_{1 \leqslant i_1 < i_2 < \cdots < i_p \leqslant n}$.

Définition 4. *Soient* α *une forme extérieure de degré* $p > 1$ *et* x *un élément de* E. *Le produit intérieur de* α *par* x *est la forme de degré* $p - 1$ *donnée par*

$$(i(x)\alpha)(x_1, \ldots, x_{p-1}) = \alpha(x, x_1, \ldots, x_{p-1}).$$

1.2 Formes extérieures de degré 2 et géométrie symplectique linéaire

Définition 5. *Soit* E *un espace vectoriel sur* $\mathbb{R}$ *de dimension* $2n$. *On appelle structure symplectique linéaire sur* E, *la donnée d'une forme extérieure* ω *de degré 2 et non dégénérée, i.e.* $(\omega(x, y) = 0 \;\; \forall y) \Rightarrow (x = 0)$.

Exemple 1. On note $\langle \; , \; \rangle$ le produit scalaire sur $\mathbb{R}^{2n}$, $\langle x, y \rangle = {}^t x y$, où x et y sont identifiés à des vecteurs colonnes. Notons J la matrice $\begin{pmatrix} 0 & I_n \\ -I_n & 0 \end{pmatrix}$ où I_n est la matrice identité d'ordre n et posons $\omega(x, y) = \langle x, Jy \rangle$. Si (e_i) est la base canonique de $\mathbb{R}^{2n}$, on a les relations suivantes :

- $\omega(e_i, e_{i+n}) = 1$, $\omega(e_{i+n}, e_i) = -1$, $1 \leqslant i \leqslant n$.
- $\omega(e_i, e_j) = 0$ sinon.

Proposition 2. *Soit* (E, ω) *une structure symplectique linéaire, où* E *est un espace vectoriel de dimension* $2n$. *Alors il existe une base* (e_i) *de* E *dite de Darboux ou canonique telle que* $\omega(e_i, e_{i+n}) = 1$, $\omega(e_{i+n}, e_i) = -1$, $1 \leqslant i \leqslant n$ *et* 0 *sinon.*

Preuve. On donne juste une indication de preuve, par récurrence sur la dimension de E.

- Soient e_1, e_2 deux vecteurs de E tel que $\omega(e_1, e_2) = 1$ et notons F l'espace $\mathbb{R}e_1 \oplus \mathbb{R}e_2$.
- Soient G l'ensemble des vecteurs x tels que $\omega(e_1, x) = \omega(e_2, x) = 0$. Comme ω est non dégénérée, G est l'intersection de deux hyperplans et $E = F \oplus G$.
- On applique l'hypothèse de récurrence.

Remarque 1. (Lien avec le produit extérieur) Le résultat précédent signifie que l'on peut trouver une base (e_i) de E telle que ω s'écrive

$$\omega = e_1^* \wedge e_2^* + \cdots + e_{2n-1}^* \wedge e_{2n}^*.$$

On observe alors que $\omega^n = \wedge_{n \text{ fois}} \omega$ est une forme extérieure de degré $2n$ non nulle ; c'est une forme volume.

Le résultat suivant résume les caractérisations des espaces symplectiques linéaires.

Proposition 3. *Soient E un espace vectoriel réel de dimension $2n$ et ω une forme extérieure de degré 2. Alors les assertions suivantes sont équivalentes :*

1. *(E,ω) est un espace symplectique.*
2. *$\omega^n = \wedge_{n\ fois}\omega$ est une forme volume.*
3. *L'application $x \mapsto i(x)\omega$ est un isomorphisme de E sur E^*.*

1.3 Groupe symplectique

Définition 6. *Soient (E_1,ω_1), (E_2,ω_2) deux espaces symplectiques de dimension $2n$ et f un isomorphisme linéaire de E_1 sur E_2. On dit que f est symplectique si, pour tous $x,y \in E_1$,*

$$\omega_1(x,y) = \omega_2(f(x),f(y)).$$

L'ensemble des isomorphismes symplectiques forme un groupe que l'on va identifier.

1.3.1 Représentation du groupe

On choisit sur E_1 et E_2 des bases de Darboux. Ce choix permet d'identifier (E_1,ω_1) et (E_2,ω_2) à $(\mathbb{R}^{2n},\omega)$ où ω est la forme $\omega(x,y) = {}^txJy$. Soit S la matrice carrée d'ordre $2n$ représentant f dans les bases de Darboux, on a alors

$$\omega(Sx,Sy) = {}^tx\,{}^tSJSy = \omega(x,y) = {}^txJy,$$

pour tous x,y. On obtient la relation

$${}^tSJS = J \tag{1.1}$$

L'ensemble des matrices S ainsi définies forme le groupe symplectique réel noté $Sp(n,\mathbb{R})$.

Exemple 2. $Sp(1,\mathbb{R})$ coïncide avec $SL(2,\mathbb{R})$, le groupe des matrices 2×2 de déterminant 1.

1.3.2 Groupe symplectique et champs de vecteurs Hamiltoniens linéaires

Proposition 4. *On a les propriétés suivantes.*

1. *Le groupe $Sp(n,\mathbb{R})$ est un sous groupe fermé du groupe linéaire $GL(2n,\mathbb{R})$ d'ordre $2n$, c'est donc un sous groupe de Lie.*

2. *Il est connexe et toute matrice symplectique est de déterminant 1, c'est à dire que $Sp(n, \mathbb{R})$ est inclus dans le groupe $SL(2n, \mathbb{R})$.*

Preuve. Prouvons que toute matrice symplectique est de déterminant 1. En utilisant la relation ${}^tSJS = J$ pour $S \in Sp(n, \mathbb{R})$, on en déduit que $(\det(S))^2 = 1$ et donc que $\det(S) = \pm 1$. Pour montrer que $\det(S) = 1$, il suffit d'observer que par définition S préserve la 2-forme $\omega = \sum_{i=1}^{n} dx_i \wedge dx_{i+n}$ et donc la forme volume $\omega^n = \wedge_{n \text{ fois}}\omega$ proportionnelle à la forme $dx_1 \wedge \ldots \wedge dx_{2n}$.

Proposition 5. *Soit S une matrice symplectique. En décomposant S en blocs $n \times n$,*

$$S = \begin{pmatrix} A & B \\ C & D \end{pmatrix},$$

on a les relations

$${}^tAD - {}^tBC = I_n, \quad {}^tAC = {}^tCA, \quad {}^tBD = {}^tDB.$$

Définition 7. *On note $sp(n, \mathbb{R})$ l'algèbre de Lie de $Sp(n, \mathbb{R})$,*

$$sp(n, \mathbb{R}) = \{H \mid \exp tH \in Sp(n, \mathbb{R})\}.$$

Un calcul facile donne

$${}^tHJ + JH = 0, \tag{1.2}$$

et en décomposant H en blocs $n \times n$, $H = \begin{pmatrix} A & B \\ C & D \end{pmatrix}$, on obtient les conditions sur les blocs

$$D = -{}^tA, \quad {}^tB = B, \quad {}^tC = C.$$

Proposition 6. *L'algèbre de Lie de $Sp(n, \mathbb{R})$ est l'ensemble*

$$sp(n, \mathbb{R}) = \left\{ \begin{pmatrix} A & B \\ C & -{}^tA \end{pmatrix} \ \middle| \ \begin{matrix} A, B, C : n \times n \\ B, C : \text{ symétriques} \end{matrix} \right\}.$$

Sous-groupe compact maximal

Une matrice A est dite compacte si $\exp tA$ est une matrice orthogonale. Le groupe unitaire est par définition $U(n) = \{U \in GL(n, C) \mid \overline{{}^tU}U = I_n\}$ où $\overline{U}$ est la matrice conjuguée de U. Son algèbre de Lie est $u(n)$, ensemble des matrices H complexes d'ordre n telles que $\overline{{}^tH} + H = 0$. On identifie $U(n)$ à un sous groupe de $Sp(n, \mathbb{R})$ avec l'isomorphisme $\theta \ : U = A + iB \mapsto \begin{pmatrix} A & B \\ -B & A \end{pmatrix}$. Son image contenue dans $SO(2n)$, groupe des matrices orthogonales directes forme un sous groupe compact maximal de $Sp(n, \mathbb{R})$. On vérifie aisément que l'isomorphisme dérivée $d\theta$ coïncide avec θ et l'algèbre de Lie $u(n)$ est donc ainsi identifiée à une sous algèbre de Lie compacte maximale de $sp(n, \mathbb{R})$. On a la décomposition polaire correspondante de $Sp(n, \mathbb{R})$ et de son algèbre de Lie : toute matrice $S \in Sp(p, \mathbb{R})$ s'écrit PO où P est une matrice symplectique définie positive et O est une matrice symplectique orthogonale, c'est à dire un élément de $U(n)$. En termes d'algèbre de Lie, tout élément de $sp(n, \mathbb{R})$ s'écrit $H = S + U$, où S et U sont deux matrices de $sp(n, \mathbb{R})$ respectivement symétrique et antisymétrique.

Définition 8. *Un champ de vecteurs Hamiltonien linéaire est représenté par une équation de la forme $\dfrac{dx}{dt}(t) = A(t)x(t)$, $x(t) \in \mathbb{R}^{2n}$ et $A(t) \in sp(n, \mathbb{R})$. Le cas autonome est le cas où la matrice $A(t)$ est une matrice constante. En posant $x = (x_1, x_2)$ et en introduisant le Hamiltonien $H(t, x) = \frac{1}{2}\,^t x S(t) x$, l'équation s'écrit*

$$\begin{pmatrix} \dot{x}_1 \\ \dot{x}_2 \end{pmatrix} = \begin{pmatrix} 0 & I_n \\ -I_n & 0 \end{pmatrix} \begin{pmatrix} \partial H/\partial x_1 \\ \partial H/\partial x_2 \end{pmatrix},$$

et le vecteur $\,^t(\partial H/\partial x_1, \partial H/\partial x_2)$ est le gradient $\nabla_x H$.

1.3.3 Notions d'algèbre linéaire symplectique

Définition 9. *Soit (E, ω) un espace symplectique linéaire. On peut identifier E à $\mathbb{R}^{2n}$ et $\omega(x, y)$ à $\,^t x J y$. Deux vecteurs x et y sont dits orthogonaux (pour ω) si $\omega(x, y) = 0$ et deux sous-espaces de F, G sont orthogonaux si $\omega(F, G) = 0$. Si F est un sous-espace, son espace orthogonal est noté $F^\perp$. Par somme directe de deux sous-espaces F, G notée $F \perp G$, on entend une somme directe $F \oplus G$ avec $\omega(F, G) = 0$. Un espace est dit isotrope si $\omega(F, F) = 0$. Un espace isotrope de dimension maximale n est dit Lagrangien. Un sous-espace $F \subset E$ tel que $\omega_{|F \times F}$ est non dégénérée est dit symplectique. Soit L_1, L_2 deux espaces Lagrangiens. On dit que E admet une décomposition Lagrangienne si $E = L_1 \oplus L_2$.*

Propriétés spectrales

Proposition 7. *1. Soient $H \in sp(n, \mathbb{R})$ et λ une valeur propre de H. Alors $-\lambda$, $\overline{\lambda}$ et $-\overline{\lambda}$ sont aussi des valeurs propres.*

2. Si $S \in Sp(n, \mathbb{R})$ et si λ une valeur propre de S, alors λ^{-1} est une valeur propre de S.

Preuve (assertion 1). Soit $H \in sp(n, \mathbb{R})$ et soit $p(\lambda) = \det(H - \lambda I)$ son polynôme caractéristique. Alors $p(\lambda) = \det(J\,^t H J - \lambda I) = \det(J\,^t H J + \lambda J J) = \det(J)\det(H + \lambda I)\det(J) = \det(H + \lambda I) = p(-\lambda)$. Donc si λ est valeur propre il en est de même de $-\lambda$. Comme H est réelle alors $\overline{\lambda}$ et $-\overline{\lambda}$ sont aussi valeurs propres.

Lemme 1. *Si λ et μ sont deux valeurs propres de $H \in sp(n, \mathbb{R})$ telles que $\lambda + \mu \neq 0$ et si x et y sont des vecteurs propres associés alors $\omega(x, y) = 0$.*

Preuve. On étend ω sur $\mathbb{C}^{2n}$ à l'aide de la formule $\omega(x, y) = {}^t x J y$ où les coordonnées x, y sont réelles ou complexes. Par hypothèse $\omega(Hx, y) = \omega(\lambda x, y) = \lambda \omega(x, y)$ et $\omega(x, Hy) = \omega(x, \mu y) = \mu \omega(x, y)$. De plus, comme $H \in sp(n, \mathbb{R})$, $\omega(Hx, y) = -\omega(x, Hy)$. On en déduit la relation $(\lambda + \mu)\omega(x, y) = 0$ et $\omega(x, y) = 0$ si $\lambda + \mu \neq 0$.

Définition 10. *Soit (E, ω) un espace symplectique de dimension $2n$. Fixons $x \in E$. Alors $i(x) : y \mapsto \omega(x, y)$ est une forme linéaire et l'application $x \mapsto \omega(x, .)$ est une bijection de E dans E^* notée i. Soit F un sous espace de dimension p et notons $F^o = \{f \in E^* \mid f(x) = 0, \ \forall x \in F\}$. C'est un sous-espace de dimension $2n - p$.*

Lemme 2. *On a $F^\perp = i^{-1}(F^o)$ et $\dim(F) + \dim(F^\perp) = n$.*

Preuve. Par définition on a

$$
\begin{aligned}
F^\perp &= \{x \in E \mid \omega(x, y) = 0, \ \forall y \in F\} \\
&= \{x \in E \mid i(x)(y) = 0, \ \forall y \in F\} \\
&= \{x \in E \mid i(x) \in F^o\},
\end{aligned}
$$

et i est une bijection. Donc $\dim F^\perp = \dim F^o = 2n - p$ et $\dim F^\perp + \dim F = 2n$.

Lemme 3. *Si $E = F \perp G$ alors F et G sont symplectiques.*

Preuve. Par définition $E = F \oplus G$ et $\omega(F, G) = 0$. Supposons que F ne soit pas symplectique. En conséquence il existe $x \in F$, non nul et tel que $\omega(x, F) = 0$. Puisque $E = F \oplus G$ et $\omega(F, G) = 0$, on en déduit que $\omega(x, E) = 0$, ce qui est impossible car ω est non dégénérée.

Lemme 4. *Si F est symplectique alors $F^\perp$ est symplectique et $E = F \perp F^\perp$.*

Lemme 5. *Si L_1 est Lagrangien alors il existe un complémentaire Lagrangien L_2.*

Preuve. Une construction possible de L_2 consiste à identifier ω à sa forme de Darboux et de prendre $L_2 = J L_1$.

Ce complémentaire n'est pas unique. Par exemple, dans $\mathbb{R}^2$, deux droites distinctes quelconques forment une telle décomposition.

Lemme 6. *Soient $E = L_1 \oplus L_2$ une décomposition Lagrangienne, et $(e_1, \ldots, e_n)$ une base de L_1. Il existe une unique base $(f_1, \ldots, f_n)$ de L_2 telle que la famille $(e_1, \ldots, e_n, f_1, \ldots, f_n)$ soit symplectique.*

Preuve. Pour $w \in L_2$, introduisons les formes linéaires $\Phi_i(w) = \omega(e_i, w)$, $i = 1, \ldots, n$. Montrons que ces formes sont indépendantes. Supposons qu'il existe des scalaires $\alpha_1, \ldots, \alpha_n$, tels que $\sum_{i=1}^n \alpha_i \Phi_i = 0$. Alors, $\omega(\sum_{i=1}^n \alpha_i e_i, w) = 0$, pour tout $w \in L_2$. Or, $E = L_1 \oplus L_2$, et $\omega(L_1, L_1) = 0$, donc $\omega(\sum_{i=1}^n \alpha_i e_i, E) = 0$, et donc $\alpha_i = 0$, pour $i = 1, \ldots, n$. Les formes Φ_i, $i = 1, \ldots, n$, forment donc une base de L_2^*, de base duale notée $(F_1, \ldots, F_n)$. Par définition, on a $\Phi_i(F_j) = \delta_{ij}$ où δ_{ij} est le symbole de Kronecker. Par construction, on a $\Phi_i(F_j) = \omega(e_i, F_j)$, d'où l'assertion.

Lemme 7. *Soit* $E = L_1 \oplus L_2$ *une décomposition Lagrangienne de* E *et* $x = (x_1, x_2)$ *les coordonnées correspondantes. Alors tout isomorphisme* $x_1 = \varphi(X_1)$ *se relève en un isomorphisme symplectique qui se représente dans des coordonnées canoniques par la transformation matricielle*

$$\begin{pmatrix} x_1 \\ x_2 \end{pmatrix} = \begin{pmatrix} \varphi & 0 \\ 0 & -{}^t\varphi^{-1} \end{pmatrix} \begin{pmatrix} X_1 \\ X_2 \end{pmatrix}.$$

La transformation ainsi définie notée $\overrightarrow{\varphi}$, *s'appelle le relèvement symplectique de* φ. *Un champ de vecteurs Hamiltonien linéaire qui laisse* L_1 *et* L_2 *invariants se représente dans des coordonnées de Darboux par une matrice* $\begin{pmatrix} A & 0 \\ 0 & -{}^tA \end{pmatrix}$.

Application : forme canonique d'un champ Hamiltonien linéaire

Supposons que H soit une matrice inversible de $sp(n, \mathbb{R})$ avec des valeurs propres distinctes. On range les valeurs propres en trois groupes :

- les valeurs propres réelles : $(\lambda_k, -\lambda_k)$,
- les valeurs propres imaginaires : $(i\mu_k, -i\mu_k)$,
- les valeurs propres complexes : $\nu_k = \lambda_k + i\mu_k$ avec $\lambda_k \neq 0, -\nu_k, \overline{\nu}_k, -\overline{\nu}_k$.

En utilisant nos résultats précédents on peut décomposer l'espace en une somme directe d'espaces symplectiques orthogonaux, et dans chacun de ces espaces, H s'écrit dans une base de Darboux sous la forme d'un bloc :

- cas réel : $\begin{pmatrix} \lambda & 0 \\ 0 & -\lambda \end{pmatrix}$,

- cas imaginaire : $\begin{pmatrix} 0 & \beta \\ -\beta & 0 \end{pmatrix}$ ou $\begin{pmatrix} 0 & -\beta \\ \beta & 0 \end{pmatrix}$,

- cas complexe : $\begin{pmatrix} A & 0 \\ 0 & -{}^tA \end{pmatrix}$ avec $A = \begin{pmatrix} \alpha & \beta \\ -\beta & \alpha \end{pmatrix}$.

Remarque 2. Dans le cas imaginaire, il y a deux formes normales car les matrices $\begin{pmatrix} 0 & 1 \\ -1 & 0 \end{pmatrix}$ et $\begin{pmatrix} 0 & -1 \\ 1 & 0 \end{pmatrix}$ ne sont pas symplectiquement équivalentes car elles sont semblables via un isomorphisme qui doit renverser l'orientation.

Ce résultat se généralise sans difficulté pour construire une forme de Jordan réelle qui respecte la structure symplectique. Il faut remplacer les espaces propres par les espaces propres généralisés. Il y a aussi une théorie semblable pour une matrice symplectique que l'on obtient essentiellement en exponentiant, en prenant garde que exp n'est pas un difféomorphisme et en tenant compte des réflexions.

1.3.4 Stabilité et stabilité structurelle

Une application importante de notre étude est la question de stabilité des champs de vecteurs Hamiltoniens linéaires qui sera étudiée en détails dans le Chap. 2 (voir ce chapitre pour les définitions de stabilité).

Proposition 8. *Soit $\dot{x} = Ax$ un champ de vecteurs Hamiltonien linéaire de $\mathbb{R}^{2n}$, à coefficients constants. Alors*

- *l'origine n'est jamais asymptotiquement stable ;*
- *l'origine est stable si et seulement si les valeurs propres de A sont imaginaires pures et A est diagonalisable sur $\mathbb{C}$.*

Preuve. Cette proposition résulte de la théorie de Liapunov. Il suffit de prouver la première assertion. Si A admet une valeur propre λ à partie réelle strictement négative alors $-\lambda$ est aussi une valeur propre à partie réelle strictement positive, et l'origine est par conséquent instable.

Définition 11. *Soit $A \in sp(n, \mathbb{R})$. On dit que A est structurellement stable s'il existe $\varepsilon > 0$ telle que l'origine soit stable pour tout système $\dot{x} = A'x$ avec $A' \in sp(n, \mathbb{R})$, $|A - A'| \leqslant \varepsilon$, où $|\cdot|$ est une norme usuelle sur les matrices.*

Critère de stabilité structurelle

Soit H le Hamiltonien quadratique associé à A (voir définition 8). Alors si le Hamiltonien H est défini positif ou négatif, le système est clairement structurellement stable. En effet la propriété $H > 0$ ou $H < 0$ est structurellement stable et H représente l'énergie du système qui est conservée.

Théorème 1. *Soit A une matrice de $sp(n, \mathbb{R})$ diagonalisable sur $\mathbb{C}$ et $\sigma(A)$ l'ensemble des valeurs propres supposées imaginaires pures. Notons $\mathbb{R}^{2n} = E_1 \perp \cdots \perp E_p$ la décomposition de l'espace associée aux couples de valeurs propres $\{\pm i\alpha_k \mid k = 1, \ldots, p\}$ distinctes, H le Hamiltonien de A et H_k la restriction de H à E_k. Alors A est structurellement stable si et seulement si chaque forme quadratique H_k est soit définie positive soit définie négative.*

Preuve. La preuve est une généralisation de l'exemple suivant dans $\mathbb{R}^4$. Considérons les deux Hamiltoniens

$$H_1 = \frac{1}{2}\left((p_1^2 + q_1^2) + (p_2^2 + q_2^2)\right),$$

$$H_2 = \frac{1}{2}\left((p_1^2 + q_1^2) - (p_2^2 + q_2^2)\right).$$

Les valeurs propres sont $\pm i$ et sont doubles. Le système représente un couple d'oscillateurs harmoniques. Dans le premier cas $H_1 > 0$ et le système est structurellement stable. Dans le second cas on peut déstabiliser le système en perturbant H_2 avec un terme de la forme $\varepsilon q_1 q_2$ pour obtenir un spectre complexe.

Corollaire 1. *Soit A un élément de $sp(n, \mathbb{R})$ et on suppose que les valeurs propres de A sont imaginaires pures et toutes distinctes. Alors A est structurellement stable. De plus si A' est assez voisin de de A l'adhérence du groupe à un paramètre $\{\exp tA' \mid t \in \mathbb{R}\}$ est un tore T^n de $Sp(n, \mathbb{R})$.*

Remarque 3. Le résultat précédent est particulièrement important pour comprendre les propriétés des champs de vecteurs Hamiltoniens. Dans le cas linéaire, les champs de vecteurs dont l'adhérence forme un sous-groupe compact de $Sp(n, \mathbb{R})$ sont génériquement stables. Donc dans le cadre Hamiltonien linéaire, il y a beaucoup de champs dits compacts dont les trajectoires sont bornées. En particulier c'est une justification heuristique du KAM où les tores invariants sont préservés en général et cela rend aussi le programme de Poincaré de recherche de trajectoires périodiques très raisonnable.

1.4 Variétés symplectiques et champs de vecteurs Hamiltoniens

1.4.1 Notations et définitions

On utilise les notations suivantes :

- M : variété lisse (C^∞ ou C^ω).
- TM : fibré tangent : $\cup T_q M$.
- $T^* M$: fibré cotangent : $\cup T_q^* M$.
- $V(M)$: ensemble des champs de vecteurs lisses.
- $\wedge^1(M)$: l'espace des 1-formes lisses.

En termes de coordonnées locales, pour $q \in M$, un champ de vecteurs $X \in V(M)$ s'écrit $\sum X_i \dfrac{\partial}{\partial q_i}$ et une 1-forme $\alpha \in \wedge^1(M)$ s'écrit $\sum \alpha_i dq_i$. Si on note $E = T_q M$ la fibre, alors $E^* = T_q^* M$ est l'espace dual et l'on peut faire du calcul extérieur sur chaque fibre. On introduit ensuite l'opérateur de différentiation d.

Définition 12. *L'opérateur de différentiation extérieure d est un opérateur linéaire sur l'espace des p-formes défini par la relation suivante. Soient $f_1, \ldots, f_p$ et g des fonctions lisses sur M. On pose*

$$d(gdf_1 \wedge \cdots \wedge df_p) = dg \wedge df_1 \wedge \cdots \wedge df_p.$$

L'opérateur d transforme une forme de degré p en une forme de degré $p + 1$. Une forme α est dite fermée si $d\alpha = 0$ et exacte s'il existe une forme β telle que $\alpha = d\beta$.

Définition 13. *Soient $\varphi : M \to M$ une application lisse et $Q = \varphi(q)$. Soit $d\varphi$ sa différentielle et α une p-forme. Son image réciproque est définie par*

$$(\varphi^* \alpha)_q(v_1, \ldots, v_p) = \alpha_Q(d\varphi(v_1, \ldots, v_p)),$$

où $v_1, \ldots, v_p$ sont des vecteurs tangents en q. En termes de coordonnées locales, si

$$\alpha_Q = \sum a_{i_1 \cdots i_p}(Q)dQ_{i_1} \wedge \cdots \wedge dQ_{i_p},$$

on a

$$(\varphi^* \alpha)_q = \sum a_{i_1 \cdots i_p}(\varphi(q))d\varphi_{i_1} \wedge \cdots \wedge d\varphi_{i_p},$$

où $Q_i = \varphi_i(q)$ et on développe $d\varphi_{i_1} \wedge \cdots \wedge d\varphi_{i_p}$.

Définition 14. *On appelle variété symplectique un couple (M, ω) tel que*

1. *M est une variété lisse de dimension $2n$;*
2. *ω est une 2-forme lisse sur M telle que*
   - *a) $\forall q \in M$, $\omega_q(.,.)$ est non dégénérée,*
   - *b) ω est fermée : $d\omega = 0$.*

Exemple 3. L'espace $\mathbb{R}^{2n}$ avec sa structure symplectique linéaire canonique $\sum_{i=1}^{n} dp_i \wedge dq_i$.

Exemple 4. L'espace cotangent T^*M d'une variété M est muni d'une 1-forme intrinsèque α dite forme de Liouville et $(T^*M, d\alpha)$ est muni d'une structure symplectique canonique.

Construction de α. Soient q des coordonnées locales sur M et $l = (p, q)$ les coordonnées induites sur T^*M. Un vecteur tangent X à T^*M en l s'écrit

$$X = \sum_{i=1}^{n} \left(\xi_i \frac{\partial}{\partial p_i} + \eta_i \frac{\partial}{\partial q_i} \right).$$

Notons $\Pi : (p, q) \mapsto q$ la projection canonique sur la base et $d\Pi : T(T^*M) \to TM$ sa différentielle. On a

$$d\Pi(X) = \sum_{i=1}^{n} \eta_i \frac{\partial}{\partial q_i}.$$

On définit la forme de Liouville de façon intrinsèque en posant

$$\alpha(X) = l(d\Pi(X)). \tag{1.3}$$

Notre calcul donne

$$\alpha(X) = \left(\sum_{i=1}^{n} p_i dq_i \right) \left(\sum_{i=1}^{n} \eta_i \frac{\partial}{\partial q_i} \right) = \sum_{i=1}^{n} p_i d\eta_i.$$

La forme de Liouville s'écrit donc en coordonnées locales $\alpha = pdq$ (la somme étant omise) et on a $d\alpha = dp \wedge dq$.

Définition 15. *Soit (M, ω) une variété symplectique. Un difféomorphisme φ est un symplectomorphisme si $\varphi * \omega = \omega$.*

1.4.2 Coordonnées de Darboux

Théorème 2. *Soit (M,ω) une variété symplectique. Alors en tout point de M il existe un système de coordonnées locales (p,q) tel que la 2-forme s'écrive $\omega = \sum_{i=1}^n dp_i \wedge dq_i$. Ces coordonnées sont dites canoniques ou de Darboux.*

Preuve. Pour la preuve de ce résultat standard, voir par exemple [31].

Remarque 4. Dans des coordonnées de Darboux, un symplectomorphisme φ est caractérisé par la propriété $d\varphi \in Sp(n,\mathbb{R})$ en tout point.

Définition 16. *Soit (M,ω) une variété symplectique. A toute fonction $H : M \to R$, on associe un champ de vecteurs noté $\overrightarrow{H}$ en posant $i_{\overrightarrow{H}}(\omega) = -dH$. Le champ $\overrightarrow{H}$ est dit Hamiltonien et H est la fonction de Hamilton. Plus généralement un champ Hamiltonien non autonome est défini par $i_{\overrightarrow{H}}(\omega) = -d_x H(t,x)$, pour tout t.*

Calcul dans des coordonnées de Darboux

On a $\omega = dp \wedge dq$ et $\overrightarrow{H}$ s'écrit $X_1 \frac{\partial}{\partial p} + X_2 \frac{\partial}{\partial q}$. Si $Y = Y_1 \frac{\partial}{\partial p} + Y_2 \frac{\partial}{\partial q}$ est un champ de vecteurs. Par définition il vient

$$i_{\overrightarrow{H}}(\omega)(Y) = \omega(\overrightarrow{H}, Y) = -dH(Y).$$

Soit $\begin{pmatrix} X_1 & X_2 \end{pmatrix} \begin{pmatrix} 0 & I_n \\ -I_n & 0 \end{pmatrix} \begin{pmatrix} Y_1 \\ Y_2 \end{pmatrix} = -\begin{pmatrix} \frac{\partial H}{\partial p} & \frac{\partial H}{\partial q} \end{pmatrix} \begin{pmatrix} Y_1 \\ Y_2 \end{pmatrix}$, et en identifiant il vient

$$X_1 = -\frac{\partial H}{\partial q}, \quad X_2 = \frac{\partial H}{\partial p}.$$

Dans des coordonnées canoniques (p,q), les trajectoires de $\overrightarrow{H}$ sont solutions des équations de Hamilton

$$\dot{p} = -\frac{\partial H}{\partial q}, \quad \dot{q} = \frac{\partial H}{\partial p}.$$

Définition 17. *Soient $X,Y \in V(M)$. Le crochet de Lie est calculé avec la convention $[X,Y] = YX - XY$, soit, en coordonnées locales,*

$$[X,Y](q) = \frac{\partial X}{\partial q}(q)Y(q) - \frac{\partial Y}{\partial q}(q)X(q).$$

Le crochet de Poisson de deux fonctions H_1, H_2 est défini par $\{H_1, H_2\} = dH_1(\overrightarrow{H}_2)$, et en coordonnées canoniques (p,q),

$$\{H_1, H_2\}(q) = \sum_{i=1}^n \left(\frac{\partial H_1}{\partial q_i} \frac{\partial H_2}{\partial p_i} - \frac{\partial H_1}{\partial p_i} \frac{\partial H_2}{\partial q_i} \right).$$

Propriété 1.   1. Le crochet est $\mathbb{R}$-bilinéaire et antisymétrique.

2. $\{FG, H\} = F\{G, H\} + G\{F, H\}$.

3. Identité de Jacobi

$$\{\{F, G\}, H\} + \{\{G, H\}, F\} + \{\{H, F\}, G\} = 0.$$

4. $[\vec{F}, \vec{G}] = \overrightarrow{\{F, G\}}$.

Proposition 9. *L'ensemble des champs de vecteurs Hamiltoniens de $V(H)$ forment une sous-algèbre de Lie (de dimension infinie) notée $\chi(M)$.*

Définition 18. *Soit $\vec{H}$ un champ de vecteurs Hamiltonien et f une fonction sur M. On dit que f est une intégrale première si f est constante le long des trajectoires de $\vec{H}$.*

Lemme 8. *f est une intégrale première si et seulement si $\{f, H\} = df(\vec{H}) = 0$. En particulier pour un système Hamiltonien (autonome) H est une intégrale première.*

1.4.3 Relèvement symplectique

Soit M une variété et T^*M le fibré cotangent muni de sa structure symplectique canonique. Soit $\varphi : M \to M$ un difféomorphisme sur M. On relève φ de façon canonique en un difféomorphisme symplectique noté $\vec{\varphi}$ sur T^*M tel que $\Pi \circ \vec{\varphi} = \varphi$ où Π est la projection canonique. En coordonnées canoniques, $Q = \varphi(q)$ se relève en

$$Q = \varphi(q), \; P = \frac{{}^t\partial\varphi^{-1}}{\partial q} p.$$

Ce relèvement généralise le cas linéaire $\begin{pmatrix} q \\ p \end{pmatrix} = \begin{pmatrix} A & 0 \\ 0 & {}^tA^{-1} \end{pmatrix} \begin{pmatrix} Q \\ P \end{pmatrix}$.

Un champ de vecteurs X sur M se relève en champ Hamiltonien H_X, la fonction H_X étant définie par $H_X = \alpha(X) = \langle p, X \rangle$ avec $\alpha = pdq$ forme de Liouville.

1.5 Géométrie symplectique et calcul des variations

La géométrie symplectique a été développée à la suite du calcul des variations et en est un outil fondamental. Nous montrons ce lien à partir du calcul des variations classiques, puis nous introduisons le contrôle optimal géométrique avec le principe du maximum, qui se formule directement dans le cadre Hamiltonien.

1.5.1 Formule fondamentale

Définition 19. *On utilise les notations suivantes :*

- $\mathcal{C}$ *: famille des courbes lisses* $t \mapsto q(t) \in \mathbb{R}^n$ *avec* $t \in [t_0, t_1]$. *On considère le problème de minimisation sur* $\mathcal{C}$ *de la fonctionnelle*

$$\Phi(q(\cdot)) = \int_{t_0}^{t_1} L(t, q(t), \dot{q}(t))dt,$$

  où L *est une fonction lisse appelée le Lagrangien.*
- *On introduit l'espace temps* $(t, q) \in \mathbb{R} \times \mathbb{R}^n$. *Sur cet espace les extrémités de notre courbe* $(t, q(t))$ *sont notées* $P_0 = (t_0, q_0)$, $P_1 = (t_1, q_1)$. *La distance entre deux courbes* q, q^* *est prise au sens de la topologie* C^1,

$$\rho(q, q^*) = \max |q - q^*| + \max |\dot{q} - \dot{q}^*| + d(P_0, P_0^*) + d(P_1, P_1^*).$$

  Notons que les courbes ne sont pas définies sur le même intervalle et on les étend de façon au moins C^2.
- *Soit* γ *une courbe de référence d'extrémités* (t_0, q_0), (t_1, q_1) *et soit* $\overline{\gamma}$ *une courbe voisine quelconque d'extrémités* $(t_0 + \delta t_0, q_0 + \delta q_0)$, $(t_1 + \delta t_1, q_1 + \delta q_1)$. *Alors* $h(t) = \gamma(t) - \overline{\gamma}(t)$ *est la variation de la courbe de référence.*

Proposition 10 (Formule fondamentale). *La fonctionnelle* Φ *est dérivable au sens de Fréchet pour la* C^1-*topologie et sa dérivée de Fréchet en* γ *est donnée par*

$$\Phi'_\gamma = \int_{t_0}^{t_1} \left(\frac{\partial L}{\partial q} - \frac{d}{dt}\frac{\partial L}{\partial \dot{q}} \right)_{|\gamma} h\, dt + \left[\frac{\partial L}{\partial \dot{q}}_{|\gamma} \delta q \right]_{t_0}^{t_1} + \left[\left(L - \frac{\partial L}{\partial \dot{q}}\dot{q} \right)_{|\gamma} \delta t \right]_{t_0}^{t_1}$$

où l'on note $[u]_a^b = u(b) - u(a)$.

Preuve. Voir [29].

Corollaire 2. *Si* γ *est un extremum de* Φ *évalué sur les courbes à extrémités fixées* (t_0, q_0), (t_1, q_1), *alors* γ *est solution de l'équation d'Euler-Lagrange*

$$\frac{\partial L}{\partial q} - \frac{d}{dt}\frac{\partial L}{\partial \dot{q}} = 0. \tag{1.4}$$

1.5.2 Conditions de transversalité

On peut déduire de la formule fondamentale d'autres conditions nécessaires si γ est un minimum de Φ, avec d'autres conditions aux limites. L'exemple suivant traité en dimension 1 se généralise aisément en dimension n. Il constitue un exemple important dans les applications et en géométrie. Considérons le cas où l'extrémité gauche des courbes $P_0 = (t_0, q_0)$ est astreinte à rester sur une courbe d'équation $q = \varphi(t)$ et que l'on cherche à minimiser la fonctionnelle Φ. Une courbe minimisante doit être minimisante à extrémités fixées et doit donc vérifier l'équation d'Euler-Lagrange. De plus l'extrémité droite étant fixée, on a

$$\Delta\Phi = \Phi(\overline{\gamma}) - \Phi(\gamma) \sim \frac{\partial L}{\partial \dot{q}}\delta q_0 + \left(L - \frac{\partial L}{\partial \dot{q}}\dot{q}\right)\delta t_0.$$

Comme $q = \varphi(t)$ à l'extrémité gauche, on a $\delta q_0 = \dot{\varphi}(t_0)\delta t_0$. En remplaçant et en utilisant que δt_0 est arbitraire, la condition de minimisation donne la condition dite de transversalité

$$\frac{\partial L}{\partial \dot{q}}\dot{\varphi} + \left(L - \frac{\partial L}{\partial \dot{q}}\dot{q}\right) = 0$$

en $t = t_0$.

Exemple 5. Traitons le cas $L = \sqrt{1 + \dot{q}^2}$ est la longueur. Alors

$$\frac{\partial L}{\partial \dot{q}} = \frac{\dot{q}}{\sqrt{1 + \dot{q}^2}} = \frac{\dot{q}}{1 + \dot{q}^2}L,$$

et l'on obtient la condition supplémentaire

$$1 + \dot{q}\dot{\varphi} = 0,$$

qui exprime que les deux vecteurs $(1, \dot{q})$ et $(1, \dot{\varphi})$ sont orthogonaux.

1.5.3 Equations de Hamilton

Les coordonnées $(q, \dot{q})$ sont les coordonnées de l'espace tangent, et le Lagrangien L est défini sur cet espace. L'équation d'Euler-Lagrange s'interprète comme une équation de Hamilton. La transformation de Legendre consiste à introduire la variable duale $p = \dfrac{\partial L}{\partial \dot{q}}$. Faisons l'hypothèse que $\varphi : (q, \dot{q}) \mapsto (q, p)$ est un difféomorphisme et introduisons alors le Hamiltonien

$$H(q, p, t) = p\dot{q} - L.$$

On a alors

$$\begin{aligned}
dH &= pd\dot{q} + \dot{q}dp - \left(\frac{\partial L}{\partial q}dq + \frac{\partial L}{\partial \dot{q}}d\dot{q} + \frac{\partial L}{\partial t}dt\right)\\
&= \frac{\partial H}{\partial q}dq + \frac{\partial H}{\partial p}dp + \frac{\partial H}{\partial t}dt.
\end{aligned}$$

Soit en identifiant

$$\dot{q} = \frac{\partial H}{\partial p}, \ \frac{\partial L}{\partial q} = -\frac{\partial H}{\partial q}, \tag{1.5}$$

et en utilisant l'équation d'Euler-Lagrange avec $p = \dfrac{\partial L}{\partial \dot{q}}$, c'est à dire $\dfrac{d}{dt}p = \dfrac{\partial L}{\partial q}$, on obtient $\dot{p} = -\dfrac{\partial H}{\partial q}$. Le champ de vecteurs $\overrightarrow{H} = \dfrac{\partial H}{\partial p}\dfrac{\partial}{\partial q} - \dfrac{\partial H}{\partial q}\dfrac{\partial}{\partial p}$ est la forme Hamiltonienne correspondant à l'équation d'Euler-Lagrange, H étant une fonction sur le fibré cotangent.

Définition 20. *On appelle système mécanique un triplet (M, T, U) où M est une variété appelée espace des configurations, T est une fonction sur $TM \times \mathbb{R}$, forme quadratique définie positive en $\dot{q}$ représentant l'énergie cinétique et U est une fonction définie positive sur M qui s'appelle le potentiel. Le Lagrangien associé est $L = T - U$.*

Lemme 9. *Soit (M, T, U) un système mécanique, où*

$$T = \frac{1}{2} \sum a_{ij}(t, q)\dot{q}_i \dot{q}_j,$$

avec $a_{ij} = a_{ji}$ en coordonnées locales. Alors la transformation de Legendre $p = \dfrac{\partial L}{\partial \dot{q}}$ induit un difféomorphisme, et $H = p\dot{q} - L = T + U$. Les équations d'Euler-Lagrange sont équivalentes aux équations d'Hamilton.

1.5.4 Equation d'Hamilton-Jacobi

Définition 21. *Soit γ une solution des équations d'Euler-Lagrange associée au Lagrangien L, d'extrémités $P_0 = (t_0, q_0)$ et $P_1 = (t_1, q_1)$. L'action le long de γ est la fonction $S(P_0, P_1) = \int_\gamma L(t, q, \dot{q})dt$.*

Proposition 11. *On suppose que pour tout couple (P_0, P_1) il existe une unique solution des équations d'Euler-Lagrange, d'extrémités P_0 et P_1 et on fait l'hypothèse que l'action est lisse. Fixons P_0 et notons $\overline{S}$ l'application $P \mapsto S(P_0, P)$. Alors $\overline{S}$ est solution de l'équation d'Hamilton-Jacobi*

$$\frac{\partial \overline{S}}{\partial t} + H\left(t, q, \frac{\partial \overline{S}}{\partial q}\right) = 0$$

où H est le Hamiltonien.

Preuve. La tranformation de Legendre étant supposée définie, en utilisant la formule fondamentale et le formalisme Hamiltlonien, on peut écrire

$$\Delta \varPhi \sim \int_{t_o}^{t_1} \left(\frac{\partial L}{\partial q} + \frac{d}{dt}\frac{\partial L}{\partial \dot{q}}\right)hdt + [\alpha]_{p_0}^{p_1},$$

où la 1-forme $\alpha = pdq - Hdt$ est appelée *invariant intégral de Hilbert-Poincaré-Cartan*. Le terme intégré est nul si on l'évalue le long d'une trajectoire solution d'Euler-Lagrange et si l'extrémité gauche est fixée, on en en déduit la relation $d\overline{S} = pdq - Hdt$. Avec $d\overline{S} = \dfrac{\partial \overline{S}}{\partial t}dt + \dfrac{\partial \overline{S}}{\partial q}dq$. Par identification, il vient

$$p = \frac{\partial \overline{S}}{\partial q}, \ \frac{\partial \overline{S}}{\partial t} = -H,$$

ce qui termine la preuve.

1.5.5 Le principe du maximum de Pontriaguine dans sa version faible

L'objectif de cette section est de faire une première introduction au principe du maximum de Pontriaguine, présenté ici dans sa version faible (sans contrainte sur le contrôle) pour obtenir une formulation directe des conditions nécessaires de minimisation sous forme Hamiltonienne, sans utiliser la transformation de Legendre, en général non définie. Une autre extension de nos résultats précédents est de considérer des courbes non lisses. Le principe du maximum général sera présenté dans le Chap. 7.

Définition 22. *On appelle système de $\mathbb{R}^n$ une équation de la forme $\dfrac{dq}{dt}(t) = f(q(t), u(t))$, où f est lisse et le contrôle $u(t)$ est une application mesurable bornée définie sur un ensemble $[0,T]$, $T > 0$ et à valeurs dans $\mathbb{R}^m$. Notons $q(t, q_0, u)$ la solution issue en $t = 0$ de q_0 et définie sur un sous intervalle $J \subset [0,T]$. Munissons l'ensemble des contrôles de la norme L^∞, $|u| = \sup_{t \in [0,T]} |u(t)|$ et considérons l'application extrémité $E : u(\cdot) \mapsto q(T, q_0, u)$ où q_0 et T sont supposés fixés. L'ensemble des états accessibles à T fixé est $A(q_0, T) = \bigcup_{u \text{ admissible}} q(T, q_0, u)$ et $A(q_0) = \bigcup_{T>0} A(q_0, T)$ est l'ensemble des états accessibles.*

Le résultat suivant est standard en théorie des systèmes.

Proposition 12. *Soit u un contrôle de référence défini sur $[0,T]$ et tel que la trajectoire associée soit définie sur $[0,T]$. L'application extrémité est C^∞, et sa dérivée de Fréchet en u est*

$$E_u'(v) = \int_0^T \Phi(T)\Phi^{-1}(s)B(s)v(s)ds,$$

où Φ est la matrice fondamentale solution de $\dot{\Phi} = A\Phi$, $\Phi(0) = I_n$ avec $A(t) = \dfrac{\partial f}{\partial q}(q(t), u(t))$ et $B(t) = \dfrac{\partial f}{\partial u}(q(t), u(t))$.

Preuve. Indiquons les arguments de la preuve.

Supposons d'abord que l'application E soit dérivable et calculons sa dérivée. Soit $u + \delta u$ le contrôle appliqué où δu est une variation L^∞, et $\tilde{q}$ la réponse associée issue de $\tilde{q}(0) = q_0$. Si on définit $\delta q = \tilde{q} - q$, on a $\delta q(0) = 0$ et on obtient

$$\frac{d}{dt}(\delta q) = \dot{\tilde{q}} - \dot{q} = f(q + \delta q, u + \delta u) - f(q, u)$$

$$= \frac{\partial f}{\partial q}(q, u)\delta q + \frac{\partial f}{\partial u}(q, u)\delta u + o(\delta q, \delta u).$$

On peut écrire $\delta q = \delta_1 q + \delta_2 q + \cdots$, où $\delta_1 q$ est linéaire en δu, $\delta_2 q$ est quadratique, etc. En identifiant on obtient en particulier

$$\frac{d}{dt}(\delta_1 q) = A(t)\delta_1 q + B(t)\delta u.$$

On intègre ce système linéaire avec $\delta_1 q(0) = 0$ et on déduit la formule annoncée.

On peut montrer la dérivabilité avec l'argument suivant. Soient $u, v \in L^\infty$ et $\lambda \in \mathbb{R}$. On considère l'application $\lambda \mapsto q(T, q_0, u + \lambda v)$. En utilisant le théorème de différentiation des solutions par rapport à un paramètre λ, on obtient que la dérivée directionnelle ou de Gâteaux est donnée par

$$E_f'(\lambda) = \int_0^T \Phi(T)\Phi^{-1}(s)B(s)\lambda v(s)ds.$$

Pour montrer que c'est la dérivée de Fréchet il reste à prouver la continuité par rapport à u. Cela résulte de la propriété suivante : si u_n converge vers u dans L^∞, alors les trajectoires correspondantes q_n convergent vers q au sens de la topologie uniforme, d'après l'inégalité de Gronwall.

Définition 23. *Soit $u(\cdot)$ un contrôle défini sur $[0, T]$ et tel que la trajectoire associée soit définie sur $[0, T]$. On dit que u et la trajectoire sont singuliers si u est un point singulier de l'application extrémité, c'est à dire si la dérivée de Fréchet n'est pas surjective en u.*

Proposition 13. *Le contrôle u et la trajectoire associée sont singuliers sur $[0, T]$ s'il existe une application $p : t \to \mathbb{R}^n \setminus \{0\}$ absolument continue telle que le triplet (q, p, u) est solution presque partout des équations*

$$\dot{q} = \frac{\partial H}{\partial p}, \ \dot{p} = -\frac{\partial H}{\partial q}, \ \frac{\partial H}{\partial u} = 0,$$

où $H(q, p, u) = \langle p, f(q, u) \rangle$ est le Hamiltonien.

Preuve. Puisque le rang de E' n'est pas égal à n, il existe $p \in \mathbb{R}^n \setminus \{0\}$ tel que $\langle \overline{p}, \delta_1 q(T) \rangle = 0$. Posons $p(s) = \overline{p}\Phi(T)\Phi^{-1}(s)$. Alors $\dot{p} = -p(s)A(s)$ et $p(T) = \overline{p}$. Par ailleurs la condition

$$\langle \overline{p}, \int_0^T \Phi(T)\Phi^{-1}(s)B(s)\delta u(s)\rangle = 0$$

pour tout $\delta u \in L^\infty$ implique $\langle p(s), B(s)\rangle = 0$ presque partout. Cela équivaut à nos relations.

Définition 24. *Considérons le problème de minimiser $\int_0^T f^0(q,u)dt$ parmi toutes les courbes solutions de $\dot{q} = f(q,u)$. Le système augmenté $\dot{\tilde{q}} = \tilde{f}(\tilde{q},u)$ est le système $\dot{q} = f(q,u)$, $\dot{q}^0 = f^0(q,u)$, $q^0(0) = 0$ où $\tilde{q} = (q,q^0)$.*

Théorème 3 (Pontriaguine). *Si $u(\cdot)$ minimise $\int_0^T f^0(q,u)dt$ parmi toutes les courbes solutions de $\dot{q} = f(q,u)$ vérifiant les conditions $q(0) \in M_0$, $q(T) \in M_1$, $T > 0$ fixé, où M_0, M_1 sont des sous variétés de $\mathbb{R}^n$. Alors il existe $\tilde{p} = (p,p_0) : t \rightarrow \mathbb{R}^{n+1}\backslash\{0\}$ absolument continue tel que les équations suivantes soient vérifiées presque partout :*

$$\dot{\tilde{q}} = \frac{\partial \tilde{H}}{\partial \tilde{p}}, \ \dot{\tilde{p}} = -\frac{\partial \tilde{H}}{\partial \tilde{q}}, \ \frac{\partial \tilde{H}}{\partial u} = 0,$$

avec $H(\tilde{q},\tilde{p},u) = \langle \tilde{p}, f(\tilde{q},u)\rangle = \langle p, f(q,u)\rangle + p_0 f^0(q,u)$. De plus p_0 est constant et peut être normalisé à $p_0 = 0$ ou -1. Aux extrémités le vecteur $p(\cdot)$ vérifie les conditions de transversalité : $p(0)$ est orthogonal à $T_{q_0}M_0$ et $p(T)$ est orthogonal à $T_{q_1}M_1$.

Preuve. Considérons le problème de minimisation à extrémités fixées q_0 et q_1. Si u est optimal alors pour le système augmenté $\tilde{q}(T, \tilde{q}_0, u)$ appartient à la frontière de l'ensemble des états accessibles en un temps T. Notons $\tilde{E}$ l'application extrémité associée au système augmenté. Si u n'est pas un point singulier alors l'application extrémité est ouverte et cela contredit la propriété que $\tilde{q}(T, \tilde{q}_0, u)$ soit sur la frontière. Ainsi si u est optimal alors u est singulier. En appliquant la proposition 13, il existe $\tilde{p} = (p,p_0)$ tel que le triplet $(\tilde{q}, \tilde{p}, u)$ soit solution des équations

$$\dot{\tilde{q}} = \frac{\partial \tilde{H}}{\partial \tilde{p}}, \ \dot{\tilde{p}} = -\frac{\partial \tilde{H}}{\partial \tilde{q}}, \ \frac{\partial \tilde{H}}{\partial u} = 0.$$

En particulier $\dot{p}_0 = 0$ et comme $\tilde{p}$ est continue, on en déduit que p_0 est constant. Comme les équations sont linéaires en $\tilde{p}$, on peut donc normaliser p_0 à 0 ou -1.

Les conditions de transversalité se prouvent aisément et dans le cadre Hamiltonien le vecteur p s'interprète aux extrémités comme un vecteur orthogonal aux variétés M_0 et M_1.

Définition 25. *Une trajectoire $t \mapsto q(t)$ solution des équations précédentes s'appelle une extrémale. Elle est qualifiée de normale si $p_0 \neq 0$ et d'anormale si $p_0 = 0$. Le vecteur p est le vecteur adjoint et $\tilde{H}$ s'appelle le Hamiltonien.*

Remarque 5. Le cas anormal correspond à la situation où le Hamiltonien ne dépend pas du coût. C'est une situation dégénérée, et dans ce cas le contrôle est déjà un point singulier de l'application extrémité.

1.5.6 Transformations canoniques

Transformations canoniques et champs de vecteurs Hamiltoniens

Proposition 14. *Soit $\vec{H}(t,x)$ un champ de vecteurs de $\mathbb{R}^{2n}$ muni de sa structure canonique et $\dot{x} = J\nabla_x H$ l'équation différentielle associée. Soit $\varphi : x \mapsto X(t,x)$ un changement de coordonnées symplectique. Alors l'image de $\vec{H}$ par φ est un champ de vecteur $\vec{G}(t,x)$ Hamiltonien : $\dot{X} = J\nabla G$, où le Hamiltonien G est la somme de $\hat{H}$ et d'une fonction $R(t)$ qui s'appelle le reste et qui est nulle si le changement de coordonnées est autonome, et $\hat{H}(t,X) = H(t,x)$.*

Preuve. En dérivant, il vient

$$\dot{X}(t,x) = \frac{\partial X}{\partial x}(t,x)\dot{x} + \frac{\partial X}{\partial t}(t,x) = \frac{\partial X}{\partial x}J\frac{{}^t\partial H}{\partial x} + \frac{\partial X}{\partial t}.$$

Le premier terme s'écrit

$$\frac{\partial X}{\partial x}J\frac{{}^t\partial H}{\partial x} = \frac{\partial X}{\partial x}J^t\left(\frac{\partial H}{\partial X}\frac{\partial X}{\partial x}\right)$$

et comme le changement de coordonnées est symplectique, on a

$$\frac{\partial X}{\partial x}J\frac{{}^t\partial X}{\partial x} = J.$$

En notant $\hat{H}(t,X)$ le Hamiltonien défini par $\hat{H}(t,X) = H(t,x)$, le premier terme s'écrit alors $\nabla_X\hat{H}$. Par la suite on utilise la même notation pour H et $\hat{H}$. La proposition est donc prouvée si le changement de coordonnées est autonome. Dans le cas général, le reste est défini par la relation

$$\frac{\partial X}{\partial t}(t,x)_{|x=X^{-1}} = J\nabla_X R(t,X).$$

L'existence du reste résulte du lemme de Poincaré. En effet en multipliant à gauche les deux membres par J, on montre qu'il faut que $J\frac{{}^t\partial X}{\partial t}(t,X)$ soit un gradient et donc que la Jacobienne soit symétrique (Poincaré). Cette propriété découle du fait que le changement de coordonnées est symplectique.

Transformations canoniques et fonctions génératrices

Notre étude est locale et on se place sur $\mathbb{R}^{2n}$ muni de sa structure symplectique canonique définie par $\omega = dp \wedge dq$. Soit $Q = Q(p,q)$ et $P = P(p,q)$ un changement de coordonnées. Il est symplectique si $dp \wedge dq = dP \wedge dQ$, cette condition s'écrivant

$$d(qdp - QdP) = 0.$$

La 1-forme $\sigma_1 = qdp - QdP$ doit donc être fermée, ce qui équivaut sur $\mathbb{R}^{2n}$ à la condition d'être exacte. Supposons de plus que les variables (p, P) forment un système de coordonnées. Puisque σ_1 est exacte, il existe donc une fonction $S_1(p, P)$ telle que

$$\sigma_1 = dS_1 = \frac{\partial S_1}{\partial p}dp + \frac{\partial S_1}{\partial P}dP = qdP - QdP,$$

et en identifiant il vient

$$q = \frac{\partial S_1}{\partial p} \text{ et } Q = -\frac{\partial S_1}{\partial P}.$$

On observe que si la Hessienne $\dfrac{\partial q}{\partial P} = \dfrac{\partial^2 S_1}{\partial P \partial p}$ est non singulière, il résulte du théorème des fonctions implicites que localement l'application $q \mapsto P$ est bijective et (p, P) forment un système de coordonnées locales. On a donc prouvé le résultat suivant.

Proposition 15. *Soit $S_1(p, P)$ une fonction lisse telle que $\dfrac{\partial^2 S_1}{\partial P \partial p}$ soit non singulière. Alors les relations $q = \dfrac{\partial S_1}{\partial p}$ et $Q = -\dfrac{\partial S_1}{\partial P}$ définissent localement un changement de coordonnées symplectiques.*

Remarque 6. La 1-forme σ_1 est fermée si et seulement si l'une des formes suivantes est fermée :

$$\sigma_2 = \sigma_1 + d(QP) = qdp + PdQ,$$
$$\sigma_3 = pdq - PdQ,$$
$$\sigma_4 = pdq + QdP.$$

Donc la proposition 15 est aussi valide en remplaçant σ_1 par une des formes $\sigma_2, \sigma_3, \sigma_4$ et avec les hypothèses suivantes :

- Si (p, Q) sont des coordonnées, poser $\sigma_2 = dS_2(p, Q)$ et $q = \dfrac{\partial S_2}{\partial P}, P = \dfrac{\partial S_2}{\partial Q}$ et $\dfrac{\partial^2 S_2}{\partial p \partial P}$ doit être non singulière.

- Si (q, Q) sont des coordonnées, poser $\sigma_3 = dS_3(q, Q)$ et $p = \dfrac{\partial S_3}{\partial q}, P = -\dfrac{\partial S_3}{\partial Q}$ et $\dfrac{\partial^2 S_3}{\partial q \partial Q}$ doit être non singulière.

- Si (q, P) sont des coordonnées, poser $\sigma_4 = dS_4(q, P)$ et $p = \dfrac{\partial S_4}{\partial q}, P = \dfrac{\partial S_4}{\partial P}$ et $\dfrac{\partial^2 S_4}{\partial q \partial P}$ doit être non singulière.

Définition 26. *Les fonctions σ_i s'appelle les fonctions génératrices de la transformation symplectique correspondante. Les transformations associées à $\sigma_3 = pdq - PdQ$ sont dites libres.*

Exemple 6. La 1-forme σ_4 est beaucoup utilisée en mécanique et correspond au relèvement symplectique $\vec{\varphi}$ du difféomorphisme donné par $Q = \varphi(q)$. La fonction génératrice est $S_4(q, P) = {}^t\varphi(q)P$ et p est défini par $p = \dfrac{{}^t\partial\varphi}{\partial q}P$.

On peut par exemple appliquer ce calcul au passage en coordonnées polaires. On pose $q = (r, \theta)$, $Q = (x = r\cos\theta, y = r\sin\theta)$. Les variables duales sont notées $p = (p_r, p_\theta)$ et $P = (p_x, p_y)$ et la fonction génératrice est $S_4 = p_x r\cos\theta + p_y r\sin\theta$ et

$$p_r = \frac{\partial S_4}{\partial r} = p_x\cos\theta + p_y\sin\theta,$$

$$p_\theta = \frac{\partial S_4}{\partial \theta} = -p_x r\sin\theta + p_y r\cos\theta.$$

Transformations canoniques et invariant intégral de Hilbert-Poincaré-Cartan

On identifie $T^\star M$ à $\mathbb{R}^{2n}$, et on se place dans l'espace temps $T^\star M \times \mathbb{R} \simeq \mathbb{R}^{2n+1}$. Soient (p, q) les coordonnées canoniques, et soit $H(p, q, t)$ un Hamiltonien. L'invariant intégral de Hilbert-Poincaré-Cartan est

$$\alpha = pdq - H(p, q, t)dt. \tag{1.6}$$

Propriété fondamentale

On observe que $d\alpha = dp \wedge dq - dH \wedge dt$ est une 2-forme sur l'espace $\mathbb{R}^{2n+1}$ de dimension impaire. Elle possède donc un noyau. Ainsi il existe une direction X dite caractéristique définie par $d\alpha(X, .) = 0$. On peut calculer cette direction. On a en effet

$$d\alpha = dp \wedge dq - H_p dp \wedge dt - H_q dq \wedge dt,$$

où H_p, H_q désignent les dérivées partielles de H par rapport aux variables p et q. Dans la base $\dfrac{\partial}{\partial p}, \dfrac{\partial}{\partial q}, \dfrac{\partial}{\partial t}$ la 2-forme est donc représentée par la matrice

$$A = \begin{pmatrix} 0 & I_n & -H_p \\ -I_n & 0 & -H_q \\ H_p & H_q & 0 \end{pmatrix}.$$

Cette matrice est de rang $2n$ car $dp \wedge dq$ est non dégénérée et son noyau est engendré par

$$X = -H_q \frac{\partial}{\partial p} + H_p \frac{\partial}{\partial q} + \frac{\partial}{\partial t},$$

qui engendre donc aussi la direction caractéristique de α. Les trajectoires de X paramétrées par τ vérifient les équations

$$\frac{dp}{d\tau} = -H_q, \ \frac{dq}{d\tau} = H_p, \ \frac{dt}{d\tau} = 1,$$

et en paramétrant par t, on retrouve les équations de Hamilton

$$\frac{dp}{dt} = -\frac{\partial H}{\partial q}, \ \frac{dq}{dt} = \frac{\partial H}{\partial p}.$$

Proposition 16. *Les projections des trajectoires du champ caractéristique de la 1-forme correspondant à l'invariant intégral de Hilbert-Poincaré-Cartan sont solutions des équations de Hamilton.*

Transformations canoniques libres

Le champ de vecteurs caractéristique est un invariant et soit P, Q, T un changement de coordonnées préservant la dérivée extérieure de la 1-forme correspondant à l'invariant intégral de Hilbert-Poincaré-Cartan. On peut donc écrire

$$\alpha = pdq - Hdt = PdQ - KdT + dS,$$

où S est une fonction. Comme $d^2S = 0$ la direction caractéristique du membre de droite est celle de la 1-forme $PdQ - KdT$ et les équations de Hamilton s'écrivent

$$\frac{dP}{dT} = -\frac{\partial K}{\partial Q}, \ \frac{dQ}{dT} = \frac{\partial K}{\partial P}.$$

Si la transformation préserve le temps on a $T = t$ et l'on obtient les équations

$$\dot{P} = -\frac{\partial K}{\partial Q}, \ \dot{Q} = \frac{\partial K}{\partial P}.$$

Plaçons-nous dans le cas dit libre où l'on peut choisir (q, Q) comme coordonnées. La fonction S vérifie

$$dS = \frac{\partial S}{\partial q}dq + \frac{\partial S}{\partial Q}dQ + \frac{\partial S}{\partial t}dt = (pdq - PdQ) + (K - H)dt,$$

et par identification il vient

$$p = \frac{\partial S}{\partial q}, \ P = -\frac{\partial S}{\partial Q}, \ H = K - \frac{\partial S}{\partial t}.$$

La transformation symplectique est caractérisée par une fonction génératrice $S(q, Q, t)$, et la formule $H = K - \dfrac{\partial S}{\partial t}$ donne la correction à apporter au Hamiltonien dans le cas non autonome. Le terme $\dfrac{\partial S}{\partial t}$ correspond au reste défini dans la proposition 15, calculé ici avec la fonction génératrice de la transformation canonique libre.

Transformation canonique à poids

Un des aspects importants de la mécanique céleste est la théorie asymptotique de recherche des solutions. Cela nécessite d'élargir le cadre des transformations symplectiques en utilisant des poids.

Définition 27. *Soit* $\varphi : x \mapsto X(t, x)$ *un difféormorphisme de* $\mathbb{R}^{2n}$. *On dit que* φ *est une transformation symplectique de poids* $\varepsilon \neq 0$ *si* $J = \varepsilon \dfrac{{}^t \partial X}{\partial x} J \dfrac{\partial X}{\partial x}$.

Le calcul effectué dans la preuve de la proposition 15 donne le résultat suivant.

Proposition 17. *Si* φ *est un difféomorphisme à poids* ε *et* x *est solution des équations de Hamilton associées à* H *alors*

$$\dot{X} = \varepsilon J \nabla_X H(t, X) + J \nabla_X R(t, X),$$

où R *est le reste. En particulier si la transformation est autonome, le système est un système Hamiltonien autonome et on a* $H' = \varepsilon H$.

1.6 Notes et sources

Les résultats généraux sur la géométrie symplectique et les champs Hamiltoniens proviennent de [3], [31] et [53]. La forme normale de type Jordan d'un champ de vecteurs Hamiltonien est due à Williamson [72] (voir [22] pour une présentation plus moderne). Pour une introduction générale au calcul des variations, voir [29] et pour le principe du maximum faible voir par exemple [10], et aussi l'article [30] pour une présentation heuristique du principe du maximum.

Quelques propriétés des équations différentielles Hamiltoniennes : intégrabilité et stabilité

L'objectif de ce chapitre est de présenter les propriétés d'intégrabilité et de stabilité des équations différentielles Hamiltoniennes.

La propriété d'intégrabilité repose sur l'existence d'intégrales premières, et permet, dans l'analyse d'un système Hamiltonien et en particulier d'un système extrémal, de réduire la dimension du système. Elle est liée au concept de variété Lagrangienne et à la résolution de l'équation d'Hamilton-Jacobi.

La seconde partie du chapitre est conscrée au problème de stabilité. On présente d'abord les résultats de stabilité classiques de Liapunov, utilisant soit la méthode directe fondée sur les fonctions de Liapunov, soit la méthode indirecte fondée sur la linéarisation exacte. Ces techniques sont importantes pour le contrôle des systèmes non linéaires.

On discute ensuite la stabilité des systèmes Hamiltoniens. On fait en particulier une présentation très descriptive du KAM qui permet de montrer le théorème de stabilité d'Arnold, une présentation plus complète de ce théorème très important mais difficile sortant du cadre de cet ouvrage.

En conclusion, on présente le théorème de récurrence de Poincaré, qui a de nombreuses applications pour la contrôlabilité des systèmes mécaniques, en particulier pour le contrôle d'attitude ou le transfert orbital.

2.1 Intégrabilité

Définition 28. *Soit (M, ω) une variété symplectique et f_1, f_2 deux fonctions lisses. On dit que f_1, f_2 sont en involution si $\{f_1, f_2\} = 0$.*

2.1.1 Le théorème de redressement symplectique

Théorème 4. *Soit $\overrightarrow{H}(x)$ un champ de vecteurs (lisse) Hamiltonien de $\mathbb{R}^{2n}$ muni de sa structure symplectique canonique au voisinage du point x_0 identifié* à 0. On suppose que x_0 est un point régulier, i.e., $\overrightarrow{H}(x_0) \neq 0$. Il existe des coordonnées symplectiques x définies au voisinage de 0 telles que le Hamiltonien s'écrive $H(x) = x_{n+1}$, les équations du mouvement se réduisant à

$$\dot{x}_1 = 1, \ \dot{x}_i = 0 \ pour \ i = 2, \ldots, n.$$

Preuve. La preuve résulte du théorème de redressement des champs de vecteurs au voisinage des points réguliers et de la propriété suivante : le groupe local à un paramètre φ_t associé à $\overrightarrow{H}$ induit des difféomorphismes symplectiques.

Corollaire 3. *Au voisinage d'un point régulier un système Hamiltonien admet n intégrales premières en involution.*

2.1.2 Le théorème de Noether

Définition 29. *Soit (M, T, U) un système mécanique autonome, T l'énergie cinétique donnée en coordonnées locales par $T = \frac{1}{2} \sum a_{ij}(q)\dot{q}_i\dot{q}_j$, U la fonction potentielle et $L = T - U$ le Lagrangien associé sur TM. Via la transformation de Legendre $p = \dfrac{\partial L}{\partial \dot{q}}$, on obtient sur le cotangent muni de sa structure canonique, le Hamiltonien associé $H(p, q) = T + U$. Soit X un champ de vecteurs complet sur M, $\varphi_t = \exp tX$ le groupe à un paramètre associé et $\overrightarrow{\varphi}_t$ le relèvement symplectique. On dit que φ_t est une symétrie du système mécanique si $H \circ \overrightarrow{\varphi}_t = H$.*

Théorème 5. *Si φ_t est une symétrie, le Hamiltonien $H_X = \langle p, X \rangle$ est une intégrale première du système.*

Preuve. En dérivant $H \circ \overrightarrow{\varphi}_t = H$, on obtient la condition $\{H, H_X\} = 0$.

Exemple 7. Considérons dans $\mathbb{R}^3$, le Lagrangien $L = \frac{1}{2}m(\dot{x}^2 + \dot{y}^2 + \dot{z}^2) - U(x, y)$, le potentiel ne dépendant pas de z. On en déduit que $H_X = \langle p, X \rangle$ avec $X = \dfrac{\partial}{\partial z}$ est une intégrale première, soit p_z. En fait le Hamiltonien $H = T + U$ ne dépend pas explicitement de z.

Définition 30. *Soit $\overrightarrow{H}$ un champ de vecteurs Hamiltonien et (q, p) des coordonnées de Darboux. Si H ne dépend pas explicitement de q_1, on dit que q_1 est une coordonnée cyclique.*

Proposition 18. *Soit $\overrightarrow{H}$ un champ de vecteurs Hamiltonien de $\mathbb{R}^{2n}$ et q_1 une coordonnée cyclique. alors p_1 est une intégrale première et en notant $\tilde{q} = (q_2, \ldots, q_n)$, $\tilde{p} = (p_2, \ldots, p_n)$ et $\tilde{H} = H(\tilde{p}, \tilde{q}, c)$, $p_1 = c$, alors $(\tilde{q}, \tilde{p})$ sont solutions de l'équation de Hamilton*

$$\dot{\tilde{q}} = \frac{\partial \tilde{H}}{\partial \tilde{p}}, \ \dot{\tilde{p}} = -\frac{\partial \tilde{H}}{\partial \tilde{q}},$$

dépendant du paramètre $c = p_1$.

Preuve. Comme q_1 est cyclique le système se décompose en

$$\dot{q}_1 = \frac{\partial H}{\partial p_1} \qquad \dot{p}_1 = -\frac{\partial H}{\partial q_1} = 0$$

$$\dot{\tilde{q}} = \frac{\partial H}{\partial \tilde{p}} \qquad \dot{\tilde{p}} = -\frac{\partial H}{\partial \tilde{q}}.$$

D'où le résultat et $q_1(t) = q(0) + \int_0^t \frac{\partial H}{\partial p_1} ds$.

C'est l'outil de base pour intégrer les systèmes Hamiltoniens, à partir de cordonnées cycliques.

Corollaire 4. *Si* $n = 2$ *et* H *possède une coordonnée cyclique* q_1, *le système en* p_2, q_2 *est de dimension 1 et s'intègre à l'aide de l'intégrale* $\tilde{H}(p_2, q_2) = c'$.

2.1.3 La méthode d'intégration de Jacobi

Le principe

Le principe de Jacobi d'intégrer sur $\mathbb{R}^{2n}$ les équation d'Hamilton $\dot{q} = \dfrac{\partial H}{\partial p}$, $\dot{p} = -\dfrac{\partial H}{\partial q}$ est le suivant. S'il existe des coordonnées symplectiques P, Q telles que le Hamiltonien $H(p, q) = K(Q)$ ne dépende pas de P, alors les équations du mouvement s'écrivent

$$\dot{Q} = 0, \ \dot{P} = \frac{\partial K}{\partial Q}.$$

On en déduit que

$$Q(t) = Q(0), \ P(t) = t\frac{\partial K}{\partial Q}\bigg|_{Q(0)} + P(0). \tag{2.1}$$

En utilisant la proposition 15, cherchons localement la transformation symplectique définie par une fonction génératrice $S(q, Q)$ associée à la 1-forme $\sigma_3 = pdq - PdQ$, soit donc la relation

$$p = \frac{\partial S}{\partial q}, \ P = \frac{\partial S}{\partial Q}.$$

La condition $H(p, q) = K(Q)$ donne l'équation de Hamilton-Jacobi

$$H\left(\frac{\partial S}{\partial q}, q\right) = K(Q) \tag{2.2}$$

où $K(Q) = h$ constant, avec $p = \dfrac{\partial S}{\partial q}(q, Q)$.

On a le résultat suivant.

Proposition 19. *Si on a une solution $S(q,Q)$ de l'équation de Hamilton-Jacobi dépendant de n-paramètres Q_i et telle que* $\det \dfrac{\partial^2 S}{\partial q \partial Q} \neq 0$, *alors les équations de Hamilton* $\dot{q} = \dfrac{\partial H}{\partial p}$, $\dot{p} = -\dfrac{\partial H}{\partial q}$ *s'intègrent explicitement par quadratures. Les fonctions $Q(p,q)$ définies par $p = \dfrac{\partial S}{\partial q}(q,Q)$ sont n intégrales premières du mouvement.*

Calcul d'une intégrale complète

Dans la pratique, on peut calculer une solution dépendant de n paramètres (solution dite complète), dans le cas où l'équation est à variables séparables. L'algorithme est le suivant. Si l'équation a la forme

$$\Phi_1(\varphi(p_1,q_1),p_2,\ldots,p_n,q_2,\ldots,q_n) = 0,$$

on cherche la solution sous la forme

$$S = S(q_1) + S'(q_2,\ldots,q_n).$$

On pose $\varphi\left(\dfrac{dS_1}{dq_1},q_1\right) = c_1$ et on doit résoudre une équation de la forme

$$\Phi_2\left(\frac{\partial S'}{\partial q_2},\ldots,\frac{\partial S'}{\partial q_n},q_2,\ldots,q_n,c_1\right) = 0,$$

la fonction S_1 étant solution d'une équation différentielle d'ordre un. On réitère le processus avec Φ_2 si on veut séparer (p_2,q_2) des autres variables et ainsi de suite. Cela conduit à intégrer l'équation par quadratures.

Exemple d'application

Considérons dans $\mathbb{R}^3$ le système mécanique défini par le Lagrangien

$$L = \frac{1}{2}m(\dot{x}^2 + \dot{y}^2 + \dot{z}^2) - U(x,y,z).$$

Le passage en coordonnées sphériques s'écrit $\varphi : (x,y,z) \mapsto (r,\theta,\varphi)$ que l'on relève en un difféomorphisme symplectique

$$\overrightarrow{\varphi} : (x,y,z,p_x,p_y,p_z) \mapsto (r,\theta,\varphi,p_r,p_\theta,p_\varphi).$$

Le Hamiltonien s'écrit

$$H = \frac{1}{2m}\left(p_r^2 + \frac{p_\theta^2}{r^2} + \frac{p_\varphi^2}{r^2\sin^2\theta}\right) + U(r,\theta,\varphi).$$

Considérons un champ de potentiel de la forme

$$U(r, \theta) = a(r) + \frac{b(\theta)}{r^2}.$$

Ici φ est une coordonnée cyclique et p_φ est une intégrale première. L'équation d'Hamilton-Jacobi (2.2) s'écrit

$$\frac{1}{2m} \left(\frac{\partial S}{\partial r}\right)^2 + a(r) + \frac{1}{2mr^2} \left[\left(\frac{\partial S}{\partial \theta}\right)^2 + 2mb(\theta)\right] + \frac{1}{2mr^2 \sin^2 \theta} \left(\frac{\partial S}{\partial \varphi}\right)^2 = h$$

où h est l'énergie. La méthode de séparation des variables s'applique. Comme φ est cyclique, on cherche une solution de la forme

$$S = p_\varphi \varphi + S_1(r) + S_2(\theta),$$

et en séparant les variables, il vient

$$\left(\frac{dS_2}{d\theta}\right)^2 + 2mb(\theta) + \frac{p_\varphi^2}{\sin^2 \theta} = \beta$$

$$\frac{1}{2m} \left(\frac{dS_1}{dr}\right)^2 + a(r) + \frac{\beta}{2mr^2} = h \tag{2.3}$$

où p_φ, β, h sont des constantes.

En choisissant les branches positives pour le radical, on obtient donc la solution

$$S = p_\varphi \varphi + \int \sqrt{\beta - 2mb(\theta) - \frac{p_\varphi^2}{\sin^2 \theta}} \, d\theta + \int \sqrt{2m(h - a(r)) - \frac{\beta}{r^2}} \, dr.$$

Les intégrales premières identifiées dans la procédure sont le Hamiltonien H, p_φ impulsion associée à la variable cyclique φ et une intégrale première cachée donnée par

$$p_\theta^2 + 2mb(\theta) + \frac{p_\varphi^2}{\sin^2 \theta} = \beta.$$

2.1.4 Un théorème d'intégrabilité dans le cas linéaire non autonome

Théorème 6. *Considérons une équation différentielle $\dot{x}(t) = A(t)x(t)$ dans $\mathbb{R}^{2n}$, linéaire et Hamiltonienne. Soit $(x_1(t), \ldots, x_n(t))$ un n-uplet de solutions indépendantes en involution. Alors, un ensemble complet de $2n$ solutions indépendantes peut être calculé par quadratures.*

Preuve. Notons $L(t)$ la matrice $2n \times n$ dont les colonnes sont les solutions $x_1(t), \ldots, x_n(t)$. La famille $L(t)$ représente une famille à un paramètre d'espaces Lagrangiens. On a donc les relations

$$\dot{L} = AL, \quad {}^t L J L = 0.$$

Puisque les solutions sont indépendantes, la matrice ${}^t L L$ est inversible. Considérons la matrice $2n \times n$ définie par $L' = JL({}^t L L)^{-1}$. Alors, ${}^t L' J L' = 0$ et ${}^t L J L' = -I$, et donc la matrice $P = (L, L')$ est une matrice symplectique d'inverse

$$P^{-1} = \begin{pmatrix} -{}^t L & J \\ {}^t L' & J \end{pmatrix}.$$

Avec le changement de coordonnées $x = P(t)y$, on obtient l'équation Hamiltonienne

$$\dot{y} = P^{-1}(AP - \dot{P})y.$$

En utilisant l'écriture $\dot{x} = Ax = J\frac{\partial H}{\partial x} = JS$, où $H = \frac{1}{2}{}^t x S(t) x$ est le Hamiltonien associé, dans les coordonnées symplectiques y l'équation s'écrit, en décomposant en blocs d'ordre n,

$$\dot{y} = \begin{pmatrix} 0 & 0 \\ -{}^t L' S L' - {}^t L' J \dot{L} & 0 \end{pmatrix} y,$$

et en décomposant $y = {}^t(u, v) \in \mathbb{R}^n \times \mathbb{R}^n$, on obtient l'équation Hamiltonienne

$$\dot{u} = 0,$$

$$\dot{v} = -{}^t L'(SL' + J\dot{L}')u,$$

que l'on peut intégrer avec une quadrature.

2.1.5 Le théorème d'intégrabilité de Liouville

L'objectif de cette section est de présenter le théorème de Liouville sur l'intégration des systèmes Hamiltoniens. On donne une esquisse de preuve, voir [47] pour la preuve complète.

L'exemple du champ central

Considérons un système mécanique du plan $q = (q_1, q_2)$, la position de la particule de masse unité, $T = \frac{1}{2}(\dot{q}_1^2 + \dot{q}_2^2)$ l'énergie cinétique et supposons que le potentiel est central, $U = U(r)$ où $r = \sqrt{q_1^2 + q_2^2}$ est la distance à l'origine. Soit $p = (p_1, p_2)$ le vecteur dual. Le Hamiltonien est

$$H(p, q) = \frac{p^2}{2} + U(r).$$

Le système possède deux intégrales premières : l'énergie H et la longueur du moment cinétique, $M = q_1 p_2 - q_2 p_1$. Pour analyser le mouvement on introduit les coordonnées polaires (r, θ) et les variables duales sont

$$p_r = \frac{p_1 q_1 + p_2 q_2}{r},$$

$$p_\theta = q_1 p_2 - q_2 p_1,$$

$$H = \frac{1}{2}(p_r^2 + \frac{p_\theta}{r^2}) + U(r),$$

$$M = p_\theta.$$

Fixons une valeur $c = (h, m)$ de l'énergie et de la longueur du moment cinétique pour que le mouvement soit borné. Les trajectoires évoluent sur un tore T^2, $H = h$ et $M = m$ et on a

- $p_\theta = m$ et $\theta(t)$ est l'angle sur un cercle.
- (r, p_r) parcourt un cercle donné par $H = h$.

Sur chaque surface de niveau de T^2, on peut choisir des angles (φ_1, φ_2) tel que le mouvement s'écrive

$$\dot{\varphi}_1 = \omega_1(c), \ \dot{\varphi}_2 = \omega_2(c),$$

où les fréquences $\omega_1(c)$ et $\omega_2(c)$ ne dépendent que de c. Cet exemple est un cas particulier du théorème de Liouville.

Le théorème de Liouville

Soit (M, ω) une variété symplectique de dimension $2n$ et $\overrightarrow{H}_1$ un champ de vecteurs Hamiltonien. Supposons qu'il existe n fonctions en involution $H_1, \ldots, H_n$, c'est-à-dire, $\{H_i, H_j\} = 0$. Considérons la surface de niveau $h = (h_1, \ldots, h_n)$ définie par $M_h = \{x \in M \mid H_i(x) = h_i, i = 1, \ldots, n\}$ et supposons que les n-formes dH_i soient indépendantes en chaque point de M_h.

1. Si M_h est compacte et connexe, elle est difféomorphe à un tore T^n de dimension n, $\{(\varphi_1, \ldots, \varphi_n) \bmod 2\pi\}$.
2. Le champ $\overrightarrow{H}_1$ défini sur chaque tore M_h un mouvement d'équations $\frac{d\varphi_i}{dt} = \omega_i(h)$ où les fréquences ne dépendent que du niveau h.
3. On peut choisir au voisinage de chaque tore des coordonnées symplectiques (I, φ) telles que le mouvement s'écrive $\dot{I} = 0$ et $\varphi_i = \omega_i(h)$.
4. Le mouvement est intégrable par quadratures.

Preuve. On donne les étapes de la preuve.

Lemme 10. *M_h est une sous variété de dimension n.*

Lemme 11. *Sur une surface M_h les n champs de vecteurs $\overrightarrow{H}_1, \ldots, \overrightarrow{H}_n$ sont tangents, linéairement indépendants et commutent deux à deux, i.e. $[\overrightarrow{H}_i, \overrightarrow{H}_j] = 0$.*

Preuve. Par construction les $\overrightarrow{H}_i$ sont tangents, indépendants et $\{H_i, H_j\} = 0$.

Lemme 12. *la 2-forme ω est nulle sur M_h, et M_h est donc une sous-variété Lagrangienne de M.*

Preuve. Les n champs $\overrightarrow{H}_i$ engendrent l'espace tangent de M_h et $\omega(\overrightarrow{H}_i, \overrightarrow{H}_j) = dH_i(\overrightarrow{H}_j) = \{H_i, H_j\} = 0$.

Remarque géométrique. Considérons $\mathbb{R}^{2n}$ muni de sa structure canonique $dp \wedge dq$ et soit S une fonction $q \mapsto S(q)$. Notons L le graphe $\left(q, p = \dfrac{\partial S(q)}{\partial q} \right)$. Alors

$$dp \wedge dq_{|L} = d\left(\frac{\partial S(q)}{\partial q} \right) \wedge dq_{|L} = \sum_{i,k} \frac{\partial^2 S}{\partial q_k \partial q_i} dq_k \wedge dq_i = 0$$

car $\dfrac{\partial^2 S}{\partial q_i \partial q_j} = \dfrac{\partial^2 S}{\partial q_j \partial q_i}$ si $i \neq j$. Donc la restriction de la forme de Darboux au graphe de L est nulle et L est une variété Lagrangienne. Cet exemple se généralise et toute variété Lagrangienne admet localement une représentation analogue. Un point important du théorème de Liouville est de représenter localement une surface de niveau comme un graphe associé à une fonction génératrice. L'autre point clef est le suivant.

Lemme 13. *La variété M_h est difféomorphe à un tore T^n.*

Preuve (indication de preuve). Notons $\exp s\overrightarrow{H}_i$ le groupe à un paramètre associé à $\overrightarrow{H}_i$ et pour $t = (t_1, \ldots, t_n) \in \mathbb{R}^n$, posons

$$g_t = \exp t_n \overrightarrow{H}_n \circ \ldots \circ \exp t_1 \overrightarrow{H}_1.$$

L'application g_t agit sur M_h. Pour $x_0 \in M_h$, posons $g(t) = g_t(x_0)$.
Comme les $\overrightarrow{H}_i, \overrightarrow{H}_j$ commutent, $\exp t_i \overrightarrow{H}_i \circ \exp t_j \overrightarrow{H}_j = \exp t_j \overrightarrow{H}_j \circ \exp t_i \overrightarrow{H}_i$ et g_t définit une action du groupe abélien $\mathbb{R}^n = \{(t_1, \ldots, t_n)\}$ sur M_h.
  Considérons le stabilisateur de x_0 donné par

$$H = \{t \in \mathbb{R}^n \mid g_t(x_0) = x_0\}.$$

C'est un sous-groupe de $\mathbb{R}^n$ qui ne dépend pas du point x_0. On montre que ce sous-groupe est de la forme

$$H = \left\{ \sum_{i=1}^{k} m_i e_i \mid m_i \in \mathbb{Z} \right\},$$

où les e_i sont des vecteurs de $\mathbb{R}^n$. On identifie M_h au quotient $\mathbb{R}^n/H = T^k \times \mathbb{R}^{n-k}$. Comme M_h est compacte, on a nécessairement $n = k$.

Localement, la construction revient à redresser tous les champs $\overrightarrow{H}_i$, les coordonnées d'un point de l'orbite $\{g_t(x_0)\}$ étant le temps le long des courbes intégrales. Dans ces coordonnées, $\overrightarrow{H}_1 = \dfrac{\partial}{\partial t_1}$. Les fréquences ω_i du théorème de Liouville représentent la pente de $\overrightarrow{H}_1$ par rapport aux vecteurs e_i définissant H. Pour achever la preuve, un point important est de construire le système de coordonnées symplectiques du point 3), cette construction prouvant que le système est intégrable par quadratures.

Construction des coordonnées symplectiques. Dans les coordonnées $\{H_1, \ldots, H_n, \varphi_1, \ldots, \varphi_n\}$ déduites des intégrales premières et de la construction du tore T^n, les équations du mouvement s'écrivent

$$\frac{dH_i}{dt} = 0, \ \frac{d\varphi_i}{dt} = \omega_i(h),$$

mais les variables (H, φ) ne sont pas en général symplectiques. Montrons comment construire des coordonnées de Darboux (I, φ) telles que le mouvement soit de la forme

$$\frac{dI}{dt} = 0, \ \frac{d\varphi}{dt} = \omega(I),$$

la construction étant valable au voisinage de chaque tore T^n associé à M_h. Faisons la construction avec $M = \mathbb{R}^2$, $\omega = dp \wedge dq$.

On cherche donc I telle que la transformation $(p, q) \mapsto (I, \varphi)$ soit symplectique, la coordonnée I ne dépendant que de h.

En utilisant la section 1.5.6, on se ramène au calcul d'une fonction génératrice $S(I, q)$ vérifiant

$$dS = pdq + \varphi dI, \tag{2.4}$$

la fonction S étant associée à la forme $\sigma_4 = pdq + QdP$ dans la proposition 15. On a donc les relations

$$p = \frac{\partial S}{\partial q}, \ \varphi = \frac{\partial S}{\partial I}. \tag{2.5}$$

La surface de niveau $M_h = T^1$ est définie par une valeur $H = h$ du Hamiltonien et I ne dépend que de h. Or, $dS_{|I=cte} = pdq$, et donc

$$S(I, q) = \int_{q_0}^{q} pdq_{|M_h}.$$

En parcourant une fois le tore M_h, on obtient l'accroissement

$$\Delta S(I) = \oint_{M_h} pdq = \int_{D_h} dp \wedge dq,$$

la dernière égalité relevant du théorème de Stokes et l'intégrale étant l'aire A balayée. Par construction, φ est l'angle paramétrant M_h, et donc

$$\Delta\varphi = \oint_{M_h} d\varphi = 2\pi,$$

et ce résultat ne dépend pas du niveau d'énergie h. D'aprés (2.4), on a $\varphi = \dfrac{\partial S}{\partial I}$, ce qui implique $2\pi = \Delta\varphi = \frac{d}{dI}\Delta S(I)$. D'où la relation

$$I = \frac{\Delta S}{2\pi} = \frac{A}{2\pi} = \frac{1}{2\pi}\oint pdq.$$

La construction est identique dans le cas général. Sur chaque surface M_h, on définit les coordonnées I_i en posant

$$I_i = \frac{1}{2\pi}\oint_{\gamma_i} pdq, \tag{2.6}$$

où les γ_i sont des chamins fermés sur le tore M_h, parcourus une fois et non homotopes, deux chemins homotopes définissant la même coordonnée car M_h est Lagrangienne et la restriction de $dp \wedge dq$ à M_h est nulle car la surface M_h est définie par un niveau $I=$ constante où les I_i sont indépendants. Notre preuve montre que I s'obtient par quadratures. Il en est de même pour le calcul des angles φ_i qui paramétrisent les tores voisins de M_h.

Définition 31. *Un champ Hamiltonien qui vérifie les conditions précédentes est dit Liouville intégrable. Les variables (I, φ) s'appellent les variables action-angle, et le mouvement de la forme*

$$\frac{dI}{dt} = 0, \ \frac{d\varphi}{dt} = \omega(I)$$

est dit quasi-périodique.

2.2 Stabilité des états d'équilibre ; méthode directe de Liapunov

Définition 32. *Soit $\dot{x} = X(x)$ une équation différentielle de $\mathbb{R}^n$, où X est lisse. On dit que x^* est un état d'équilibre si $X(x^*) = 0$. Notons $x(t, x_0)$ la solution issue en $t = 0$ de x_0. On dit qu'un état d'équilibre est stable au sens de Liapunov si*

$$\forall \varepsilon > 0 \quad \exists \eta > 0, \ |x_0 - x^*| \leqslant \eta \Rightarrow |x(t, x_0) - x^*| \leqslant \varepsilon, \ \forall t \geqslant 0.$$

Si x^* n'est pas stable, on dit que l'état d'équilibre est instable. Si x^* est stable, son bassin d'attraction est

$$D(x^*) = \{x_0 \mid x(t, x_0) \to x^* \ quand \ t \to +\infty\}.$$

Si $D(x^*)$ est un voisinage de x^* on dit que x^* est asymptotiquement stable. Si $D(x^*) = \mathbb{R}^n$, on dit que x^* est globalement asymptotiquement stable.

Définition 33. *Soit U un voisinage ouvert de x^* et $V : U \to \mathbb{R}$ une fonction lisse sur U. Si $t \mapsto x(t)$ est une trajectoire, notons*

$$\dot{V}(x(t)) = \frac{d}{dt} V(x(t)) = dV(x(t))(X(x(t)) = L_X V(x(t))$$

où $L_X V$ est la dérivée de Lie. On dit que V est une fonction de Liapunov si

1. $V(x^*) = 0$ et $V(x) > 0$ si $x \in U \backslash \{x^*\}$,
2. $\dot{V} \leqslant 0$ dans U.

Si de plus $\dot{V} < 0$ dans $U \backslash \{x^*\}$, on dit que V est une fonction de Liapunov stricte.

Théorème 7. *S'il existe une fonction de Liapunov V alors l'état d'équilibre est stable. Si de plus V est stricte, l'état d'équilibre est asymptotiquement stable.*

Preuve. La preuve est standard (voir par exemple [37]).

Théorème 8. *Soit $\dot{x} = Ax$ un système linéaire sur $\mathbb{R}^n$, et soit $\sigma(A) = \{\lambda_1, \ldots, \lambda_n\}$ le spectre de A, chaque valeur propre étant comptée avec sa multiplicité.*

1. L'origine est globalement asymptotiquement stable si et seulement si $\mathrm{Re}\,\lambda_i < 0$, pour $i = 1, \ldots, n$.
2. L'origine est stable si et seulement si
   a) $\mathrm{Re}\,\lambda_i \leqslant 0$, pour $i = 1, \ldots, n$.
   b) Pour chaque valeur propre λ_i telle que $\mathrm{Re}\,\lambda_i = 0$, les blocs de Jordan associés sur $\mathbb{C}$ sont d'ordre un.

Preuve. On donne les détails de la preuve fondée sur la construction d'une réduite de Jordan réelle pour A et qui permet construire une fonction de Liapunov stricte sous l'hypothèse que les éléments du spectre de A sont à partie réelles strictement négatives.

La construction de la réduite de Jordan est la suivante. Il existe une décomposition de l'espace

$$\mathbb{R}^n = E_1 \oplus \ldots \oplus E_r \oplus F_1 \oplus \ldots \oplus F_s,$$

$r + s = p$, chaque espace étant invariant par A et A est semblable à une matrice $diag\{J_1, \ldots, J_p\}$ où les J_i sont des blocs de Jordan réels de la forme

$$\begin{bmatrix} \lambda_i & & & 0 \\ 1 & \ddots & & \\ & \ddots & \ddots & \\ 0 & & 1 & \lambda_i \end{bmatrix} \quad \text{ou} \quad \begin{bmatrix} D_i & & & 0 \\ I_2 & \ddots & & \\ & \ddots & \ddots & \\ 0 & & I_2 & D_i \end{bmatrix},$$

$$D_i = \begin{bmatrix} \alpha_i & \beta_i \\ -\beta_i & \alpha_i \end{bmatrix} \qquad I_2 = \begin{bmatrix} 1 & 0 \\ 0 & 1 \end{bmatrix}$$

le spectre de A étant formé des racines réelles λ_i, $i = 1, \ldots, r$, et des racines conjuguées $(\alpha_i + i\beta_i, \alpha_i - i\beta_i)$, $i = 1, \ldots, s$, et e^{At} est semblable à la matrice $diag\{e^{J_1 t}, \ldots, e^{J_p t}\}$.

Observons par ailleurs que dans les blocs de Jordan on peut remplacer les coefficients 1 par un nombre ε non nul arbitrairement petit. Par exemple pour chaque bloc d'ordre k associé à la valeur propre réelle λ on remplace la base $\{e_1, \ldots, e_k\}$ par la base $\{e_1, \dfrac{e_2}{\varepsilon}, \dfrac{e_3}{\varepsilon^2}, \ldots\}$.

Soit ε ainsi fixé et considérons le produit scalaire noté $\langle ., . \rangle_\varepsilon$ où les vecteurs de la base sont orthonormés. En notant A' la matrice semblable à A associée on a

$$A' = S + N(\varepsilon)$$

où S est la partie diagonalisable sur $\mathbb{C}$,

$$diag\left(\lambda_1, \ldots, \lambda_n, \begin{bmatrix} \alpha_1 & \beta_1 \\ -\beta_1 & \alpha_1 \end{bmatrix}, \ldots, \begin{bmatrix} \alpha_s & \beta_s \\ -\beta_s & \alpha_s \end{bmatrix} \right),$$

et $N(\varepsilon) \to 0$ lorsque $\varepsilon \to 0$.

La mise sous forme de Jordan de la matrice A conduit à décomposer l'espace $\mathbb{R}^n$ en trois espaces :

- E_s : l'espace associé aux valeurs propres ayant une partie réelle strictement négative ;
- E_u : l'espace associé aux valeurs propres ayant une partie réelle strictement positive ;
- E_c : l'espace associé aux valeurs propres ayant une partie réelle nulle.

Si $E_c = \{0\}$ la position d'équilibre est hyperbolique. Si $E_u \oplus E_c = \{0\}$, toutes les valeurs propres sont à partie réelle strictement négative. Montrons que l'origine est asymptotiquement stable. Soit $V(x) = \langle x, x \rangle_\varepsilon$, alors

$$\dot{V} = \langle Sx, x \rangle_\varepsilon + o(\varepsilon) < 0$$

pour ε assez petit et V est une fonction de Liapunov stricte. Le même calcul conduit à prouver la stabilité sous les hypothèses a) et b).

Un calcul direct de e^{At} montre que si une des valeurs propres est à partie réelle strictement positive où à partie réelle nulle avec un bloc de Jordan d'ordre strictement supérieur à 1, l'origine n'est pas stable. Enfin dans le cas 1), le calcul de e^{At} montre que le domaine d'attraction de l'origine est tout $\mathbb{R}^n$.

Une autre méthode pour construire une fonction de Liapunov dans le cas linéaire est la suivante.

Définition 34. *Soit $\dot{x} = Ax$ un système linéaire et $V(x) = {}^{t}xSx$ une forme quadratique où S est une matrice symétrique. Alors $\dot{V} = {}^{t}\dot{x}Sx + {}^{t}xS\dot{x} = {}^{t}x({}^{t}AS + SA)x$. Si $U = {}^{t}x\overline{S}x$ est une forme quadratique donnée, la recherche d'une forme quadratique $V = {}^{t}xSx$ telle que $\dot{V} = U$ conduit à résoudre l'équation de Liapunov*

$$ {}^{t}AS + SA = \overline{S}. $$

Théorème 9. *Soit A une matrice dont le spectre est à partie réelle strictement négative. Alors, pour toute matrice symétrique $\overline{S} < 0$, il existe une unique matrice symétrique $S > 0$ solution de l'équation de Liapunov.*

Preuve. On pose

$$ S = -\int_{0}^{+\infty} e^{s\,{}^{t}A} \overline{S} e^{sA} ds $$

et

$$ {}^{t}AS = -\int_{0}^{+\infty} {}^{t}A e^{s\,{}^{t}A} \overline{S} e^{sA} ds $$

$$ = -\left[e^{s\,{}^{t}A} \overline{S} e^{sA} \right]_{0}^{+\infty} + \int_{0}^{+\infty} e^{s\,{}^{t}A} \overline{S} e^{sA} A ds $$

en intégrant par parties. Le terme intégré se réduit à $\overline{S}$ car pour tout $t \to +\infty$, $e^{tA} \to 0$.

Théorème 10. *Soit le système $\dot{x} = X(x)$ de $\mathbb{R}^{n}$ et x^{*} un état d'équilibre identifié à 0 et $X(x) = Ax + R(x)$ où $R(x) = o(|x|)$. Si le spectre de A est à partie réelle strictement négative, alors l'origine est asymptotiquement stable.*

Preuve. La preuve qui est élémentaire conduit aussi à construire une estimation du domaine d'attraction. Comme le spectre du linéarisé est à partie réelle strictement négative, il existe donc une forme quadratique $V > 0$ telle que $\dfrac{\partial V}{\partial x}Ax < 0$ pour $x \neq 0$. On en déduit que $\dot{V} = \dfrac{\partial V}{\partial x}(Ax + R(x)) < 0$ sur un voisinage de 0 car $R(x) = o(|x|)$.

Pour étudier l'instabilité des états d'équilibres des systèmes non linéaires, on utilise le critère suivant (théorème de Tchetaev).

Proposition 20. *Soit x^{*} un état d'équilibre de $\dot{x} = X(x)$ identifié à 0. Supposons qu'il existe $\varepsilon > 0$ et un ouvert connexe Ψ inclus dans la boule de rayon B_{ε} centrée en 0 et de rayon ε et une fonction lisse V ayant les propriétés suivantes. Il existe k et une fonction a continue, strictement croissante et nulle en 0 tel que*

1. $0 < V(x) \leqslant k$, $\forall x \in \Psi$.
2. $\dot{V}(x) \geqslant a(V(x))$, $\forall x \in \Psi$.
3. $\forall x \in Fr(\Psi \cap B_\varepsilon)$, $V(x) = 0$.
4. L'origine 0 est dans $Fr(\Psi)$.

Alors $x^* = 0$ est instable.

Preuve. Soit η quelconque assez petit et x_0 tel que $|x_0| \leqslant \eta$ et $x_0 \in \Psi$. Montrons que la trajectoire $x(t)$ issue de x_0 quitte la boule B_ε pour un $t \geqslant 0$. Supposons que $x(t) \in \Psi$, $\forall t \geqslant 0$. Alors $\dot{V}(x(t)) \geqslant 0$ et $V(x(t)) \geqslant V(x_0)$. Donc

$$k \geqslant V(x(t)) = V(x_0) + \int_0^t \dot{V}(x(\tau))d\tau$$

$$\geqslant V(x_0) + \int_0^t a(V(x(\tau)))d\tau$$

$$\geqslant V(x_0) + ta(V(x_0)),$$

i.e., $k - V(x_0) \geqslant ta(V(x_0))$ et cette inégalité devient fausse pour t assez grand. Donc la solution quitte le domaine Ψ. Elle ne peut le faire en traversant $Fr(\Psi \cap B_\varepsilon)$ car il faudrait que V s'annule d'après 3), ce qui est impossible car $\dot{V} \geqslant 0$. Donc la solution quitte B_ε.

Ce critère permet de prouver le théorème d'instabilité de Liapunov.

Théorème 11. *Soit $\dot{x} = Ax + R(x)$ où $R(x) = o(|x|)$. Si le spectre de A admet une valeur propre à partie réelle strictement positive, alors le point d'équilibre 0 est instable.*

Preuve (indication). A partir du système linéarisé, on peut décomposer l'espace $\mathbb{R}^n$ en deux sous-espaces $E_1 \oplus E_2$ où $E_1 = E_u$ l'espace instable associé aux valeurs propres à partie réelle strictement positive et $E_2 = E_s \oplus E_c$ est l'espace associé aux valeurs propres à partie réelle négative ou nulle. Si $E_c = \{0\}$, le résultat est une conséquence du théorème de Hartman-Grobman car le système est C^0-équivalent à son linéarisé qui est stable. Sinon il faut appliquer la proposition 20 et construire un secteur Ψ voisinage conique d'une direction v où le système quitte un voisinage de l'origine.

2.3 Le théorème de Lagrange-Dirichlet

Théorème 12. *Soit (M, T, U) un système mécanique. Si l'énergie potentielle admet un minimum relatif strict en q^* alors $(q^*, \dot{q}^* = 0)$ est une position d'équilibre stable.*

Preuve. Notre étude est locale et on peut supposer $M = \mathbb{R}^n$, $q^* = 0$, $V(0) = 0$. Le Hamiltonien $H = T + U$ est une intégrale première et l'énergie cinétique $T = \frac{1}{2} \sum a_{ij}(q)\dot{q}_i\dot{q}_j$ est une forme quadratique définie positive. Puisque V

possède un minimum relatif strict en 0, il existe ρ tel que $q \neq 0$, $|q| < \rho$ et $V(q) > 0$. Soit ε, $0 < \varepsilon < \rho$ et posant

$$\mu = \inf\{V(q), |q| = \varepsilon\}$$

on a $\mu > 0$ et l'énergie H est nulle en 0. Choisissons q_0, $\dot{q}_0$ assez petits de sorte que $H(q_0, \dot{q}_0) < \mu$. Alors la trajectoire $q(t), \dot{q}(t)$ issue de q_0, $\dot{q}_0$ vérifie en vertu de la conservation de l'énergie $H(q(t), \dot{q}(t)) < \mu$, $\forall t$. Il en résulte que pout tout t, $|q(t)| < \varepsilon$. En effet si $|q(t)|$ atteint ε, on aurait $V(q(t)) \geqslant \mu$ et donc $T(q(t), \dot{q}(t)) < 0$ ce qui est impossible.

2.4 Formes normales de Poincaré-Dulac

Définition 35. *Soit A une matrice carrée d'ordre n, à coefficients complexes, et soit $\sigma(A) = \{\lambda_1, \ldots, \lambda_n\}$ son spectre. On suppose que A est diagonalisable. On dit qu'il y a résonance s'il existe une relation de la forme*

$$\lambda_s = \langle m, \lambda \rangle = \sum_{i=1}^{n} m_i \lambda_i$$

où $m = (m_1, \ldots, m_n)$, $m_k \geqslant 0$, $\sum_{k=0}^{n} m_k \geqslant 2$. Le nombre $|m| = \sum_{k=1}^{n} m_k$ s'appelle l'ordre de la résonance.

On va prouver le résultat suivant dû à Poincaré.

Théorème 13. *Soit $X(x) = Ax + \ldots$ un champ de vecteurs formel de $\mathbb{C}^n$. Si les valeurs propres de la matrice de A ne sont pas résonantes, l'équation $\dot{x} = X(x)$ se ramène par un changement formel de variables $x = y + \ldots$ à l'équation linéaire $\dot{y} = Ay$ (les points de suspension désignant des séries formelles d'ordre supérieur strictement à 1).*

La linéarisation formelle résulte d'une série de lemmes.

Lemme 14. *Soit $h(y)$ un polynôme vectoriel d'ordre $r \geqslant 2$ (donc $h(0) = h'(0) = 0$). Le changement de variables $x = y + h(y)$ transforme $\dot{y} = Ay$ en l'équation $\dot{x} = Ax + v(x) + \ldots$ où $v(x) = \dfrac{\partial h}{\partial x} Ax - Ah(x)$ et les points de suspension sont des termes d'ordre strictement supérieur à r.*

Preuve. On a

$$\dot{x} = \left(I + \frac{\partial h}{\partial y}\right)\dot{y} = \left(I + \frac{\partial h}{\partial y}\right)Ay$$

$$= \left(I + \frac{\partial h}{\partial y}\right)A(x - h(x) + \ldots)$$

$$= Ax + \left(\frac{\partial h}{\partial x}(x)Ax - Ah(x)\right) + \ldots$$

Définition 36. *En utilisant la notation*

$$adA(h) = [h, Ax] = \frac{\partial h}{\partial x}(x)Ax - \frac{\partial(Ax)}{\partial x}h(x)$$

pour le crochet de Lie, on appelle équation fondamentale (de la linéarisation) l'équation $adA(h) = v$, où v est un champ de vecteurs donné et h la fonction inconnue.

Lemme 15. *Supposons que A est réduit à sa forme diagonale $diag(\lambda_1, \ldots, \lambda_n)$ dans la base $e_1, \ldots, e_n$ identifiée à la base canonique de $\mathbb{C}^n$, les vecteurs étant représentés par des colonnes. Notons x^m le monôme $x_1^{m_1} \ldots x_n^{m_n}$. Alors l'opérateur adA est diagonal sur l'ensemble des séries formelles et ses vecteurs propres sont les monômes vectoriels $x^m e_s$, les valeurs propres associées étant données par $adA(x^m e_s) = [\langle m, \lambda \rangle - \lambda_s] x^m e_s$.*

Preuve. Un calcul facile donne le résultat.

Lemme 16. *Considérons l'équation $\dot{x} = Ax + v(x)$, avec $\deg(v) \geqslant 2$. On suppose que le spectre de A est sans résonance d'ordre inférieur ou égal à k. Alors un changement de variables $x = y + h(y)$ transforme l'équation en $\dot{y} = Ay + v(y)$ avec $\deg(v) > k$.*

Preuve. A étant dagonalisable, on procède par récurrence en supposant l'équation réduite à la forme $\dot{x} = Ax + v_r(x) + \ldots$ où v_r est homogène de degré $r < k$ et les points de suspension désignant des termes d'ordre strictement supérieur à r. Résolvons l'équation $adA(h_r) = v_r$ dans la classe des polynômes homogènes de degré r. En l'absence de résonance d'ordre r, adA est inversible d'après le lemme 15 et on peut calculer explicitement h_r, d'où le résultat.

En l'absence de monôme de résonance, ce résultat donne l'algorithme pour réduire formellement l'équation $\dot{x} = Ax + \ldots$ en un système linéaire. Cela prouve donc le théorème de Poincaré.

On peut aussi traiter le cas des résonances et obtenir le résultat suivant de Poincaré-Dulac.

Proposition 21. *On suppose A diagonalisable. Alors l'équation $\dot{x} = Ax + \ldots$ se ramène formellement à une équation $\dot{y} = Ay + w(y)$ où tous les monômes de la série formelle sont résonants.*

Ces résultats étant formels, on donne des critères de convergence.

Définition 37. *On considère des champs de vecteurs analytiques sur $\mathbb{R}$ ou $\mathbb{C}$ identifiés localement à des séries entières convergentes. Le problème que l'on considère est de réduire un champ analytique $\dot{x} = X(x) = Ax + \ldots$ à sa partie linéaire $\dot{y} = Ay$ en utilisant un germe de fonction analytique $x = y + h(y)$. En résolvant l'équation fondamentale $adA(h) = v$ dans la classe des champs polynomiaux homogènes, on obtient*

$$v = \sum v_{m,s} x^m e_s, \quad h = \sum h_{m,s} x^m e_s,$$

avec

$$h_{m,s} = \frac{v_{m,s}}{\langle m, \lambda \rangle - \lambda_s}.$$

Si l'on est proche d'une résonance, on a $\langle m, \lambda \rangle - \lambda_s \sim 0$. Ce problème s'appelle le problème des petits dénominateurs.

1. *Le spectre de $\sigma(A) = \{\lambda_1, \ldots, \lambda_n\}$ appartient au domaine de Poincaré si l'enveloppe convexe des n valeurs propres $\lambda_i \in \mathbb{C}$ ne contient pas 0. Dans le cas contraire, on dit que le spectre est dans le domaine de Siegel.*
2. *Le spectre $\lambda = (\lambda_1, \ldots, \lambda_n)$ est type (C, ν) si*

$$|\lambda_s - \langle m, \lambda \rangle| \geqslant \frac{C}{|m|^\nu},$$

avec $C > 0$, $m = (m_1, \ldots, m_n)$, $m_k \geqslant 0$, $|m| = \sum_{k=1}^{2} m_k \geqslant 2$.

On formule sans démonstration les théorèmes de Poincaré-Siegel.

Théorème 14. *Soit $\dot{x} = Ax + \ldots$ un champ de vecteurs analytique. Si les valeurs propres de A appartiennent au domaine de Poincaré et ne sont pas résonantes alors on linéarise le champ avec un germe de difféomorphisme analytique.*

Corollaire 5. *Soit $\sigma(A) = \{\lambda_1, \ldots, \lambda_n\}$ le spectre de A et on suppose que pour tout i, $\operatorname{Re} \lambda_i < 0$. On suppose également que l'on est dans le cas non résonant. Alors $\dot{x} = Ax + \ldots$ peut être linéarisé par un germe de difféomorphisme analytique. En particulier l'origine est asymptotiquement stable.*

Théorème 15. *Soit $\dot{x} = Ax + \ldots$ un champ de vecteurs analytique. Si les valeurs propres de A sont de type (C, ν) alors ce champ peut être linéarisé par une germe de difféomorphisme analytique.*

2.5 Forme normale d'un système Hamiltonien au voisinage d'un équilibre

La construction de formes normales formelles développée par Poincaré-Dulac s'applique aussi dans le cadre Hamiltonien.

Proposition 22. *Considérons un système Hamiltonien $\overrightarrow{H}$ de $\mathbb{R}^n$, qui possède une position d'équilibre en 0, H étant une série formelle de la forme $H(x) = \sum_{i=0}^{+\infty} H_i(x)$, où les H_i sont des polynômes homogènes de degré $i + 2$, $H_0 = \frac{1}{2} {}^t x H x$, S symétrique et $A = JS$ est la matrice Hamiltonienne du linéarisé en 0. On suppose que A est diagonalisable. Alors il existe un changement de coordonnées symplectiques formel $x = \varphi(y)$ qui transforme le Hamiltonien en $H^*(y) = \sum_{i=0}^{+\infty} H_i^*(y)$, $H_0^* = H_0$ où les H_i^* sont des polynômes homogènes de degré $i + 2$ tels que $\{H_i^*, H_0\} = 0$.*

Preuve. Un changement de coordonnées symplectiques $x = y + h(y)$ induit l'équation fondamentale

$$adH_0(H_h) = H_v$$

sur les Hamiltoniens. La condition $\{H_i^*, H_0\} = 0$ décrit les monômes résonants où adA s'annule.

Définition 38. *Considérons un Hamiltonien quadratique de $\mathbb{R}^{2n}$ de la forme*

$$H_0(p, q) = \frac{1}{2} \sum_{i=1}^{n} \omega_i(p_i^2 + q_i^2),$$

où les ω_i sont des fréquences positives ou négatives. On dit qu'il existe une résonance d'ordre K s'il existe des entiers k_i non tous nuls tels que

$$\sum_{i=1}^{n} k_i \omega_i = 0, \quad \sum_{i=1}^{n} |k_i| = K.$$

Définition 39. *On appelle forme normale de Birkhoff de degré s, pour un Hamiltonien H, un polynôme de degré $[s/2]$ en les variables $I_l = (P_l^2 + Q_l^2)/2$.*

Théorème 16. *Soit H un Hamiltonien de $\mathbb{R}^{2n}$ au voisinage de la position d'équilibre en 0, $H = H_0(x) + o(|x|^2)$ où H_0 est quadratique et soit ω_i les fréquences associées à H_0. S'il n'existe aucune relation de résonance d'ordre inférieur ou égale à s, alors il existe une transformation symplectique telle que*

$$H(p, q) = H_s(P, Q) + R$$

où H_s est sous forme normale de Birkhoff et le terme résiduel est d'ordre strictement supérieur à s.

Remarque 7. S'il n'existe pas de résonance, la forme normale formelle conduit à un système Liouville intégrable. En effet en posant

$$P_l = \sqrt{2I_l} \cos \varphi_l, \quad Q_l = \sqrt{2I_l} \sin \varphi_l,$$

le Hamiltonien réduit ne s'exprime qu'en fonction de la coordonnée action I_l. Le mouvement confiné aux T^n, $I = (I_1, \ldots, I_n) = cte$, est quasi-périodique et de fréquences $\omega_i = \dfrac{\partial H}{\partial I_i}$. En particulier, l'origine est stable pour la forme normale. La réduction est en générale divergente et on ne peut en général rien conclure sur la stabilité de l'origine par cette technique. En revanche le théorème de Lagrange-Dirichlet s'applique si $H > 0$ en dehors de 0.

2.6 Introduction à la théorie du KAM et à la stabilité des systèmes Hamiltoniens

2.6.1 Théorie de Floquet - Le cas Hamiltonien

Définition 40. *On considère une équation différentielle lisse dans $\mathbb{R}^n$, $\dot{x} = X(x)$. Soit $\xi(t)$ une solution périodique non triviale de période minimale T. L'équation aux variations le long de $\xi(t)$ est l'équation différentielle T-périodique $\dot{v} = A(t)v$ où $A(t) = \dfrac{\partial X}{\partial x}(\xi(t))$. On note $\Phi(t)$ la matrice fondamentale solution de $\dot{\Phi} = A\Phi$ avec $\Phi(0) = I$. La matrice $\Phi(T)$ s'appelle la matrice de monodromie de la solution périodique $\xi(t)$ et ses valeurs propres s'appellent les exposants caratéristiques.*

Le résultat suivant est dû à Floquet.

Théorème 17. *Soit une équation linéaire T-périodique $\dot{x} = A(t)x(t)$. Alors toute matrice fondamentale $\Phi(t)$ s'écrit $\Phi(t) = Q(t)\exp tB$ où $Q(t)$ est T-périodique et B est une matrice constante.*

Preuve. Comme $A(t)$ est T-périodique, la matrice $t \mapsto \Phi(t+T)$ est aussi une solution de l'équation matricielle et donc il existe une matrice C constante, inversible telle que

$$\Phi(t+T) = \Phi(t)C,$$

et si $\Phi(0) = I$, on a $C = \Phi(T)$. Comme $\Phi(T)$ est inversible, son spectre ne contient pas 0 et il existe donc une matrice B en général complexe telle que $C = \exp tB$.

Posons $Q(t) = \Phi(t)\exp -tB$. Alors

$$
\begin{aligned}
Q(t+T) &= \Phi(t+T)\exp -(t+T)B \\
&= \Phi(t)\exp tB \exp -(t+T)B \\
&= Q(t)
\end{aligned}
$$

et $Q(t)$ est périodique de période T. Par ailleurs en dérivant on a $\dot{Q} = PQ - QB$. Considérons l'équation $\dot{x} = Ax$ et posons $x(t) = Q(t)y(t)$. On obtient $\dot{y} = By$, où B est une matrice constante.

Remarque 8. La matrice B est en général complexe. On montre que l'on peut choisir B réelle si $\Phi(T)$ n'a pas de valeurs propres négatives réelles. Sinon on peut remplacer T par $2T$ et $\Phi(2T) = \Phi(T)\Phi(T)$ vérifie cette condition.

Cette théorie de Floquet est aussi valable dans le cadre Hamiltonien.

Proposition 23. *Soient $\dot{x} = \overrightarrow{H}(x)$ un champ Hamiltonien lisse de $\mathbb{R}^{2n}$, et $\xi(t)$ une solution T-périodique. Alors l'équation aux variations $\dot{v} = H(t)v$ est un système Hamiltonien. La matrice fondamentale $\Phi(t)$ associée à $\Phi(0) = I$ est de la forme $\Phi(t) = Q(t)\exp tB$ où $Q(t)$ est symplectique, T-périodique et B est Hamiltonien. Les matrices $Q(t)$ et B peuvent être choisies réelles quitte à remplacer T par $2T$.*

2.6.2 Application premier retour de Poincaré - le cas Hamiltonien

Lemme 17. *Soit $\varphi_t = \exp tX$ le groupe local à un paramètre de $\dot{x} = X(x)$ et $\xi(t)$ une solution T-périodique issue de ξ_0. Alors ξ_0 est un point fixe de ξ_T et la matrice de monodromie coïncide avec $\dfrac{\partial \varphi_T}{\partial x}_{|x=\xi_0}$.*

Corollaire 6. *Les solutions périodiques du système $\dot{x} = X(x)$ ne sont jamais isolées et $+1$ est un exposant caractéristique.*

Preuve. Soit $\xi(t)$ la solution périodique issue de ξ_0 et considérons la courbe $\alpha(\varepsilon) = \xi(\varepsilon)$. Sa dérivée en $\varepsilon = 0$ est $\dot{\xi}(0)$ et la dérivée de la courbe $\beta(\varepsilon) = \varphi_T(\alpha(\varepsilon)) = \varphi_T(T + \varepsilon)$ est $\dot{\varphi}(T) = \dot{\varphi}(0)$. Donc 1 est valeur propre de $\dfrac{\partial \varphi_T}{\partial x}(\varphi(0))$, de vecteur propre $\dot{\varphi}(0)$.

Corollaire 7. *Soit $\dot{x} = \vec{H}(x)$ un système Hamiltonien de $\mathbb{R}^{2n}$. Alors la matrice de monodromie est symplectique et $+1$ est au moins de multiplicité 2.*

Pour éliminer cette dégérescence, Poincaré a introduit l'application de premier retour.

Définition 41. *Soit $\xi(t)$ une solution T-périodique et identifions $\xi(0)$ à 0. Soit Σ un hyperplan, transverse à $\dot{\xi}(0)$. L'application premier retour de Poincaré P définie au voisinage de 0 et qui associe à $x \in \Sigma$ la première intersection de la trajectoire issue en $t = 0$ de x, avec l'hyperplan Σ.*

Dans le cas Hamiltonien, on introduit une application de Poincaré symplectique. Soit $\dot{x} = \vec{H}(x)$, un système Hamiltonien de $\mathbb{R}^{2n}$ et $\xi(t)$ une solution périodique issue en $t = 0$ de ξ_0 identifié à 0. D'après le théorème de redressement symplectique, il existe au voisinage de 0 des coordonnées symplectiques telles que le système s'écrive $\dot{x}_1 = 1$ et le Hamiltonien soit identifié à $H(x) = x_2$. Soit Σ_e l'intersection de l'hyperplan $\Sigma = \{x_1 = 0\}$ avec un niveau d'énergie $x_2 = e$. Les coordonnées $\{x_3, \ldots, x_{2n}\}$ sont canoniques et l'on a le résultat suivant.

Proposition 24. *Dans le cas Hamiltonien, si les exposants caractéristiques sont $\{1, 1, \lambda_3, \ldots, \lambda_{2n}\}$ alors $\{\lambda_3, \ldots, \lambda_{2n}\}$ sont les éléments de l'application de Poincaré restreinte à Σ_0, cette application de Poincaré reste symplectique.*

Preuve. La preuve résulte d'un calcul. Montrons sous des conditions de régularité comment construire la restriction symplectique de l'application de Poincaré de façon géométrique.

Au voisinage de la trajectoire périodique de référence, il existe un système de coordonnées symplectiques (p, q), (I, φ) où (p, q) sont des coordonnées symplectiques sur $\mathbb{R}^{2(n-1)}$ et (I, φ) sont des variables action-angle, φ étant l'angle associé à la trajectoire de référence. Le Hamiltonien s'écrit $H(q, p, \varphi, I)$ et le système se décompose en

$$\dot{q} = \frac{\partial H}{\partial p}, \ \dot{\varphi} = \frac{\partial H}{\partial I},$$

$$\dot{p} = -\frac{\partial H}{\partial q}, \ \dot{I} = -\frac{\partial H}{\partial \varphi},$$

les trajectoires vérifiant $H = h$. On fait l'hypothèse de régulaité $\frac{\partial H}{\partial I} \neq 0$ et en résolvant $H(q, p, \varphi, I) = h$ à l'aide du théorème des fonctions implicites, on obtient une relation $I = L(q, p, \varphi, h)$. En fixant h on obtient donc les relations

$$\frac{\partial H}{\partial q} + \frac{\partial H}{\partial I}\frac{\partial L}{\partial q} = 0, \ \frac{\partial H}{\partial p} + \frac{\partial H}{\partial I}\frac{\partial L}{\partial p} = 0. \tag{2.7}$$

Avec $\dot{\varphi} = \frac{\partial H}{\partial I} \neq 0$, on peut paramétrer les trajectoires par φ et on obtient les équations

$$\frac{dq}{d\varphi} = \frac{\partial H/\partial p}{\partial H/\partial I}, \ \frac{dp}{d\varphi} = -\frac{\partial H/\partial q}{\partial H/\partial I},$$

qui s'écrivent compte tenu de la relation (2.7)

$$\frac{dq}{d\varphi} = -\frac{\partial L}{\partial p}(q, p, \varphi, h), \ \frac{dp}{d\varphi} = \frac{\partial L}{\partial q}(q, p, \varphi, h),$$

et représentent, h étant fixé, un système Hamiltonien 2π-périodique. La restriction symplectique de l'application de Poincaré est l'application

$$P_h : (q(0), p(0)) \mapsto (q(2\pi), p(2\pi))$$

définie en intégrant le système restreint sur $[0, 2\pi]$.

Définition 42. *L'application P_h restreinte à Σ_0 s'appelle l'application de Poincaré isoénergétique.*

2.6.3 Le cas de dimension 4 ; application à la stabilité

Définition 43. *Soit $\dot{x} = H(x)$ un champ Hamiltonien lisse de $\mathbb{R}^4$, $\xi(t)$ une solution T-périodique sur un niveau d'énergie $H = h$ et P_h l'application de Poincaré isoénergétique. Identifions $\xi(0)$ à 0, alors $P_h(u) = Su + o(|u|)$ où $u \in \mathbb{R}^2$ et S est symplectique. Notons $\{\lambda, \mu\}$ les valeurs propres de S. On dit que la trajectoire périodique ξ est hyperbolique si λ, μ sont réelles distinctes, parabolique si $\lambda = \mu$, et elliptique si $\overline{\lambda} = \mu \neq \lambda$.*

Application à la stabilité. Comsidérons un système Hamiltonien de $\mathbb{R}^4$, $\dot{x} = \overrightarrow{H}(x)$, $H = H_0(x) + o(|x|^2)$ où la partie quadratique H_0 est sous la forme

$$H_0 = \frac{1}{2}\sum_{i=1}^{2} \omega_i(p_i^2 + q_i^2),$$

$\omega_1\omega_2 \neq 0$, le système linéarisé étant un couple d'oscillateur de fréquences respectives ω_1, ω_2. Si ω_1, ω_2 ont le même signe, la stabilité de l'origine résulte du théorème de Lagrange-Dirichlet.

Pour étudier la stabilité on procède de la manière suivante. Considérons le système linéarisé. Les trajectoires sont pseudo-périodiques et définissent une famille de tores T^2 invariants. Chaque trajectoire étant soit périodique si ω_1/ω_2 est rationnel, soit dense dans le tore si ω_1/ω_2 est irrationnel. Fixons dans le plan $(p_2, q_2) = 0$ une trajectoire périodique $\xi(t)$ et considérons l'application de Poincaré isoénergétique associée. La trajectoire $\xi(t)$ génère un point fixe elliptique pour l'application de Poincaré et les tores invariants définissent dans le plan une famille de courbes invariantes. Les itérés successifs de points sur ces courbes sont soit périodiques si ω_1/ω_2 est rationnel, soit denses dans le cas irrationnel.

Pour prouver la stabilité de l'origine, il suffit de remarquer que si le système non linéaire, $\dot{x} = \vec{H}(x)$, possède sur chaque niveau d'énergie des tores invariants assez proches de 0, chaque trajectoire voisine de 0 ne pouvant jamais quitter une courbe limitée par 2 tores invariants concentriques. L'existence de tores invariants résulte de théorèmes de type KAM.

2.6.4 Théorème KAM isoénergétique

Considérons un système Hamiltonien de $\mathbb{R}^4$ perturbation d'un système Liouville intégrable $H = H_0(I) + \varepsilon H_1(I,\varphi)$ où (I,φ) sont des variables action-angle. Pour $\varepsilon = 0$ le système se réduit à $\dot{\varphi} = \omega(I)$, $\dot{I} = 0$ où $\omega(I) = (\omega_1(I), \omega_2(I))$ est le vecteur des fréquences. Supposons $\omega_1 \neq 0$ et considérons l'application de Poincaré isoénergétique associée à la section $\varphi_1 = 0$

$$P_h : (I, \varphi_2) \mapsto (I, \varphi_2 + \lambda(I))$$

avec

$$\lambda(I) = 2\pi \frac{\omega_2}{\omega_1}.$$

Sur chaque surface de niveau, chaque tore $I = cste$ est invariant et φ_2 tourne de $\lambda(I)$ sous l'action de A. On introduit la condition de régularité suivante.

Hypothèse (dite de *twist* isoénergétique) On suppose $\dfrac{\partial \lambda}{\partial I_2} \neq 0$ sur $H = h$.

Cette condition garantit que sur chaque surface de niveau le rapport de fréquences varie en fonction de l'action.

Théorème 18. *Si la condition de twist isoénergétique est vérifiée alors si ε est assez petit, l'application de Poincaré isoénergétique du système perturbé possède un ensemble de courbes fermées invariantes correspondant à des tores invariants où le mouvement reste quasi-périodique.*

2.6.5 Théorème de stabilité d'Arnold

Théorème 19. *Considérons un système Hamiltonien de $\mathbb{R}^4$ au voisinage d'un point singulier où le spectre est imaginaire pur, le Hamiltonien étant normalisé selon Birkhoff*

$$H = H_2 + H_4 + \ldots + H_{2N} + H^*$$

avec

1. *H analytique, $H^* = O(2N + 1)$,*
2. *H_{2k}, $1 \leqslant k \leqslant N$ homogène de degré $2k$ en les actions $I_i = \dfrac{p_i^2 + q_i^2}{2}$,*
3. *$H_2 = \omega_1 I_1 - \omega_2 I_2$, $\omega_1 \omega_2 > 0$,*
4. *H_2 ne divise pas tous les H_k.*

Alors l'origine est stable. De plus, arbitrairement près de 0, il existe des tores invariants où le mouvement est quasi-périodique.

2.7 Le théorème de récurrence de Poincaré

Définition 44. *Soit X un champ de vecteurs lisse sur une variété M. Quitte à multiplier X par une fonction positive, on peut supposer que X est complet. Un point $m \in M$ est dit positivement (resp. négativement) stable au sens de Poisson si pour tout voisinage ouvert de m et pour tout $T \geqslant 0$, il existe $t \geqslant T$ (resp. $t \leqslant -T$) tel que $\varphi_t(m) \in U$, où φ_t est le groupe à un paramètre de X. On dit que m est Poisson stable si m est positivement et négativement Poisson stable.*

Définition 45. *Soit ω une forme volume et X un champ de vecteurs. On dit que X est conservatif si $\varphi_t * \omega = \omega$ où $\varphi_t = \exp tX$ est le groupe local à un paramètre de X.*

Lemme 18. *Identifions localement ω à la forme $V(x)dx_1 \wedge \ldots \wedge dx_n$ où $V > 0$. Alors avec $X = \sum_{i=1}^{n} X_i \dfrac{\partial}{\partial x_i}$ on a*

$$\sum_{i=1}^{n} \frac{\partial(VX_i)}{\partial x_j} = 0.$$

Preuve. En dérivant la condition $\varphi_t * \omega = \omega$, on obtient $L_X \omega = 0$ où $L_X \omega$ est la dérivée de Lie de ω.

Remarque 9. Si $V = 1$ on obtient la condition $divX = 0$. Dans le cas général, on peut reparamétrer les trajectoires solutions de $\dfrac{dx}{dt} = X(x)$ en posant $dt = Vd\tau$ et l'on obtient la condition $divVX = 0$.

Proposition 25. *Notons μ la mesure induite par ω sur les boréliens de M. Si X laisse invariant ω, pour tout ensemble mesurable A, alors on a $\mu(\varphi_t(A)) = \mu(A)$.*

Proposition 26. *Soit X un champ de vecteurs complet et conservatif sur M. Soit R une région de l'espace invariante pour les trajectoires. On suppose que la mesure de R est finie. Soit $A \subset R$, $\mu(A) = m > 0$. Alors on peut trouver des temps t positifs et négatifs, $|t| \geqslant 1$ tels que $\mu(A \cap \varphi_t(A)) > 0$.*

Preuve. On considère les ensembles $\varphi_t(A)$ pour t entier positif ou négatif et notons $A_n = \varphi_n(A)$, $n \in \mathbb{Z}$, la suite associée. Par invariance on a

$$\mu(A_n) = \mu(A) = m.$$

Soient $A_0, A_1, \ldots, A_k$ tels que les intersections de ces ensembles deux à deux soient de mesure nulle, alors on a

$$\mu(A_0 \cup A_1 \cup \ldots \cup A_k) = km.$$

Comme $\mu(R) < +\infty$, pour $k \geqslant \dfrac{\mu(R)}{m}$, il existe donc $0 < i < j$ tel que

$$\mu(A_i \cap A_j) > 0.$$

Soit donc $\mu(A_0 \cap \varphi_{j-i}(A_0)) > 0$. Cela prouve l'assertion pour tout t positif. On prouve la même assertion pour t négatif. On remarque aussi que l'on peut choisir $|t|$ arbitrairement grand.

Théorème 20. *Soit X un champ conservatif complet sur M, R une région invariante pour X à base dénombrable et de mesure finie. Alors presque tous les points m de R sont stables au sens de Poisson.*

Preuve. Soit A mesurable et $\mu(A) = m > 0$. Considérons la suite

$$A_n = \varphi_n(A), \ n = 0, \pm 1, \pm 2, \ldots$$

On définit

$$A_{01} = A_0 \cap A_1, \ A_{02} = A_0 \cap A_2, \ldots, A_{0\infty} = A_0 \backslash \bigcup_{i=1}^{+\infty} A_{0,i},$$

et

$$A_{12} = A_1 \cap A_2, \ A_{13} = A_1 \cap A_3, \ldots, A_{1\infty} = A_1 \backslash \bigcup_{i=2}^{+\infty} A_{1,i}, \ldots$$

On va montrer que $\mu(A_{0\infty}) = 0$. Par construction on a

$$A_{1\infty} = \varphi_1(A_{0\infty}), \ldots, A_{n\infty} = \varphi_n(A_{0\infty})$$

et $\mu(A_{0\infty}) = \mu(A_{1\infty}) = \ldots = \mu(A_{n\infty})$ car X est conservatif. Par ailleurs, les ensembles $A_{i\infty}$, $i = 0, 1, \ldots, +\infty$ sont deux à deux disjoints. L'hypothèse $\mu(A_{0\infty}) = l >$ contredit la condition $\mu(R) < +\infty$.

Soit U^n une base dénombrable de voisinages de R et construisons pour chaque U^n l'ensemble correspondant $U^n_{0\infty}$. Soit

$$\xi = \bigcup U^n_{0\infty}.$$

On a donc $\mu(\xi) = 0$. Soit $m \in R \backslash \xi$. Par construction pour chaque voisinage U^k de m, il existe un entier $p \geqslant 1$ tel que $m \in \varphi_p(U^k)$. Soit donc $\varphi_{-p}(m) \in U^k$. Cela prouve que m est négativement Poisson stable.

On fait la même construction avec la suite A_n, $n = 0, -1, -2, \ldots$ et on obtient finalement que presque tous les points sont stables au sens de Poisson.

Définition 46. *On dit que X est un champ de vecteurs Poisson stable si presque tous les points sont stables au sens de Poisson.*

2.8 Notes et sources

Pour la méthode d'intégration de Jacobi et des exemples d'applications voir [3], [44]. Pour une preuve du théorème de Liouville, voir [47]. Notre présentation de la stabilité de Liapunov utilise les références de [61] et [37]. Pour le calcul des formes normales de Poincaré-Dulac voir [4] et [53] dans le cas Hamiltonien. Notre introduction à la théorie de Floquet et à l'application de Poincaré suit [53]. Enfin pour une discussion de la théorie du KAM, voir [64], [5], le théorème de stabilité d'Arnold étant prouvé dans [53]. Pour le théorème de récurrence de Poincaré, voir [58], la référence classique [56] contenant des développements de ce théorème.

Introduction au problème des N corps ; les cas $N = 2$ et $N = 3$

L'objectif de ce chapitre est de faire une introduction très élémentaire au problème des 2 et 3 corps.

3.1 Introduction au problème des N corps

On considère un système mécanique formé de N particules de masse m_i, $i = 1, \ldots, N$, dans un référentiel Galiléen identifié à $\mathbb{R}^3$ où les seules forces sont données par leurs attractions mutuelles. Soit q_i le vecteur position de la $i$ème particule assimilée à un point matériel. Les équations du mouvement sont alors

$$m_i \ddot{q}_i = \sum_{j=1}^{N} \frac{G m_i m_j (q_j - q_i)}{|q_j - q_i|^3} = -\frac{\partial U}{\partial q_i}, \tag{3.1}$$

où U est le potentiel du système,

$$U = - \sum_{1 \leqslant i < j \leqslant N} \frac{G m_i m_j}{|q_j - q_i|}.$$

L'équation (3.1) s'écrit de façon concise

$$M \ddot{q} = -\frac{\partial U}{\partial q},$$

où M est la matrice $diag(m_1, \ldots, m_N)$ et $q = (q_1, \ldots, q_N) \in \mathbb{R}^{3N}$.

En notant T l'énergie cinétique du système $\frac{1}{2} \sum_{i=1}^{N} m_i \dot{q}_i^2$ et $L = T - U$ le Lagrangien, (3.1) correspond à l'équation d'Euler-Lagrange

$$\frac{d}{dt} \frac{\partial L}{\partial \dot{q}} - \frac{\partial L}{\partial q} = 0,$$

et les trajectoires minimisent localement l'action

$$\mathcal{S}(q(\cdot)) = \int L(q, \dot{q}) dt.$$

La transformation de Legendre s'écrit $p_i = m_i \dot{q}_i$ et le Hamiltonien associé au système est $H = T + U = \sum_{i=1}^{N} \dfrac{|p_i|^2}{2m_i} + U.$

Le système (3.1) sous forme de Hamilton est

$$\dot{q}_i = \frac{p_i}{m_i} = \frac{\partial H}{\partial p_i},$$

$$\dot{p}_i = \sum_{i=1}^{N} \frac{Gm_i m_j}{|q_i - q_j|^3} = -\frac{\partial H}{\partial q_i},$$

où l'on note $p = (p_1, \ldots, p_N)$.

3.2 Les intégrales premières classiques

Le problème des N corps est un système de $6N$ équations du premier ordre qui admet 10 intégrales premières triviales.

3.2.1 Conservation de l'impulsion

Notons $P = \sum_{i=1}^{N} p_i$ l'impulsion totale du système et C le centre d'inertie du système défini par $C = \sum_{i=1}^{N} \dfrac{m_i q_i}{m}$ où $m = \sum_{i=1}^{N} m_i$ est la masse totale.

Lemme 19. *L'impulsion P est une intégrale première et le centre d'inertie est en translation uniforme.*

Preuve. $\dot{P} = 0$ car la force totale agissant sur le système est nulle, l'attraction de la particule i sur la particule j étant opposée à celle de j sur i. On en déduit que $\sum_{i=1}^{N} m_i \ddot{q}_i = 0$ et C est en translation uniforme.

Il en résulte une normalisation standard utilisée en mécanique céleste qui consiste à choisir C comme origine du référentiel Galiléen, ce qui revient à imposer

$$\sum_{i=1}^{N} m_i q_i = 0, \quad \sum_{i=1}^{N} m_i \dot{q}_i = 0, \tag{3.2}$$

le système restant à intégrer est alors d'ordre $6(N-1)$.

3.2.2 Conservation du moment cinétique

Notons $A = \sum_{i=1}^{N} q_i \wedge p_i$ le moment cinétique total du système.

Lemme 20. *Le vecteur moment cinétique est conservé.*

Preuve. On a

$$
\dot{A} = \sum_{i=1}^{N} \dot{q}_i \wedge p_i + \sum_{i=1}^{N} q_i \wedge \dot{p}_i
$$
$$
= \sum_{i=1}^{N} \dot{q}_i \wedge m_i \dot{q}_i + \sum_{i,j=1}^{N} G m_i m_j \frac{q_i \wedge (q_j - q_i)}{|q_i - q_j|^3}
$$

et un calcul trivial montre que $\dot{A} = 0$.

3.2.3 Conservation de l'énergie cinétique, identité de Lagrange et inégalité de Sundman

Le Hamiltonien est $H = \sum_{i=1}^{N} \frac{1}{2} m_i \dot{q}_i^2 + U(q)$. Introduisons le moment d'inertie $I = \frac{1}{2} \sum_{i=1}^{N} m_i q_i^2$ qui mesure la taille du système planétaire.

Lemme 21. *Le Hamiltonien est une intégrale première et $H = h$, énergie constante.*

Lemme 22. *Le système vérifie l'identité de Lagrange-Jacobi*

$$
\ddot{I} = 2T + U = 2h - U,
$$

et si l'énergie h est positive ou nulle, $\ddot{I}$ est strictement positif.

Preuve. On a $I = \frac{1}{2} \sum_{i=1}^{N} m_i q_i^2$, et en dérivant deux fois, il vient

$$
\ddot{I} = \sum_{i=1}^{N} m_i \dot{q}_i^2 - \sum_{i=1}^{N} m_i q_i \frac{\partial U}{\partial q_i}.
$$

Or U est homogène de degré -1 et d'après l'identité d'Euler

$$
\sum_{i=1}^{N} q_i \frac{\partial U}{\partial q_i} = -U.
$$

Soit $\ddot{I} = 2T + U$, et $h = T + U$ implique $\ddot{I} = 2h - U$.

Le potentiel étant une fonction à valeurs négatives, si $h \geqslant 0$ alors $\ddot{I} > 0$.

Lemme 23. *Le système vérifie l'inégalité de Sundman*

$$
A^2 \leqslant 4I(\ddot{I} - h).
$$

Preuve. On a

$$A = \sum_{i=1}^{N} m_i q_i \wedge \dot{q}_i,$$

donc

$$|A| \leqslant \sum_{i=1}^{N} m_i |q_i \wedge \dot{q}_i|.$$

Or $|q_i \wedge \dot{q}_i| = |q_i||\dot{q}_i|| \sin \theta_i|$ où θ_i est l'angle entre q_i et $\dot{q}_i$. Il vient donc

$$|A| \leqslant \sum_{i=1}^{N} m_i |q_i||\dot{q}_i| \leqslant \left(\sum_{i=1}^{N} m_i q_i^2 \right)^{1/2} \left(\sum_{i=1}^{N} m_i \dot{q}_i^2 \right)^{1/2}$$

d'après l'inégalité de Cauchy-Schwarz. En élevant au carré on obtient

$$A^2 \leqslant 2I.2T.$$

L'identité de Lagrange-Jacobi, $T = \ddot{I} - h$, conduit alors à l'inégalité de Sundman. $\qquad$

3.3 Homogénéité et théorème de Viriel

Considérons de manière générale un système mécanique formé de N points matériels q_i de masse m_i, $T = \frac{1}{2} \sum_{i=1}^{N} m_i \dot{q}_i^2$ l'énergie cinétique, $U(q)$ le potentiel et $L = T - U$ le Lagrangien.

Lemme 24. *On suppose U homogène de degré $k \in \mathbb{Z}$. Si $q(t)$ est solution de l'équation d'Euler-Lagrange, alors $Q(T) = \alpha q(t)$ avec $T = \alpha^{1-k/2}t$ est aussi solution de l'équation d'Euler-Lagrange.*

Preuve. Les solutions de l'équation d'Euler-Lagrange ne sont pas affectées si l'on multiplie le Lagrangien par une constante non nulle. Supposons U homogène de degré k, $U(\alpha q) = \alpha^k U(q)$. Soit $q(t)$ une solution de l'équation d'Euler-Lagrange. Posons $Q = \alpha q$ et $T = \beta t$. Alors

$$\alpha dq = dQ, \quad \beta dt = dT,$$

et

$$\frac{dQ}{dT} = \frac{\alpha}{\beta} \frac{dq}{dt}.$$

L'énergie cinétique est donc transformée en

$$\frac{1}{2}\sum_{i=1}^{N} m_i \left(\frac{dQ_i}{dT}\right)^2 = \frac{1}{2}\frac{\alpha^2}{\beta^2}\sum_{i=1}^{N} m_i \left(\frac{dq_i}{dt}\right)^2,$$

et l'énergie potentielle vérifie

$$U(Q) = \alpha^k U(q).$$

Si $\alpha^k = \alpha^2/\beta^2$, soit $\beta = \alpha^{1-k/2}$, le Lagrangien est multiplié par α^k et $Q(T)$ est aussi solution. Le résultat est donc prouvé.

Corollaire 8. *Si $q(t)$ est une trajectoire périodique de période t du problème des N corps alors la courbe homothétique $Q = \alpha q$ est aussi une trajectoire périodique de période T avec $\dfrac{T}{t} = \left(\dfrac{Q}{q}\right)^{3/2}$.*

Preuve. D'après le lemme précédent, on a $Q = \alpha q$ et $\beta t = T$ avec $\beta = \alpha^{1-k/2}$ où $k = -1$. Donc $T/t = \beta = \alpha^{3/2}$ avec $\alpha = Q/q$.

Pour toute fonction lisse $t \mapsto f(t)$, on note

$$\bar{f} = \lim_{T \to +\infty} \frac{1}{T}\int_0^T f(t)dt$$

sa moyenne.

Théorème 21. *On suppose le potentiel homogène de degré k. Soit $t \to q(t)$ une solution des équations d'Euler-Lagrange telle que la trajectoire et sa vitesse soient bornées. Alors on a la relation*

$$2\bar{T} = \bar{U},$$

où $\bar{T}$ et $\bar{U}$ sont les moyennes respectives de l'énergie cinétique et du potentiel.

Preuve. Si $f(t)$ est la dérivée $\dot{F}(t)$ d'une fonction $F(t)$ bornée, sa valeur moyenne est

$$\bar{f} = \lim_{T \to +\infty} \frac{1}{T}\int_0^T \dot{F}(t)dt = \lim_{T \to +\infty} \frac{F(T) - F(0)}{T} = 0.$$

Si $q(t)$ est une trajectoire bornée à vitesse bornée alors $p = \dfrac{\partial T}{\partial q}$ est bornée et donc $p.q$ est bornée. D'après le résultat précédent,

$$\overline{\left(\frac{d}{dt}p.q\right)} = 0.$$

On a par ailleurs

$$2T = p.\dot{q} = \left(\frac{d}{dt} p.q \right) - \dot{p}.q.$$

On en déduit

$$2\bar{T} = -\overline{(\dot{p}.q)}.$$

Avec $\dot{p} = -\dfrac{\partial U}{\partial q}$, il vient $-q.\dot{p} = q\dfrac{\partial U}{\partial q}$ et si U est homogène de degré k

$$q\frac{\partial U}{\partial q} = kU.$$

On en déduit la relation $2\bar{T} = k\bar{U}$.

Corollaire 9. *Considérons le problème des N corps ; supposons que le mouvement est à position et vitesse bornées. Alors nécessairement l'énergie totale h est négative ou nulle.*

Preuve. On a $k = -1$ et $2\bar{T}$ et $2\bar{T} = -\bar{U}$. Avec $H = h = T + U$, on obtient $h = \bar{T} + \bar{U} = -\bar{T}$. Comme $T \geqslant 0$, $\bar{T} \geqslant 0$, on obtient la condition $h \leqslant 0$.

3.4 Le problème de deux corps

Considérons le cas $N = 2$. Les équations du mouvement sont

$$m_i \ddot{q}_i = -\frac{\partial U}{\partial q_i}, \ i = 1, 2,$$

où le potentiel est $U = -\dfrac{Gm_1 m_2}{|q_1 - q_2|}$, donc

$$m_1 \ddot{q}_1 = \frac{Gm_1 m_2 (q_2 - q_1)}{|q_1 - q_2|^3}, \tag{3.3}$$
$$m_2 \ddot{q}_2 = \frac{Gm_1 m_2 (q_1 - q_2)}{|q_1 - q_2|^3}.$$

On peut réduire le problème en un problème de Kepler par deux procédures : la réduction du mouvement à un mouvement relatif ou la réduction dans un référentiel lié au centre de masse.

3.4.1 Réduction au mouvement relatif

En divisant la première équation de (3.3) par m_1, la seconde par m_2, en les soustrayant et en notant $q = q_1 - q_2$ la position relative, on obtient l'équation

$$\ddot{q} = -\mu \frac{q}{|q|^3}, \ \mu = G(m_1 + m_2). \tag{3.4}$$

3.4.2 Réduction dans un référentiel lié au centre de masse

En choisissant le centre de masse C comme origine des coordonnées, on a la relation $m_1 q_1 + m_2 q_2 = 0$, et le système (3.3) s'écrit

$$m_1 \ddot{q}_1 = -\frac{G m_1 m_2^3 q_1}{m^2 |q_1|^3},$$

$$m_2 \ddot{q}_2 = -\frac{G m_2 m_1^3 q_2}{m^2 |q_2|^3}, \tag{3.5}$$

où $m = (m_1 + m_2)$ est la masse totale. En utilisant la relation $m_1 q_1 + m_2 q_2 = 0$, une seule des deux équations peut être conservée et la première équation s'écrit, avec $q = q_1$,

$$\ddot{q} = -\mu \frac{q}{|q|^3}, \quad \mu = -\frac{G m_2^3}{m^2}.$$

Introduisons la définition suivante.

Définition 47. *On appelle mouvement de Kepler le mouvement d'une particule q de masse m dans un champ de potentiel $U = \dfrac{-\mu m}{|q|}$. Le mouvement est donc gouverné par l'équation*

$$\ddot{q} = -\mu \frac{q}{|q|^3}.$$

Nos deux réductions du problème des deux corps conduisent donc à un mouvement de Kepler.

Proposition 27. *Dans un référentiel Galiléen dont l'origine est le centre de masse, chacune des particules décrit un mouvement de Kepler avec $\mu = G m_2^3 m^{-2}$ pour la première masse et $\mu = G m_1^3 m^{-2}$ pour la seconde où $m = m_1 + m_2$ est la masse totale.*

3.5 Mouvement dans un champ central

Définition 48. *On appelle mouvement dans un champ central, le mouvement d'une particule q de masse unité donné par une équation de la forme $\ddot{q} = \Phi(|q|) e_r = -\dfrac{\partial U}{\partial q}$ où e_r est le vecteur unitaire portée par le rayon vecteur, U étant le potentiel qui ne dépend que e la distance $|q|$.*

Lemme 25. *Le moment cinétique $A = q \wedge \dot{q}$ est constant.*

Corollaire 10. *1. Le mouvement est sur une droite si et seulement si $q(0)$ et $\dot{q}(0)$ sont colinéaires, le moment cinétique A étant nul.*
2. Si $A \neq 0$, le mouvement est dans le plan fixe $\mathbb{R}\{q(0), \dot{q}(0)\}$, perpendiculaire à A.

On va étudier le mouvement dans le second cas et on peut supposer que le mouvement est plan, i.e. $q \in \mathbb{R}^2$.

3.5.1 La loi des aires

On se place dans le plan du mouvement. Soient (r, θ) les coordonnées polaires. $q = re_r$, $r = |q|$, et soit e_θ tel que (e_r, e_θ) forment un repère. Alors $\dot{q} = \dot{r}e_r + r\dot{e}_r$, $\dot{e}_r = \dot{\theta}e_\theta$ et $A = q \wedge \dot{q} = r^2\dot{\theta}e_r \wedge e_\theta$. Comme $|A|$ est constant, on obtient le résultat suivant.

Proposition 28. *Pour un mouvement central, $|A| = r^2\dot{\theta}$ est une constante.*

En introduisant la vitesse aréolaire $v = \lim\limits_{\Delta t \to 0} \dfrac{\Delta S}{\Delta t}$ où ΔS est l'aire balayée par le rayon vecteur, alors $v = \dfrac{1}{2}r^2\dot{\theta}$. La vitesse aréolaire est donc constante. Cette propriété est la loi des aires ou seconde loi de Kepler.

Corollaire 11. *Si le mouvement est circulaire, i.e. $|q|$ est constant, alors $\dot{\theta}$ est constante et le mouvement est circulaire uniforme.*

3.5.2 Intégration des équations

Le Lagrangien associé au système s'écrit en coordonnées polaires

$$L(r, \theta) = \frac{1}{2}(\dot{r}^2 + r^2\dot{\theta}^2) - U(r).$$

Introduisons les variables duales

$$p_r = \frac{\partial L}{\partial \dot{r}} = r, \ p_\theta = \frac{\partial L}{\partial \dot{\theta}} = r^2\dot{\theta}.$$

Alors $(r, \theta, p_r, p_\theta)$ forment un système de coordonnées symplectiques, et les deux intégrales premières

$$H = \frac{1}{2}\left(p_r^2 + \frac{p_\theta^2}{r^2}\right) + U(r),$$

$$|A| = p_\theta,$$

sont en involution pour le crochet de Poisson. En appliquant le théorème de Liouville, on obtient le résultat suivant.

Proposition 29. *Le système est Liouville intégrable et les trajectoires sont soit périodiques, soit denses dans un tore T^2.*

On construit géométriquement ces trajectoires de la façon suivante. En coordonnées polaires le Hamiltonien s'écrit

$$H(r, \theta) = \frac{1}{2}(\dot{r}^2 + r^2\dot{\theta}^2) + U(r) = h.$$

Avec $r^2\dot{\theta} = a_0$, il vient

$$H = \left(\frac{1}{2}\dot{r}^2 + \frac{a_0^2}{2r^2} \right) + U(r) = h.$$

La quantité $U_e = \dfrac{a_0^2}{2r^2} + U(r)$ s'appelle le potentiel effectif.

Proposition 30. *L'évolution $t \mapsto r(t)$ est celle d'un système à un degré de liberté, de masse unité, dans un champ de potentiel effectif U_e,*

$$\ddot{r} = -\frac{\partial U_e}{\partial r}.$$

L'intégration est standard et utilise la conservation de l'énergie $H = h$. Les positions d'équilibre sont données par $\dot{r} = 0$, $\dfrac{\partial U_e}{\partial r} = 0$. Le mouvement est confiné dans $U_e(r) \leqslant h$ et s'analyse en traçant le graphe de $U_e(r)$. Soit h un niveau d'énergie tel qu'une composante connexe de $U_e(r) \leqslant h$ soit formée par un intervalle compact, $r_{\min} \leqslant r \leqslant r_{\max}$. Alors $t \mapsto r(t)$ oscille de façon périodique entre $r_{\min}$ (péricentre) et $r_{\max}$ (apocentre) et se calcule en intégrant l'équation

$$\frac{dr}{dt} = \pm\sqrt{2(h - U_e(r))}. \tag{3.6}$$

L'évolution de θ s'obtient via la loi des aires,

$$\frac{d\theta}{dt} = \frac{a_0}{r^2}$$

et la variation d'angle entre un péricentre et un apocentre consécutifs est

$$\Delta\theta = \int_{r_{\min}}^{r_{\max}} \frac{a_0/r^2}{\sqrt{2(h - U_e(r))}}\,dr. \tag{3.7}$$

Si on nomme $\Phi = 2\Delta\theta$ la période séparant deux passages consécutifs par le péricentre, on peut extraire deux cas :

1. $\Phi = 2\pi m/n$, où m et n sont deux entiers. Dans ce cas le mouvement est périodique.
2. $\Phi \neq 2\pi m/n$. Dans ce cas la trajectoire est dense dans la couronne $[r_{\min}, r_{\max}]$ du plan (r, θ).

Remarque 10. Les trajectoires bornées ne sont pas toutes périodiques, en général, à l'exception de deux cas (théorème de Bertrand) :

- Kepler : $U(r) = \dfrac{-\mu}{r}$, $\mu > 0$.
- Oscillateur linéaire : $U(r) = \mu r^2$, $\mu > 0$.

Dans le cas du problème de Kepler cette propriété résulte de l'homogénéité d'ordre -1 qui conduit à l'existence d'une intégrale première supplémentaire découverte par Laplace, l'intégration directe conduisant à des coniques.

3.6 Le problème de Kepler

Le potentiel est de la forme $U(r) = \dfrac{-\mu}{r}$ et le potentiel effectif est $U_e(r) = \dfrac{-\mu}{r} + \dfrac{a_0}{2r^2}$. L'examen du graphe montre que les trajectoires bornées correspondent à $h < 0$.

Une façon classique d'intégrer les trajectoires consiste à utiliser les formules de Binet. On écrit

$$\frac{d}{dt} = \frac{d\theta}{dt}\frac{d}{d\theta} = \frac{a_0}{r^2}\frac{d}{d\theta},$$

d'après la loi des aires. Donc

$$\frac{dr}{dt} = \frac{a_0}{r^2}\frac{dr}{d\theta} = -a_0\frac{d(1/r)}{d\theta}.$$

Posons $u = 1/r$. La conservation de l'énergie cinétique et du moment cinétique donne

$$\dot{r}^2 + r^2\dot{\theta}^2 + U(r) = h, \ r^2\dot{\theta} = a_0,$$

et conduit à l'équation

$$a_0^2\left(\frac{du}{d\theta}\right)^2 + a_0^2 u^2 = 2(h - U(u)),$$

soit

$$\left(\frac{du}{d\theta}\right)^2 + u^2 = \frac{2(h + \mu u)}{a_0^2}.$$

Pour intégrer cette équation on peut se ramener en dérivant et en simplifiant à l'oscillateur linéaire

$$\frac{d^2u}{d\theta^2} + u = \frac{\mu}{a_0^2},$$

soit écrire l'équation sous la forme

$$\left(\frac{du}{d\theta}\right)^2 + \left(u - \frac{\mu}{a_0^2}\right)^2 = \frac{2h}{a_0^2} + \frac{\mu^2}{a_0^4}.$$

Cette équation se ramène par translation à l'équation

$$\left(\frac{dx}{d\theta}\right)^2 + \omega^2 x^2 = \omega^2 a^2,$$

dont la solution est $x(\theta) = a\cos(\omega(\theta - \theta_0))$. En identifiant les constantes on obtient alors

$$u = \frac{1}{r} = \frac{\mu}{a_0^2}\left(1 + \sqrt{1 + \frac{2ha_0}{\mu^2}}\cos(\theta - \theta_0)\right).$$

Introduisons respectivement le paramètre et l'excentricité

$$p = \frac{a_0^2}{\mu}, \; e = \sqrt{1 + \frac{2ha_0}{\mu^2}}.$$

Proposition 31. *Les trajectoires du problème de Kepler sont des coniques d'équations*

$$\frac{1}{r} = \frac{1 + e\cos(\theta - \theta_0)}{r},$$

avec $e = 0$ dans le cas du cercle, $0 < e < 1$ dans le cas de l'ellipse, $e = 1$ dans le cas de la parabole et $e > 1$ dans le cas de l'hyperbole. Ce résultat contient la première loi de Kepler dans le problème des planètes, celles-ci décrivant des ellipses dont le soleil occupe un foyer, le centre de masse étant approximativement le soleil.

3.6.1 Le cas elliptique

L'angle θ_0 s'appelle l'anomalie. On peut choisir les axes pour que $\theta_0 = 0$ et l'équation de l'ellipse s'écrit $r = \dfrac{p}{1 + e\cos f}$. L'origine est l'un des foyers. L'ellipse peut être représentée en coordonnées cartésiennes, l'origine O' étant le milieu du segment $[F_1, F_2]$ où $F_1 = O$, F_2 sont les foyers. On note c la distance OO', a la longueur du demi grand axe et b la longueur du demi petit axe. Alors

$$a = \frac{p}{1 - e^2}, \; b = \frac{p}{\sqrt{1 - e^2}}, \; e = \frac{c}{a}. \tag{3.8}$$

La troisième loi de Kepler s'énonce ainsi.

Proposition 32. *La période de révolution est $T = 2\pi a^{3/2}\mu^{-1/2}$ et ne dépend pas de l'excentricité.*

Preuve. Soit S l'aire balayée par le rayon vecteur en une période alors $S =$ aire de l'ellipse $= \pi ab$. D'après la loi des aires,

$$\frac{dS}{dt} = \frac{1}{2}r^2\dot\theta = \frac{1}{2}a_0,$$

donc $S = \frac{1}{2}a_0 T$. D'où le résultat en utilisant les relations entre les paramètres géométriques et les intégrales premières.

3.6.2 Le vocabulaire de la mécanique céleste

Considérons le mouvement sur une ellipse de foyer O centre d'attraction, de centre O', un des axes du plan étant OO'. L'angle f repérant un point sur l'ellipse s'appelle l'anomalie vraie. Notons P le péricentre, le cercle de centre O' et tangent aux extrémités du grand axe s'appelle le cercle apsidal. Soit Q un point de l'ellipse d'angle θ. La perpendiculaire au grand axe passant par Q coupe le cercle apsidal en un point S et l'angle $\varphi = \widehat{POS}$ s'appelle l'anomalie excentrique.

3.6.3 Equation de Kepler

Soit x l'abscisse de Q et S et y_Q, y_S leurs ordonnées respectives. L'ellipse résulte d'une transformation affine du cercle apsidal et $y_Q = \dfrac{b}{a} y_S$ avec $\dfrac{b}{a} = \sqrt{1 - e^2}$. On en déduit l'équation paramétrique de l'ellipse

$$r = a(1 - e\cos f). \tag{3.9}$$

En comparant l'aire décrite par les rayons vecteurs OQ et OS et en fixant le temps de passage au périgée en $t = 0$, on obtient l'équation de Kepler

$$\varphi - e\sin\varphi = \frac{2\pi t}{T}. \tag{3.10}$$

Introduisons la coordonnée

$$x_1 = \frac{T(\varphi - e\sin\varphi)}{2\pi}. \tag{3.11}$$

On a $\dot{x}_1 = 1$. En d'autres termes, l'anamolie excentrique permet de redresser géométriquement le champ de Kepler.

Proposition 33. *Au voisinage d'une orbite elliptique, l'équation de Kepler est redressée en $\dot{x}_1 = 1$, $\dot{I} = 0$ où I est un vecteur de $\mathbb{R}^5$ dont les composantes sont cinq intégrales premières indépendantes.*

3.7 Introduction au problème des 3 corps

Le problème des 2 corps est intégrable mais on sait depuis Poincaré que ce n'est pas le cas pour $N \geqslant 3$, d'où l'intérêt de la recherche de trajectoires particulières : états d'équilibre ou trajectoires périodiques. Le problème des N corps est sans état d'équilibre. En revanche il existe des trajectoires remarquables. Par exemple pour le problème des 2 corps, si le moment cinétique est nul, les deux corps évoluent sur une droite et ces trajectoires particulières conduisent à une collision. Dans le problème des 3 corps, les 3 masses peuvent être vues comme les sommets d'un triangle qui évolue au cours du temps et il existe des trajectoires particulières décrites par Euler et Lagrange. Le cas d'Euler est la situation où les 3 masses restent alignées sur une droite en rotation uniforme autour du centre de masse C. Le cas de Lagrange est la situation où les 3 masses forment un triangle équilatéral, en rotation uniforme autour de C. On va présenter ces résultats en respectant l'analyse d'Euler, de Lagrange, puis on généralisera au problème des N corps en introduisant le concept de configuration centrale et le point de vue variationnel.

3.8 Les travaux d'Euler, Lagrange dans le problème des 3 corps

Considérons les équations du problème des 3 corps,

$$
\begin{aligned}
m_1 \ddot{q}_1 &= \frac{Gm_1 m_2}{r_{12}^3}(q_2 - q_1) + \frac{Gm_1 m_3}{r_{13}^3}(q_3 - q_1), \\
m_2 \ddot{q}_2 &= \frac{Gm_2 m_1}{r_{12}^3}(q_1 - q_2) + \frac{Gm_2 m_3}{r_{23}^3}(q_3 - q_2), \\
m_3 \ddot{q}_3 &= \frac{Gm_3 m_1}{r_{13}^3}(q_1 - q_3) + \frac{Gm_3 m_2}{r_{23}^3}(q_2 - q_3),
\end{aligned}
\tag{3.12}
$$

où $r_{ij} = |q_i - q_j|$ représente la distance mutuelle, et où le centre de masse C est choisi comme origine des coordonnées, ce qui impose la relation

$$
m_1 q_1 + m_2 q_2 + m_3 q_3 = 0.
$$

Cherchons des solutions planes. Si (x, y, z) sont les coordonnées de q, on peut imposer que le plan soit $z = 0$. Notons $(x_k, y_k, 0)$ les coordonnées des points q_k de masse m_k, $k = 1, 2, 3$. Nos équations (3.12) se réduisent à

$$
\begin{aligned}
\ddot{x}_k &= G \sum_{j \neq k} \frac{m_j(x_j - x_k)}{r_{jk}^3}, \\
\ddot{y}_k &= G \sum_{j \neq k} \frac{m_j(y_j - y_k)}{r_{jk}^3}, \quad k = 1, 2, 3.
\end{aligned}
$$

Cherchons des solutions telles que les masses m_k soient en rotation uniforme. Pour cela, introduisons dans le plan un système de coordonnées (ζ, η) qui tourne à vitesse angulaire constante ω. Dans ces coordonnées, les masses m_k étant donc fixes, on a

$$
x_k = \zeta_k \cos \omega t - \eta_k \sin \omega t, \quad y_k = \zeta_k \sin \omega t + \eta_k \cos \omega t,
$$

et en reportant dans les équations, on obtient

$$
\begin{aligned}
\ddot{\zeta}_k - 2\omega \dot{\eta}_k - \omega^2 \zeta_k &= G \sum_{j \neq k} \frac{m_j}{r_{jk}^3}(\zeta_j - \zeta_k), \\
\ddot{\eta}_k - 2\omega \dot{\zeta}_k - \omega^2 \eta_k &= G \sum_{j \neq k} \frac{m_j}{r_{jk}^3}(\eta_j - \eta_k).
\end{aligned}
$$

En introduisant le nombre complexe $z_k = \zeta_k + i\eta_k$, le système s'écrit

$$\ddot{z}_k + 2i\omega\dot{z}_k - \omega^2 z_k = G \sum_{j \neq k} \frac{m_j}{r_{jk}^3}(z_j - z_k), \tag{3.13}$$

avec $r_{jk} = |z_j - z_k|$.

Les états d'équilibre vérifie $\dot{z}_k = 0$ et sont donc solutions du système d'équations

$$-z_k = \lambda \sum_{j \neq k} \frac{m_j}{r_{jk}^3}(z_j - z_k), \quad k = 1, 2, 3,$$

avec $\lambda = G\omega^{-2}$. Posons $\rho_1 = \lambda r_{23}^{-3}$, $\rho_2 = \lambda r_{13}^{-3}$, $\rho_3 = \lambda r_{12}^{-3}$. La première et la troisième équation s'écrivent alors

$$(1 - m_2\rho_3 - m_3\rho_2)z_1 + m_2\rho_3 z_2 + m_3\rho_2 z_3 = 0 \tag{3.14}$$
$$m_1\rho_2 z_1 + m_2\rho_1 z_2 + (1 - m_1\rho_2 - m_2\rho_1)z_3 = 0$$

et l'autre équation est remplacée par la relation fixant le centre de masse à 0,

$$m_1 z_1 + m_2 z_2 + m_3 z_3 = 0.$$

Il convient de distinguer 2 cas.

Cas 1. Les trois points z_k ne sont pas alignés. On en déduit que $\rho_1 = \rho_2 = \rho_3 = 1/m$ où m est la masse totale. Les trois points sont alors aux sommets d'un triangle équilatéral de côté $(Gm\omega^{-2})^{1/3}$. Ce côté ne dépendant que de la masse totale, le centre du triangle ne coïncide pas en général avec le centre de masse. Ces solutions sont dues à Lagrange.

Cas 2. Les trois points sont alignés sur une droite et forment les solutions d'Euler que l'on va déterminer.

Supposons que les points z_1, z_2, et z_3 sont alignés sur une droite L, qui contient donc le centre de masse. On peut supposer que L est l'axe des ζ et l'on ordonne les masses pour que $\zeta_1 < \zeta_2 < \zeta_3$. On a donc $r_{12} = \zeta_2 - \zeta_1$, $r_{13} = \zeta_3 - \zeta_1$, $r_{23} = \zeta_3 - \zeta_2$, et les équations se réduisent à

$$-\zeta_1 = \lambda \left(\frac{m_2}{(\zeta_2 - \zeta_1)^2} + \frac{m_3}{(\zeta_3 - \zeta_1)^2} \right),$$
$$\zeta_3 = \lambda \left(\frac{m_1}{(\zeta_3 - \zeta_1)^2} + \frac{m_2}{(\zeta_3 - \zeta_2)^2} \right),$$

avec $m_1\zeta_1 + m_2\zeta_2 + m_3\zeta_3 = 0$. Posons $a = \zeta_2 - \zeta_1$, $\zeta_3 - \zeta_2 = a\rho$ et $\zeta_3 - \zeta_1 = a(1 + \rho)$. Après quelques calculs on constate que ρ est solution de

$$\frac{m_2 + m_3(1 + \rho)}{m_1(1 + \rho) + m_2\rho} = \frac{m_2 + m_3(1 + \rho)^{-2}}{m_1(1 + \rho)^{-2} + m_2\rho^{-2}},$$

et a est donné par

$$a^3(m_2 + m_3(1 + \rho)) = \lambda m(m_2 + m_3(1 + \rho)^{-2}).$$

Le problème est donc de calculer ρ solution du polynôme de degré 5

$$(m_2 + m_3) + (2m_2 + 3m_3)\rho + (3m_3 + m_2)\rho^2 - (3m_1 + m_2)\rho^3$$
$$- (3m_1 + 2m_2)\rho^4 - (m_1 + m_2)\rho^5 = 0.$$

Ce polynôme admet une seule racine positive. Comme il y a trois possibilités pour ordonner les masses, cela donne les trois solutions d'Euler.

Théorème 22. *Pour le problème plan, dans chaque système en rotation uniforme à vitesse angulaire ω, il existe une configuration de Lagrange où les trois masses restent fixent en formant les sommets d'un triangle équilatéral de côté $(Gm\omega^{-2})^{1/3}$ et trois configurations dites d'Euler où les masses restent alignées sur une même droite, chacune étant associée à un ordre des masses sur la droite.*

3.9 La notion de configuration centrale

Considérons le problème où $q_i = (x_i, y_i, z_i)$ sont les coordonnées de la masse m_i, $r_{ij} = |q_i - q_j|$ et $V = -U$ l'opposé du potentiel. Le système s'écrit

$$m_i \ddot{q}_i = \sum_{i \neq j} \frac{G m_i m_j (q_j - q_i)}{|q_i - q_j|^3}.$$

Cherchons une solution particulière de la forme $q_i(t) = \Phi(t) a_i$ où les a_i sont des vecteurs constants de $\mathbb{R}^3$ et $\Phi(t)$ une fonctions scalaire. En reportant dans les équations on obtient

$$|\Phi|^3 \Phi^{-1} \ddot{\Phi} m_i a_i = \sum_{i \neq j} \frac{G m_i m_j (a_j - a_i)}{|a_i - a_j|^3}.$$

En séparant les variables, on doit donc avoir pour un scalaire λ les équations

$$\ddot{\Phi} = \frac{-\lambda \Phi}{|\Phi|^3} \tag{3.15}$$

et

$$-\lambda m_i a_i = \sum_{j \neq i} \frac{G m_i m_j (a_j - a_i)}{|a_i - a_j|^3}. \tag{3.16}$$

L'équation (3.15) est une équation en dimension 1 qui correspond à un problème de Kepler en dimension 1 et s'intègre aisément.

Considérons maintenant le problème des N corps dans le plan. La position q_i vit dans $\mathbb{R}^2$ identifié à $\mathbb{C}$. Posons $q_i(t) = \Phi(t) a_i$ où $a_i \in \mathbb{C}$ et supposons que $\Phi(t)$ est une fonction scalaire complexe. L'équation (3.15) est alors l'écriture complexe de l'équation de Kepler, avec λ paramètre réel. Si $\lambda > 0$, à chaque solution circulaire, ou elliptique, correspond des solutions du problème des N corps plan après résolution de (3.16).

Définition 49. *On appelle configuration centrale (c.c) pour le problème des N corps une famille de vecteurs, $a = (a_i, \ldots, a_N)$ et un scalaire λ solution de (3.16) (dans $\mathbb{R}$, $\mathbb{R}^2$, $\mathbb{R}^3$).*

Propriété 2. 1. Si $a_1, \ldots, a_N$ est une configuration centrale alors $\sum_{i=1}^{N} m_i a_i = 0$ et le centre de masse est à l'origine.

  2. Soit $(a_1, \ldots, a_N, \lambda)$ une c.c. Alors $(Aa_1, \ldots, Aa_N, \lambda)$ est une c.c pour toute matrice orthogonale A et $(\tau a_1, \ldots, \tau a_N, \lambda/\tau^3)$ est une c.c pour tout $\tau \neq 0$. Les vecteurs $(a_1, \ldots, a_N)$ associés à une c.c. sont donc caractérisés via les similitudes de $\mathbb{R}$, $\mathbb{R}^2$, $\mathbb{R}^3$.

Introduisons le moment d'inertie du système $I = \frac{1}{2} \sum m_i q_i^2$ et $V = -U$ l'opposé du potentiel. Alors l'équation (3.16) prend la forme

$$\frac{\partial V}{\partial q}(a) + \lambda \frac{\partial I}{\partial q}(a) = 0. \tag{3.17}$$

D'où l'interprétation variationnelle des c.c.

Proposition 34. *L'équation (3.17) est la condition nécessaire de Lagrange pour le problème de trouver un extrémum V sur un niveau $I = c$ et λ est un multiplicateur de Lagrange.*

Preuve. Considérons l'application $E : a \mapsto (V(a), I(a))$. En un extrémum, son rang n'est pas 2, donc il existe (λ_0, λ) non nul tel que

$$\lambda_0 \frac{\partial V}{\partial q}(a) + \lambda \frac{\partial I}{\partial q}(a) = 0$$

et on peut supposer que $\lambda_0 = 1$ car le rang de I est 1 en $a \neq 0$, les surfaces $I = c$ étant des ellipsoïdes.

Lemme 26. *On a $\lambda = \dfrac{V(a)}{2I(a)} > 0$.*

Preuve. V est homogène de degré -1 et I est homogène de degré 2, donc en faisant le produit scalaire de (3.17) avec a et en appliquant le théorème d'Euler, il vient

$$0 = a \frac{\partial V}{\partial q}(a) + \lambda a \frac{\partial I}{\partial q}(a) = -V(a) + 2\lambda I(a),$$

d'où la formule. De plus la positivité de I et V entraîne celle de λ.

On peut appliquer cette interprétation variationnelle pour retrouver aisément les résultats de Lagrange et d'Euler.

3.9.1 Solutions de Lagrange

Dans le cas des 3 corps, pour calculer les c.c on cherche 6 inconnues qui sont les composantes a_1, a_2, $a_3 \in \mathbb{R}^2$. Comme $\sum_{i=1}^{3} m_i a_i = 0$, il reste 4 inconnues. Par ailleurs le groupe des similitudes du plan est de dimension 2, donc il reste en fait 2 inconnues. Pour calculer les c.c. on doit donc calculer les extrema d'une fonction de 2 variables.

Pratiquemement, on procède ainsi dans le cas de Lagange. Soient r_{12}, r_{23}, r_{13}, les distances mutuelles, le centre de masse étant fixé à l'origine. En identifiant les c.c. qui diffèrent par une rotation, on observe que les distances mutuelles forment un système de coordonnées locales au voisinage d'une c.c. dans les cas où les 3 points ne sont pas alignés. Précisément, on a

$$V = G \left(\frac{m_1 m_2}{r_{12}} + \frac{m_3 m_2}{r_{23}} + \frac{m_1 m_3}{r_{13}} \right).$$

Par ailleurs,

$$\sum_i \sum_j m_i m_j r_{ij}^2 = \sum_{i,j} m_i m_j |q_i - q_j|^2$$

$$= \sum_{i,j} m_i m_j q_i^2 - 2 \sum_{i,j} m_i m_j q_i q_j + \sum_{i,j} m_i m_j q_j^2$$

$$= 2mI - 2 \sum_i m_i \langle q_i, \sum_j m_j q_j \rangle + 2mI$$

avec $m = \sum m_i$. Le second terme est nul car $\sum_j m_j q_j = 0$. D'où l'expression du moment d'inertie en fonction des distances mutuelles,

$$I = \frac{1}{4m} \sum_i \sum_j m_i m_j r_{ij}^2. \tag{3.18}$$

Calculer un extrémum de V sur un niveau $I = c$ revient donc à calculer un extrémum de V sur un niveau de

$$J = \frac{1}{2}(m_1 m_2 r_{12}^2 + m_2 m_3 r_{23}^2 + m_1 m_3 r_{13}^2).$$

En utilisant la condition nécessaire de Lagrange, on obtient

$$-G \frac{m_i m_j}{r_{ij}^2} + \lambda m_i m_j r_{ij} = 0,$$

pour $(i,j) = (1,2),(1,3),(2,3)$.

La solution est triviale, $r_{12} = r_{23} = r_{13} = (G/\lambda)^{1/3}$. Les trois masses forment donc un triangle équilatéral.

3.9.2 Le théorème d'Euler-Moulton

On peut engendrer les solutions d'Euler pour le problème des N corps. Considérons le cas où les N masses sont alignées sur une droite, et notons $q = (q_1, \ldots, q_N) \in \mathbb{R}^N$ la position du système. Notons $S' = \{q \mid I(q) = 1\}$ l'ellipsoïde identifié à la sphère topologique de $\mathbb{R}^N$, de dimension $N - 1$. Soit $C = \{q \mid \sum_{i=1}^{N} m_i q_i = 0\}$, hyperplan de $\mathbb{R}^N$. L'ensemble $S = S' \cap C$ s'identifie à une sphère de dimension $N - 2$. On introduit la variété $\Delta'_{ij} = \{q \mid q_i = q_j\}$ qui correspond à une collision entre m_i et m_j, l'ensemble $\Delta' = \cup \Delta'_{ij}$ est une union de plans de dimension $N - 1$ et notons $\Delta = S \cap \Delta'$ qui est donc une union de sphères de dimension $N - 3$.

Notons $\mathcal{V}$ la restriction de de V à $S \backslash \Delta$. Un point critique de $\mathcal{V}$ est une configuration centrale. L'espace $S \backslash \Delta$ admet $N!$ composantes connexes, chaque composante correspondant à un ordre, $q_{i1} < \ldots < q_{iN}$, où $(i_1, \ldots, i_N)$ est une permutation des indices. L'ensemble Δ_{ij} correspond à une collision et $V \to +\infty$, donc $\mathcal{V} \to +\infty$ quand $q \to \Delta$. La fonction $\mathcal{V}$ admet au moins un minimum par composante connexe. Donc il y au moins $N!$ points critiques.

On vérifie en utilisant la convexité de $\mathcal{V}$ qu'il y a exactement un point critique par composante connexe, chaque point critique étant associé à un minimum de $\mathcal{V}$.

Dans le décompte précédent, on doit identifier les c.c. qui se déduisent par une transformation orthogonale de $\mathbb{R}$, soit donc une symétrie par rapport à O. On a montré le résultat suivant qui généralise le résultat d'Euler pour $N = 3$.

Théorème 23 (Euler-Moulton). *Il y a exactement $N!/2$ c.c. colinéaires dans le problème des N corps, chacune étant associée à un ordre des masses m_i sur la droite.*

3.9.3 Coordonnées de Jacobi pour le problème des 3 corps

Considérons le problème des 3 corps, où le centre de masse est à l'origine, $\sum_{i=1}^{3} m_i q_i = 0$. On définit les coordonnées de Jacobi de la façon suivante. On considère le mouvement relatif de m_2 par rapport à m_1 et on pose $q = q_2 - q_1$. On repère ensuite le mouvement de m_3 par sa position ρ par rapport au centre de masse O' de m_1, m_2. Les coordonnées q et ρ s'appellent les coordonnées de Jacobi pour le problème des 3 corps. On obtient aisément que $\rho = m\mu^{-1} q_3$ où m est la masse totale et $\mu = m_1 + m_2$. De plus les distances mutuelles s'obtiennent par les formules

$$q_2 - q_1 = q, \quad q_3 - q_1 = \rho + m_2\mu^{-1} q, \quad q_3 - q_2 = \rho - m_1\mu^{-1} q,$$

les équations du mouvement se réduisant à

$$
\begin{aligned}
\ddot{q} &= -G\mu\frac{q}{|q|^3} + Gm_3\left(\frac{\rho - m_1\mu^{-1} q}{r_{23}^3} - \frac{\rho + m_2\mu^{-1} q}{r_{13}^3}\right), \\
\ddot{\rho} &= -\frac{mGm_1\mu^{-1}(\rho + m_2\mu^{-1} q)}{r_{13}^3} - \frac{mGm_2\mu^{-1}(\rho - m_1\mu^{-1} q)}{r_{23}^3}.
\end{aligned}
\tag{3.19}
$$

Toutes les quantités peuvent être calculées dans ces coordonnées. L'énergie cinétique est donnée par

$$I = \frac{1}{2}\left(g_1 \dot{q}^2 + g_2 \dot{\rho}^2\right), \ g_1 = m_1 m_2 \mu^{-1}, \ g_2 = m_3 \mu m^{-1},$$

et en notant p_q, p_ρ les vecteurs duaux respectifs de q et ρ, le Hamiltonien s'écrit

$$H = \frac{1}{2}\left(\frac{p_q}{g_1} + \frac{p_\rho}{g_2}\right) - \frac{Gm_1 m_2}{|q|} - \frac{Gm_2 m_3}{r_{23}} - \frac{Gm_1 m_3}{r_{13}}, \tag{3.20}$$

avec $r_{23} = \rho - m_1\mu^{-1}q$, $r_{13} = \rho + m_2\mu^{-1}q$ et H définit le champ Hamiltonien associé au système (3.19).

3.9.4 Le problème circulaire restreint

Les coordonnées de Jacobi sont importantes pour étudier le problème circulaire restreint défini de la façon suivante. En négligeant la masse m_3, la première équation de (3.19) se transforme en une équation de Kepler

$$\ddot{q} = -G\mu \frac{q}{|q|^3},$$

le mouvement des deux masses m_1 et m_2 correspondant aux planètes dites primaires en mécanique céleste. Le centre de masse étant celui des primaires, on est amené à poser $m = \mu$ dans la seconde équation, qui se simplifie alors en

$$\ddot{\rho} = -\frac{Gm_1(\rho + m_2\mu^{-1}q)}{r_{13}^3} - \frac{Gm_2(\rho - m_1\mu^{-1}q)}{r_{23}^3}.$$

L'équation de Kepler étant intégrable, l'évolution de la masse m_3 est alors obtenue en analysant cette équation. On fait une hypothèse supplémentaire, en supposant que le problème est plan et que les deux primaires décrivent un mouvement en rotation uniforme avec une vitesse angulaire ω, cette hypothèse étant approximativement vérifiée pour 7 planètes du système solaire, dont la Terre (excentricité de $0,017$). Le problème associé s'appelle le mouvement circulaire restreint. On représente alors ρ par ses coordonnées $z = \zeta + i\eta \in \mathbb{C}$ dans le référentiel en rotation uniforme, où les primaires sont localisées et fixées sur l'axe des ζ. Cette dernière transformation revient en coordonnées symplectiques à poser

$$q = (\exp tK)Q, \ p = (\exp tK)P,$$

où K est une matrice antisymétrique, le Hamiltonien étant corrigé par un reste aisément calculable. Le calcul explicite donne l'équation

$$\ddot{z} + 2\omega i\dot{z} - \omega^2 z = Gm_1 r_{13}^{-3}(z_1 - z) + Gm_2 r_{23}^{-3}(z_2 - z), \tag{3.21}$$

où $z_1 = \zeta_1$ et $z_2 = \zeta_2$ représentent les positions respectives des primaires, les termes $2\omega i \dot{z}$ et $-\omega^2 z$ correspondant respectivement aux forces de Coriolis et d'entraînement.

Le problème est de façon standard normalisé par un choix adéquat d'unités. On choisit les unités de masse pour que $m_1 + m_2 = 1$, de longueur pour que $|q| = 1$, et de temps de sorte que $G = 1$. Par convention la plus petite masse, notée μ, est placée à droite de l'origine, la seconde étant $1 - \mu$. Les relations $m_1\zeta_1 + m_2\zeta_2 = 0$ et $|\zeta_2 - \zeta_1| = 1$ imposent que la masse μ est placée en $1 - \mu$ sur l'axe de ζ et $1 - \mu$ en $-\mu$. Le choix des unités impose $\omega = 1$ et les équations du mouvement normalisé sont

$$\ddot{z} + 2i\dot{z} - z = -\frac{(1 - \mu)(z + \mu)}{\rho_1^3} - \frac{\mu(z - 1 + \mu)}{\rho_2^3}, \tag{3.22}$$

où ρ_1, ρ_2 désignent respectivement la distance à la planète en $(-\mu, 0)$ et $(1 - \mu, 0)$.

Introduisons l'opposé du potentiel

$$V(\zeta, \eta) = \frac{1 - \mu}{\rho_1^3} + \frac{\mu}{\rho_2^3}.$$

Le système s'écrit

$$\ddot{\zeta} - 2\dot{\eta} - \zeta = \frac{\partial V}{\partial \zeta},$$

$$\ddot{\eta} + 2\dot{\zeta} - \eta = \frac{\partial V}{\partial \eta}.$$

En introduisant l'opposé du potentiel amendé

$$\Phi(\zeta, \eta) = \frac{1}{2}(\zeta^2 + \eta^2) + V + \frac{1}{2}\mu(1 - \mu),$$

les équations s'écrivent

$$\ddot{\zeta} - 2\dot{\eta} = \frac{\partial \Phi}{\partial \zeta},$$

$$\ddot{\eta} + 2\dot{\zeta} = \frac{\partial \Phi}{\partial \eta}. \tag{3.23}$$

On en déduit immédiatement la proposition suivante.

Proposition 35. *La fonction $J = 2\Phi - \dot{\zeta}^2 - \dot{\eta}^2$ appelée intégrale de Jacobi est une intégrale première du mouvement de la troisième planète.*

La constante du mouvement $J = c$ s'appelle la constante de Jacobi.

Ce calcul interprété en coordonnées symplectiques est une application directe des techniques du chapitre précédent. En notant q la position de la masse m_3 dans le repère en rotation et p la variable duale, le Hamiltonien associé est

$$H = p^2 - {}^t qKp - V,$$

où K est la matrice $\begin{pmatrix} 0 & 1 \\ -1 & 0 \end{pmatrix}$, et le reste $-{}^t qKp$ correspond à un terme de Coriolis (le terme d'entraînement étant absent dans le Hamiltonien). Les équations (3.23) s'écrivent

$$\dot{p} = p + Kq,$$
$$\dot{q} = Kp + \frac{\partial V}{\partial q}. \tag{3.24}$$

Les états d'équilibre vérifient

$$p + Kq = 0, \ \ Kp + \frac{\partial V}{\partial q} = 0,$$

ce qui implique $0 = q + \dfrac{\partial V}{\partial q} = \dfrac{\partial \Phi}{\partial q}$, où Φ est l'opposé du potentiel amendé. Une position d'équilibre étant un point critique de Φ. Un calcul facile montre le résultat suivant.

Proposition 36. *Les états d'équilibre du problème restreint sont les points d'Euler, de Lagrange du problème des 3 corps associés et s'appellent les points de libration. Ce sont*

1. les points d'Euler alignés sur l'axe des ζ

$$L_1 < -\mu < L_2 < 1 - \mu < L_3 \ ;$$

2. les points de Lagrange L_4, L_5 respectivement d'ordonnée positive et négative, formant chacun un triangle équilatéral avec les primaires.

Un calcul long mais standard donne par ailleurs le résultat suivant.

Théorème 24.   *1. Aux points d'Euler L_1, L_2, L_3, la matrice du linéarisé admet deux valeurs propres réelles, dont une strictement positive et deux valeurs propres imaginaires. Ces points sont donc instables.*

2. Aux points de Lagrange L_4, L_5, la matrice du linéarisé admet des valeurs propres imaginaires si $0 < \mu < \mu_1$ où $\mu_1 = \frac{1}{2}(1 - \sqrt{69}/9)$. Pour $\mu = \mu_1$, la matrice admet des valeurs propres multiples $\pm i\sqrt{2}/2$, avec des blocs de Jordan non triviaux. Pour $\mu > \mu_1$ les valeurs propres sont $\lambda, -\lambda, \bar{\lambda}, -\bar{\lambda}$ où λ est un complexe non imaginaire pur. Les points L_4, L_5, sont donc instables

Remarque 11. Pour étudier la stabilité des points de Lagrange L_4, L_5 pour $\mu < \mu_1$, il faut utiliser le théorème de stabilité d'Arnold, issue du KAM de la section 2.6.5. D'un point de vue astronomique, dans le système solaire et en considérant le système formé par les primaires Soleil et Jupiter, on observe un groupe d'astéroïdes, les Troyennes, localisées en L_4 et les Grecques localiséees en L_5.

3.10 Introduction aux problèmes des collisions ; travaux de Sundman ; régularisation des collisions doubles de Lévi-Civita

Considérons le prolème des N corps, où le centre de masse C est à l'origine, $\sum_{i=1}^{N} m_i q_i = 0$. On va étudier le problème des collisions.

Définition 50. *On dit que le système admet une collision lorsque $t \to t_1$ si l'une des distances $r_{ij} = |q_i - q_j|$ tend vers 0 lorsque $t \to t_1$. On dit que le système admet une collision totale si toutes les distances tendent vers 0.*

3.10.1 Etude des collisions totales

Notons I le moment d'inertie du système rapporté au centre de masse, $I = \frac{1}{2} \sum_{i=1}^{N} m_i q_i^2$. La relation (3.18) est

$$4mI = \sum_{i,j} m_i r_{ij}^2,$$

où m est la masse totale. Donc la relation $r_{ij} = 0$, pour tous i, j, équivaut à $I = 0$.

Lemme 27. *Le système admet une collision totale si et seulement si toutes les particules s'effondrent sur le centre de masse.*

Lemme 28. *Lors d'une collision totale la situation $I \to 0$, lorsque $t_1 \to +\infty$ est impossible.*

Preuve. Supposons $I \to 0$ avec $t_1 \to +\infty$. Si $r_{ij} \to 0$, l'opposé du potentiel $V = -U \to +\infty$ et d'après l'identité de Lagrange-Jacobi, $\ddot{I} = 2h + V \to +\infty$, où h est l'énergie. Donc pour t assez grand $\ddot{I} > 1$ et en intégrant $I \geqslant \frac{1}{2}t^2 + At + B$. D'où $I \to +\infty$, $t \to +\infty$ et la contradiction.

Théorème 25 (Sundman). *Il ne peut y avoir de collision totale que si le moment cinétique est nul.*

Preuve. D'après le résultat précédent, lors d'une collision totale $I \to 0$ avec $t \to t_1 < +\infty$ et $\ddot{I} > 0$ pour $t_2 < t < t_1$ car $V \to +\infty$ à la collision. Par ailleurs $I \geqslant 0$ et $I(t_1) = 0$. Avec $\ddot{I} > 0$ sur l'intervalle, la fonction est convexe et en traçant son graphe, on obtient $\dot{I} < 0$ sur $[t_2, t_1]$. On utilise l'inégalité de Sundman

$$A^2 \leqslant 4I(\ddot{I} - h),$$

où A est le moment cinétique, avec $\dot{I} < 0$ et $I > 0$ sur $[t_2, t_1]$. On obtient

$$-\frac{1}{4}A^2 \dot{I} I^{-1} \leqslant h\dot{I} - \dot{I}\ddot{I},$$

soit en intégrant

$$\frac{1}{4}A^2 \ln(I^{-1}) \leqslant hI - \frac{1}{2}\dot{I}^2 + K \leqslant hI + K,$$

où K est une constante. Avec t_2 assez voisin de t_1, $I \sim 0^+$ et $\ln(I^{-1}) \sim +\infty$, on obtient

$$\frac{1}{4}A^2 \leqslant \frac{hI + K}{\ln(I^{-1})},$$

et avec $I \to 0^+$, $t \to t_1$, on obtient $A^2 = 0$.

Donc le moment cinétique est constant et nul. Ce résultat généralise le cas $N = 2$.

3.10.2 Présentation heuristique de la régularisation des collisions doubles dans le problème des 3 corps

Une des difficultés du problème des N corps et que l'on ne sait pas imposer en général des rectrictions sur les conditions initiales pour éviter les collisions. L'idée de Sundman est de contourner ce problème en régularisant, pour le problème des 3 corps, les collisions doubles. La technique est de reparamétrer les trajectoires en utilisant un nouveau temps ω. Cela permet d'obtenir pour les solutions des séries convergentes en ω qui prolongent de façon mathématique la trajectoire après la collision.

D'un point de vue physique, le résultat est clair. Excluons le cas d'une triple collision et supposons que $\lim_{t \to t_1} I > I_1$. Les trois masses forment un triangle et nécessairement le maximum des distances mutuelles r_{ij} est au-dessus d'une borne. La solution peut être prolongée si $V = -U$ ne tend pas vers l'infini, donc nécessairement le minimum des distances r_{ij} tend vers 0 lorsque $t \to t_1$. Par continuité, le périmètre du triangle restant strictement positif, on en déduit que l'un des côtés, par exemple r_{13}, tend vers 0 quand $t \to t_1$, les masses m_1 et m_3 entrant en collision, les autres distances restant au-dessus d'une borne donnée et la masse m_2 étant telle que q_2 et $\dot{q}_2$ ont une limite lorsque $t \to t_1$, et q_1, q_3 ont ainsi une limite lorsque $t \to t_1$. La collision a donc lieu en un point précis de l'espace. Lors de la collision entre m_1 et m_3, l'interaction mutuelle des deux masses est très grande par rapport à celle de la masse m_2 et on est dans la situation des 2 corps. On se ramène au problème de Kepler en posant $q = q_1 - q_3$, une collision étant frontale car la position et le vecteur vitesse doivent être alignés. Cela revient à un choc élastique sur la droite, où la particule est réfléchie. C'est le sens de la régularisation.

Estimons le comportement asymptotique des vitesses $\dot{q}_1$ et $\dot{q}_3$ lorsque $t \to t_1$. En normalisant $G = 1$ on a donc $V = \sum_{i<j} \dfrac{m_i m_j}{r_{ij}}$. Puisque $r = r_{13}$ lorsque

$t \to t_1$, les longueurs des autres côtés ayant une borne inférieure positive, on en déduit que $rV \to m_1 m_3$ lorsque $t \to t_1$. L'énergie cinétique est

$$T = \frac{1}{2} \sum_{i=1}^{3} m_i \dot{q}_i^2 = V + h,$$

et en faisant le produit avec r on obtient

$$r \sum_{i=1}^{3} m_i \dot{q}_i^2 \xrightarrow[t \to t_1]{} 2 m_1 m_3, \tag{3.25}$$

donc en particulier $r^{1/2} \dot{q}_k$, pour $k = 1, 3$, et $\dot{q}_2$, restent bornées. Comme l'origine est au centre de masse, on a $m_1 \dot{q}_1 + m_2 \dot{q}_2 + m_3 \dot{q}_3 = 0$. D'où

$$r \left((m_1 \dot{q}_1)^2 - (m_3 \dot{q}_3)^2 \right) = m_2 r^{1/2} [m_2 r^{1/2} \dot{q}_2^2 + 2 m_3 \dot{q}_2 (r^{1/2} \dot{q}_3)].$$

Le terme entre crochets est borné, donc

$$r(m_1 \dot{q}_1)^2 - r(m_3 \dot{q}_3)^2 \xrightarrow[t \to t_1]{} 0. \tag{3.26}$$

Comme $r(m_2 \dot{q}_2^2) \to 0$, on en déduit alors de (3.25) la relation

$$r \dot{q}_1^2 \xrightarrow[t \to t_1]{} \frac{2 m_3^2}{(m_1 + m_3)}. \tag{3.27}$$

Cette formule donne le comportement asymptotique de $\dot{q}_1, \dot{q}_3$ lorsque $t \to t_1$.

Lemme 29. *L'intégrale impropre*

$$\int_{\tau}^{t_1} \frac{dt}{r} = \lim_{s \to t_1} \int_{\tau}^{s} \frac{dt}{r}$$

existe.

Preuve. On utilise l'identité de Lagrange-Jacobi, $\ddot{I} = 2h + V$. Comme r_{12} et r_{23} restent bornées, $V - m_1 m_3 r_{13}^{-1}$ reste bornée, et $\ddot{I} \sim \dfrac{m_1 m_3}{r}$ lorsque $t \to t_1$. Avec $\dot{I} = \int \ddot{I}$, pour prouver le lemme, il suffit de prouver que $\dot{I}$ reste bornée, lorsque $t \to t_1$. On a $\dot{I} = \sum_{k=1}^{3} m_k \dot{q}_k q_k$ et avec $\sum_{k=1}^{3} m_k \dot{q}_k = 0$, on obtient

$$\dot{I} = \sum_{k=1}^{3} m_k \left\{ (x_k - x_3) \dot{x}_k + (y_k - y_3) \dot{y}_k + (z_k - z_3) \dot{z}_k \right\},$$

et en utilisant l'inégalité de Cauchy-Schwarz, il vient

$$|\dot{I}| \leqslant \sum_{k=1}^{2} m_k r_{k3} |\dot{q}_k|. \tag{3.28}$$

Or $r_{13}|\dot{q}_1| \to 0$ et r_{23}, $|\dot{q}_2|$ restent bornées. Donc $\dot{I}$ reste bornée.

Cherchons alors la nature des solutions paramétrées par $s = (t_1 - t)^{1/l}$ où l est un entier. Puisque chacune des coordonnées $q(t)$ reste bornée lorsque $t \to t_1$ et au moins une des dérivées est non bornée, l'asymptotique étant donnée d'après (3.27) par

$$r\dot{q}_1^2 \to C \neq 0, \ t \to t_1.$$

On écrit

$$q(t) = q(t_1) + c_1 s^\mu + \dots \text{ avec } c_1 \neq 0.$$

Avec $\dfrac{dq}{dt} = \dfrac{dq}{ds}\dfrac{ds}{dt}$, on obtient donc

$$\dot{q}(t) = \frac{-\mu c_1}{l} s^{\mu - l} + \cdots$$

En particulier

$$\dot{q}_1^2 = c_2 s^{2(\mu - l)} + \cdots, \ c_2 > 0,$$

avec $r = c_3 s^\mu + \dots$ et $c_3 > 0$. La condition $r\dot{q}_1^2 \to C$, $t \to t_1$ impose donc $3\mu - 2l = 0$, soit $\mu/l = 2/3$. D'où un choix possible $\mu = 2$ et $l = 3$. Ce qui conduit à

$$s = (t_1 - t)^{1/3}. \tag{3.29}$$

L'interprétation géométrique de cette transformation est la suivante. En posant $\lambda = \int_t^{t_1} \dfrac{dt}{r}$ avec $r = c_3 s^\mu + \cdots = c_3 s^2 + \cdots$, on obtient $\lambda = \dfrac{3}{c_3} s + \cdots$.

Considérons les trajectoires coniques pour le problème des deux corps. Dans le cas elliptique les trajectoires sont des ellipses dont le foyer est O. En utilisant l'anomalie excentrique φ, son équation est $r = a(1 - e\cos\varphi)$ et $\varphi = 0$ correspond au périgée où r est minimum et vaut $a(1 - e)$. Un calcul simple donne

$$r\,d\varphi = k\,dt, \tag{3.30}$$

où $k^2 = 2|h| = \mu/a$ constant, donc $d\varphi = \dfrac{k\,dt}{r}$. La reparamétrisation revient donc à paramétrer les trajectoires par l'anomalie excentrique. Cela a un sens ; en effet pour obtenir une collision, on fait tendre le périgée vers 0, ce qui revient à faire $e \to 1$. Le rapport des demi-axes, $a/b = 1/\sqrt{1 - e^2}$, devient alors infini, et l'ellipse s'aplatit, mais l'anomalie excentrique reste bien définie, la longueur a pouvant être fixée en imposant le niveau d'énergie h. En posant

$$s = \int_\tau^t (V + 1)dt, \tag{3.31}$$

on obtient un paramètre qui régularise toutes les collisions doubles et qui tend vers $+\infty$ lorsque $t \to +\infty$. Des estimées montrent alors le résultat suivant.

Lemme 30. *1. Le temps séparant deux collisions éventuelles consécutives admet une borne inférieure.*

2. La solution régularisée par le paramètre $s = \sigma + i\nu$ est convergente sur une bande $-\delta < \nu < \delta$.

En décrivant la solution en fonction du paramètre

$$\omega = \frac{e^{\frac{2\pi\delta}{2\delta}} - 1}{e^{\frac{2\pi\delta}{2\delta}} + 1}, \tag{3.32}$$

on obtient le théorème de Sundman.

Théorème 26. *Si le moment cinétique n'est pas nul, la solution admet un développement en série en ω qui converge pour $|\omega| < 1$ et qui décrit le mouvement pour chaque $t \in \mathbb{R}$.*

3.11 Notes et sources

Le livre de Pollard [59] est une excellente introduction au problème des N corps, au problème de Kepler et pour une présentation des travaux d'Euler et Lagrange pour le problème circulaire restreint. Le point de vue variationnel pour caractériser les points d'Euler et de Lagrange est extrait de Meyer et Hall [53]. Enfin le problème des collisions avec la régularisation de Lévi-Civita pour les collisions doubles utilisant le formalisme Hamiltonien et le théorème de Sundman est présenté en détails dans le livre dans le livre de Siegel-Moser [64]. Notre présentation est très modeste, et le sujet est encyclopédique. Pour une étude plus approfondie sur la mécanique céleste, voir l'ouvrage de [73]. Pour une étude récente et géométrique du problème des collisions, et leur rôle pour construire des solutions partant à l'infini en temps fini dans le problème des N corps, voir [19].

4

Recherche de trajectoires périodiques

Excepté dans le problème des deux corps, il est impossible de décrire toutes les trajectoires dans le problème des N corps. Une façon d'aborder l'analyse est de rechercher des trajectoires particulières, les plus simples étant les trajectoires périodiques dont l'importance pratique est indéniable. C'est le thème central des travaux de Poincaré en mécanique céleste, dont l'intuition était qu'elles étaient fort nombreuses et qui est à l'origine des méthodes pour rechercher de telles solutions. Une première catégorie remarquable de trajectoires périodiques est décrite dans le chapitre précédent, à savoir les trajectoires associées aux points d'Euler et de Lagrange. L'objectif de ce chapitre est de présenter les techniques utilisées en mécanique céleste pour calculer des trajectoires périodiques. La première méthode décrite est la méthode de continuation. Le principe est simple, les trajectoires périodiques étant des points fixes de l'application de Poincaré, une trajectoire périodique d'un système dynamique à paramètre peut être prolongée pour des valeurs voisines du paramètre, sous des conditions génériques. Une application importante au problème des trois corps est la continuation des orbites circulaires du problème de Kepler, les trajectoires périodiques de la théorie lunaire de Hill entrant dans cette catégorie. La seconde méthode pour calculer les trajectoires périodiques est d'utiliser le principe de moindre action, les équations d'Euler-Lagrange correspondant à un minimum local de l'action $S = \int L dt$ où L est le Lagrangien. Une trajectoire périodique réalisant le minimum local est donc solution des équations. Cette technique pour calculer des trajectoires périodiques a été la source de nombreux résultats récents, pour les systèmes Hamiltoniens (voir par exemple [50]). Elle a été introduite heuristiquement par Poincaré dans le problème des trois corps dans le plan. L'espace de configurations des trois corps est identifié à l'espace des triangles ; c'est un espace à homotopie non triviale si on exclut les configurations associées aux collisions. L'idée de Poincaré est de chercher des trajectoires périodiques, dans chaque classe d'homotopie. Le travail récent de [20] présenté dans ce chapitre est une construction explicite d'une trajectoire périodique dans le problème des trois corps dans le plan, à masse égale, obtenue en minimisant l'action. La trajectoire périodique est une chorégraphie où les trois masses se poursuivent sur une courbe ayant la forme d'un huit, à comparer avec le cercle obtenu dans le cas de Lagrange.

4.1 Construction de trajectoires périodiques par la méthode de continuation

Définition 51. *Soit $\dot{x} = X(x, v)$ une équation différentielle lisse, $x \in U$ (ouvert de $\mathbb{R}^n$) et $v \in V$ (ouvert de $\mathbb{R}^m$), V représentant l'espace des paramètres. Soit x_0 un état d'équilibre du système, pour une valeur v_0 du paramètre. Une continuation de cet équilibre est une fonction lisse $v \to u(v)$ telle que $u(v_0) = x_0$ et $X(u(v), v) = 0$. Une continuation d'une solution périodique ξ de période T, pour la valeur v_0 du paramètre est une paire lisse $(u(v), \tau(v))$ tel que la solution lisse issu de $t = 0$, associée à la valeur v du paramètre, notée $\xi(t, u(v), v)$ est périodique de période τ avec $u(v_0) = \xi(0)$ et $\tau(v_0) = T$.*

Définition 52. *On dit que l'état d'équilibre est régulier si la matrice jacobienne $\dfrac{\partial X}{\partial x}(x_0, v_0)$ est inversible. On dit que la trajectoire est périodique est régulière si $\dfrac{\partial P}{\partial x} - I$ est inversible où P est l'application de Poincaré.*

Proposition 37. *Dans le cas régulier une position d'équilibre ou une trajectoire périodique peut être continuée.*

Preuve. Considérons le cas d'un état d'équilibre $X(x_0, v_0) = 0$. Comme $\dfrac{\partial X}{\partial x}(x_0, v_0)$ est inversible, d'après le théorème des fonctions implicites, il existe u lisse tel que $u(v_0) = x_0$ et $X(u(v), v) = 0$.

Considérons le cas d'une solution périodique ξ de période T. Alors $\xi(0)$ est un point fixe de l'application de Poincaré

$$P(\xi(0), v_0) = \xi(0),$$

et P est lisse. La trajectoire périodique peut donc être continuée si $\dfrac{\partial P}{\partial x} - I$ est inversible, c'est à dire que 1 n'est pas valeur propre de $\dfrac{\partial P}{\partial x}$, la période variant de façon lisse.

Dans le cas Hamiltonien, la méthode de continuation s'applique en se restreignant aux surfaces de niveau.

Proposition 38. *Considérons un système Hamiltonien de $\mathbb{R}^{2n}$, $\dot{x} = \vec{H}(x, v)$, dépendant d'un paramètre. Si la restriction de l'application de Poincaré à la surface de niveau $H = c$ est non dégénérée, alors une trajectoire périodique $\xi(t)$ peut être continuée (sur la surface de niveau).*

Exemple en dimension 4. Soit $\dot{x} = \overrightarrow{H}(x,v)$ un système Hamiltonien symplectique en dimension 4. La restriction de l'application de Poincaré admet deux exposants caractéristiques $\{\lambda_1, \lambda_2\}$, $\lambda_2 = \overline{\lambda_1}$ ou $1/\lambda_1$. On distingue deux cas réguliers stables :

- cas réel : les exposants sont réels distincts de $\{1, -1\}$. Ce cas est dit hyperbolique.
- cas complexe : les deux exposants sont non réels : $e^{i\theta}, e^{-i\theta}$. Ce cas est dit elliptique.

Dans ces deux cas une trajectoire périodique (hyperbolique ou elliptique) peut être continuée en une trajectoire périodique de même nature.

4.2 Le théorème du centre de Liapunov-Poincaré, dans le cas Hamiltonien

Théorème 27. *Soit* $\dot{x} = \overrightarrow{H}(x)$ *un système Hamiltonien de* $\mathbb{R}^{2n}$, x_0 *une position d'équilibre identifiée à* 0, $A = \dfrac{\partial \overrightarrow{H}}{\partial x}(0)$ *la matrice du système linéarisé. On suppose que le spectre de* A *est de la forme* $\sigma(A) = \{\pm i\omega, \lambda_3, \ldots, \lambda_{2n}\}$, *où* $\omega > 0$. *Si* $\lambda_j/i\omega \notin \mathbb{Z}$ *pour* $j = 3, \ldots, 2n$, *alors il existe une famille à un paramètre d'orbites périodiques issues de* 0. *De plus en tendant vers* 0, *les périodes convergent vers* $2\pi/\omega$ *et les exposants caractéristiques vers* $\exp(2\pi\lambda_j/\omega)$, $j = 3, \ldots, m$.

Preuve. Le système s'écrit $\dot{x} = Ax + g(x)$ où $g(x) = o(|x|)$. En posant $x = \varepsilon y$, l'équation devient

$$\dot{y} = Ay + O(\varepsilon),$$

où ε est le paramètre. Pour $\varepsilon = 0$, le système est linéaire et ses valeurs propres sont $\{\pm i\omega, \lambda_3, \ldots, \lambda_{2n}\}$. Il admet donc une solution périodique de période $2\pi/\omega$ de la forme

$$y(t) = (\exp At)a,$$

où a est un vecteur fixe non nul. Les exposants caractéristiques associés sont

$$\mu_j = \exp(2\pi\lambda_j/\omega)$$

et sont différents de 1, par hypothèse.

On peut donc appliquer la proposition 38, et on a donc, pour chaque valeur assez petite du paramètre ε, une solution périodique de la forme

$$y(t) = (\exp At)a + O(\varepsilon).$$

Ainsi $x(t) = \varepsilon y(t)$ est une famille à un paramètre de trajectoires périodiques du système initial de la forme

$$x(t) = \varepsilon(\exp At)a + O(\varepsilon^2).$$

Lorsque $\varepsilon \to 0$, l'amplitude tend vers 0 et la période tend vers la période $2\pi/\omega$, d'ou le résultat.

4.3 Application aux points de libration

Considérons le problème des trois corps circulaire restreint et les points de libration :

- points d'Euler L_1, L_2, L_3 : le linéarisé admet une paire de valeurs propres réelles non nulles et une paire de valeurs propres imaginaires. Le théorème de Liapunov-Poincaré montre donc qu'il existe une famille à un paramètre de trajectoires périodiques émanant de chacune de ces positions d'équilibre.
- points de Lagrange L_4, L_5 : pour $\mu < \mu_1$ où μ_1 est la valeur critique du théorème 24, le linéarisé admet deux paires de valeurs propres imaginaires pures conjuguées, $\pm i\omega_1, \pm i\omega_2$ avec $0 < \omega_2 < \omega_1$. On peut appliquer deux fois le théorème du centre :
  1. Puisque $\omega_2/\omega_1 < 1$, il existe une famille à un paramètre d'orbites périodiques émanant de L_4 avec une période limite $2\pi/\omega_1$, cette famille est dite à période courte.
  2. Si $\omega_2/\omega_1 \notin \mathbb{N}$, il existe une famille à un paramètre d'orbites périodiques émanant de L_4, de période limite $2\pi/\omega_2$, cette famille est dite à période longue.

4.4 Deux applications de la méthode de continuation en mécanique céleste

4.4.1 Orbites de Poincaré

La méthode de continuation ne peut pas être directement appliquée au problème de Kepler où toutes les trajectoires sont périodiques et les exposants caractéristiques sont donc égaux à 1. Poincaré a remarqué que ces exposants deviennent non triviaux en se plaçant dans des coordonnées en rotation et a appliqué cette remarque pour continuer les orbites circulaires du problème de Kepler en des trajectoires périodiques du problème circulaire restreint. En effet le Hamiltonien associé à ce problème est

$$H = \frac{1}{2}(p_x^2 + p_y^2) - (x \; y) \, K \begin{pmatrix} p_x \\ p_y \end{pmatrix} - \frac{\mu}{d_1} - \frac{1-\mu}{d_2},$$

avec

$$d_1^2 = (x - 1 + \mu)^2 + y^2, \ d_2^2 = (x + \mu)^2 + y^2.$$

Les réels d_1 et d_2 sont non nuls si on exclut un voisinage des primaires, le Hamiltonien s'écrivant

$$H = H_0 + O(\mu),$$

avec

$$H_0 = \frac{1}{2}(p_x^2 + p_y^2) - (x \ y) \, K \begin{pmatrix} p_x \\ p_y \end{pmatrix} - \frac{1}{(x^2 + y^2)^{1/2}},$$

où H_0 est le Hamiltonien associé au problème de Kepler écrit dans des coordonnées en rotation uniforme. En utilisant des coordonnées polaires (r, θ) et en notant (R, Θ) les variables duales, H_0 s'écrit

$$H_0 = \frac{1}{2}\left(R^2 + \frac{\Theta^2}{r^2}\right) - \Theta - \frac{1}{r}.$$

Les équations de Hamilton nous donnent

$$\dot{r} = R, \ \dot{R} = \frac{\Theta^2}{r^3} - \frac{1}{r^2}, \ \dot{\theta} = \frac{\Theta}{r^2} - 1, \ \dot{\Theta} = 0.$$

Le mouvement angulaire Θ est conservé et on pose $\Theta(t) = c$, la vitesse angulaire étant alors $\dot{\theta} = (1 - c^3)/c^3$. Pour $c \neq 1$, considérons l'orbite circulaire $R = 0, r = c^2$ qui forme une solution périodique de période $T = |2\pi c^3/(1 - c^3)|$. L'équation aux variations associées vérifie

$$\dot{r} = R, \ \dot{R} = -1/c^6,$$

et les exposants caractéristiques sont $\exp(\pm i 2\pi(1 - c^3))$ et sont égaux à 1 si $(1 - c^3)^{-1}$ n'est pas entier. On a montré le résultat suivant.

Théorème 28. *Pour μ assez petit, si $c \neq 1$ et $(1 - c^3)^{-1}$ n'est pas entier, le problème circulaire restreint admet des trajectoires périodiques elliptiques, voisines des trajectoires circulaires du problème de Kepler.*

4.4.2 Orbites de Hill

Considérons de nouveau le problème circulaire restreint, le corps de masse $1 - \mu$ représentant le Soleil, le corps de masse μ la Terre et le troisième corps de masse négligeable étant la Lune. Fixons l'origine des coordonnées au centre de la Terre. En négligeant la constante, le Hamiltonien du système peut s'approximer par

$$H = \left(\frac{|p|^2}{2} - \frac{\mu}{|x|} \right) - {}^t x K p,$$

où μ est la masse de la Terre. Le premier terme représente l'attraction terrestre, le second facteur est le terme de Coriolis, l'effet du Soleil étant modélisé par la rotation uniforme de la Terre.

Soit ϵ un paramètre. Faisons la transformation symplectique à poids

$$x = \varepsilon^2 \xi, \ p = \varepsilon^{-1} \eta,$$

où, si $|\xi|$ est voisin de 1, $|x|$ est de l'ordre de ε^2. Le Hamiltonien est transformé en

$$H = \varepsilon^{-3} \left(\frac{|\eta|^2}{2} - \frac{\mu}{|\xi|} \right) - {}^t \xi K \eta,$$

qui s'écrit en changeant la paramétrisation

$$H = \left(\frac{|\eta|^2}{2} - \frac{\mu}{|\xi|} \right) - \varepsilon^3 ({}^t \xi K \eta).$$

En utilisant les coordonnées polaires, le Hamiltonien devient

$$H = \frac{1}{2} \left(R^2 + \frac{\Theta^2}{r^2} \right) - \frac{\mu}{r} - \varepsilon^3 \Theta,$$

où R, Θ sont les variables duales de (r, θ). Le système s'écrit alors

$$\dot{r} = R, \ \dot{R} = \frac{\Theta^2}{r^3} - \frac{\mu}{r^2}, \ \dot{\theta} = \frac{\Theta}{r^2} - \varepsilon^3, \ \dot{\Theta} = 0,$$

qui représente pour ε assez petit une approximation du mouvement lunaire. Le moment angulaire Θ est préservé et les solutions $\Theta = \pm c$, $c = \sqrt{\mu}$, $R = 0$, $r = 1$ sont des trajectoires périodiques de période $2\pi(c \pm c^3)$. L'équation aux variations associée est

$$\dot{r} = R, \ \dot{R} = -c^2 r,$$

qui a des solutions de la forme $\exp \pm ict$. Donc les exposants caractéristiques non triviaux des orbites circulaires sont

$$\exp(\pm ic2\pi(c \pm \varepsilon^2)) = 1 \pm \varepsilon^2 2\pi i/c + \cdots$$

La méthode de continuation s'applique. Dans les coordonnées normalisées, les solutions vérifient $r = 1$ et la période est d'ordre 2π. Dans les coordonnées d'origine on obtient une famille de trajectoires périodiques dont l'amplitude et la période tendent vers 0 avec ε.

Théorème 29. *Dans le problème de Hill, il existe deux familles à un paramètre d'orbites périodiques elliptiques, voisines d'une famille de cercles concentriques de petits rayons, dont le centre est une primaire.*

Remarque 12. La méthode de continuation appliquée à partir du problème de Kepler dans des coordonnées en rotation permet aussi de montrer l'existence de trajectoires circulaires de grand rayon, l'argument étant identique. Les trajectoires circulaires du problème de Kepler sont préservées dans des coordonnées en rotation, qui détruisent par ailleurs les trajectoires elliptiques non circulaires.

4.5 Solutions périodiques et principe de moindre action

Une idée très féconde de Poincaré pour montrer l'existence de trajectoires périodiques en mécanique céleste repose sur le fait que les trajectoires minimisent localement l'action

$$S(q(t)) = \int_{t_0}^{t_1} (T + V)dt,$$

où T est l'energie cinétique et V l'opposé de l'énergie potentielle, S étant ici une quantité positive. La technique est donc de chercher les trajectoires périodiques comme limite d'une suite minimisante de courbes périodiques quelconques. Cette technique pour calculer des trajectoires périodiques, est utilisée maintenant de façon classique pour calculer des géodésiques fermées en géométrie Riemannienne ou des trajectoires périodiques pour les systèmes Hamiltoniens. En mécanique céleste son application se heurte au problème des collisions qui représentent des singularités du système. On introduit dans la section suivante les outils nécessaires à son utilisation.

4.6 La méthode directe en calcul des variations et son application à la recherche de trajectoires périodiques

4.6.1 Préliminaires

Considérons le problème de minimiser une fonctionnelle

$$\Phi(u) = \int_0^T f^0(q(t), u(t))dt$$

parmi une famille $\mathcal{C}$ de courbes solutions d'un système $\dot{q}(t) = f(q(t), u(t))$ et vérifiant certaines conditions limites. La retriction de Φ à $\mathcal{C}$ définit une application $\varphi : \mathcal{C} \to \mathbb{R}$. On suppose que φ est bornée inférieurement. On appelle suite minimisante une suite (x_n) telle que $\varphi(x_n) \to \inf \varphi$, lorsque $n \to +\infty$. Pour qu'une suite minimisante fournisse un minimum, il faut

1. extraire de la suite (x_n) une sous-suite convergente, d'où la nécessité de compacité ;

2. imposer une certaine régularité sur φ. Considérons par exemple $\varphi(x) = |x|$ pour $x \neq 0$ et $\varphi(0) = 1$. Une suite minimisante tend vers 0 et $\varphi(0) = 1$. La notion à utiliser est la notion de semi-continuité inférieure

$$\lim_{n \to +\infty} \inf \varphi(x_n) \geqslant \varphi(x),$$

où (x_n) est une suite convergeant vers x. En effet si la suite est minimisante on a

$$\lim_{n \to +\infty} \inf \varphi(x_n) = \inf \varphi \geqslant \varphi(x),$$

et φ atteint son minimum en x.

En résumé, on veut pour montrer l'existence d'un minimum utiliser que si φ est semi-continue inférieurement, alors φ atteint son minimum sur tout compact. Dans notre problème, il faut introduire le cadre fonctionnel adéquat.

Introduction de l'espace H^1

Définition 53. *Soit C_T^∞ l'ensemble des applications T-périodiques à valeurs dans $\mathbb{R}^n$. Soient x, y des éléments de $L^1(0, T)$. On dit que x admet $y = \dot{x}$ pour dérivée faible si*

$$\int_0^T (x(t), \dot{f}(t))dt = -\int_0^T (y(t), f(t))dt,$$

pour tout $f \in C_T^\infty$.

Le lemme suivant est classique (voir par exemple [50]).

Lemme 31. *Si y est la dérivée faible de x, alors*

1. $\int_0^T y(t)dt = 0$
2. $x(t) = \int_0^t y(s)ds + c$, *où c est un vecteur constant. en particulier x est absolument continue et T-périodique, i.e. $x(0) = x(T) = c$.*

Définition 54. *On note H^1 l'espace des fonctions $x \in L^2$, qui ont une dérivée faible $\dot{x} \in L^2$. C'est un espace de Hilbert avec le produit scalaire*

$$\langle x, y \rangle = \int_0^T ((x(t), y(t)) + (\dot{x}(t), \dot{y}(t)))dt.$$

On note $\| \cdot \|$ la norme associée.

Un résultat standard est le suivant.

Proposition 39. *Si une suite (x_n) converge faiblement vers x dans H^1, alors (x_n) converge uniformément vers x.*

4.6.2 Equation d'Euler-Lagrange sur H^1

Considérons le problème de minimiser une fonctionnelle

$$\Phi(q) = \int_0^T L(t, q, \dot{q}) dt,$$

où le Lagrangien est $L(t, q, \dot{q}) = \frac{1}{2}\dot{q}^2 + V(t, q)$ et la fonction V est assimilée à un potentiel vérifiant les conditions (H_1) suivantes :

- $V : [0, T] \to \mathbb{R}$ est lisse.
- $|V(t, q)| + |\nabla_q V(t, q)| \leqslant a(|q|)b(t)$ pour $t \in [0, T]$, où a est une fonction continue positive et b est une fonction de $L^1(0, T)$ positive.

Proposition 40. *La fonctionnelle Φ est C^1 sur H^1, et si $q \in H^1$ est solution de $\Phi'(q) = 0$, alors $\dot{q}$ a une dérivée faible $\ddot{q}$, et*

$$\ddot{q}(t) = \nabla_q V(t, q(t)) \ p.p. \ sur \ [0, T]$$

$$q(0) - q(T) = \dot{q}(0) - \dot{q}(T) = 0.$$

4.6.3 Fonctions semi-continues inférieurement et fonctions convexes

Définition 55. *Soit E un espace métrique et $f : E \to \mathbb{R} \cup \{+\infty\}$ une fonction. Notons $\mathrm{dom} f = \{x \in E \mid f(x) < +\infty\}$. On appelle épigraphe de f, l'ensemble*

$$epi(f) = \{(x, a) \in E \times \mathbb{R} \mid f(x) \leqslant a\}.$$

On dit que f est semi-continue inférieurement (s.c.i.) si $epi f$ est un ensemble fermé. Si E est un espace vectoriel, on dit que f est convexe si $epi(f)$ est convexe.

Proposition 41. *L'application f est convexe si et seulement si, pour tous $x, y \in E$, et tout $\lambda \in [0, 1]$,*

$$f(\lambda x + (1 - \lambda)y) \leqslant \lambda f(x) + (1 - \lambda)f(y).$$

Proposition 42. *f est s.c.i. si et seulement si l'une des conditions suivantes est vérifiée :*

1. *Pour tout réel a, l'ensemble $\{x, \ f(x) \leqslant a\}$ est fermé.*
2. *Pour tout $x_0 \in E$, $\lim_{\varepsilon \to 0} \inf_{B = \{|x - x_0| \leqslant \varepsilon\}} f(B) \geqslant f(x_0)$.*
3. *Pour tout $x_0 \in E$, pour tout $\varepsilon > 0$, il existe un voisinage U de x_0 tel que $f(u) \geqslant f(x_0) - \varepsilon$, pour tout $u \in U$.*
4. *Pour toute suite (x_n) tendant vers x_0 lorsque n tend vers l'infini, on a $\lim_{n \to \infty} \inf f(x_n) \geqslant f(x_0)$.*

Application à l'espace H^1. On peut appliquer ces caractérisations sur l'espace H^1 qui est un espace de Hilbert. De plus sur cet espace on peut considérer la semi-continuité relativement à la topologie faible (l'espace étant localement métrisable). On note $x_n \rightharpoonup x$ la convergence faible de (x_n) vers x. Une caractérisation de la s.c.i. d'une fonction est

$$\forall x_n \rightharpoonup x, \ \lim_{n \to \infty} \inf f(x_n) \geqslant f(x).$$

On a le résultat suivant.

Proposition 43. *Soit $f : H^1 \to\ ]-\infty, +\infty]$. Si f est s.c.i. et convexe alors f est aussi faiblement s.c.i.*

Proposition 44. *Considérons la fonctionnelle $\Phi(q) = \int_0^T L(t, q, \dot{q})dt$, où $L(t, q, \dot{q}) = \frac{1}{2}\dot{q}^2 + V(t, q)$ et le potentiel vérifie les conditions (H_1). Alors Φ est faiblement s.c.i.*

Preuve. L'application $q(\cdot) \mapsto \int_0^T V(t, q(t))dt$ est faiblement continue. En effet, l'application est continue pour la topologie de la convergence uniforme et d'après la proposition 39 si une suite (q_n) tend vers q lorsque n tend vers $+\infty$ alors elle converge uniformément.

L'application $q(\cdot) \mapsto \int_0^T \frac{1}{2}\dot{q}^2(t)dt$ est continue sur H^1 car dérivable. De plus elle est convexe. D'après la proposition 43, elle est donc faiblement s.c.i. La fonction Φ, somme de deux fonctions faiblement s.c.i. est donc aussi s.c.i.

Corollaire 12. *Soit (q_n) une suite minimisante bornée par Φ. Alors Φ atteint son minimum.*

Preuve. La suite (q_n) étant bornée et H^1 réflexif, on peut extraire une sous-suite minimisante convergente. Donc Φ atteint son minimum.

Définition 56. *La fonctionnelle Φ est dite coercive si $\Phi(q)$ tend vers $+\infty$ quand $\|q\|$ tend vers $+\infty$.*

Corollaire 13. *Si Φ est coercive, alors Φ atteint son minimum.*

Preuve. Soit (q_n) une suite minimisante ; alors $\Phi(q_n)$ ne tend pas vers $+\infty$ quand n tend vers $+\infty$, et donc $\|q_n\|$ ne tend pas vers $+\infty$. On peut donc extraire une sous-suite bornée (q_{n_k}).

Un exemple d'application est le suivant (voir [50]).

Théorème 30. *On suppose de plus que le potentiel V vérifie les conditions suivantes :*

1. *Il existe $g \in L^1(0, T)$ tel que $|\nabla_q V(t, q)| \leqslant g(t)$.*
2. *$\int_0^T V(t, q)dt$ tend vers $+\infty$ quand $\|q\|$ tend vers $+\infty$.*

Alors le problème admet une solution (périodique) minimisant Φ sur H^1.

Preuve. Soit $q \in H^1$ et posons $q = \bar{q} + \tilde{q}$ où $\bar{q} = \int_0^T q(t)dt$. Alors

$$\Phi(q) = \int_0^T \frac{1}{2}|\dot{q}(t)|^2 dt + \int_0^T V(t, \bar{q}(t))dt + \int_0^T (V(t, q(t)) - V(t, \bar{q}))dt$$

$$= \int_0^T \frac{1}{2}|\dot{q}(t)|^2 dt + \int_0^T V(t, \bar{q}(t))dt$$

$$+ \int_0^T \int_0^1 \nabla_q V(t, \bar{u} + s\tilde{u}(t))\tilde{u}(t)ds dt$$

$$\geqslant \int_0^T \frac{1}{2}|\dot{q}(t)|^2 dt - \left(\int_0^T g(t)dt\right)|\tilde{u}|_\infty + \int_0^T V(t, \bar{u}(t))dt$$

et d'après l'inégalité de Sobolev

$$|\tilde{q}|_\infty^2 \leqslant K \int_0^T |\dot{q}(t)|^2 dt,$$

il vient

$$\Phi(q) \geqslant \int_0^T \frac{1}{2}|\dot{q}(t)|^2 dt - C\left(\int_0^T |\dot{q}(t)|^2\right)^{1/2} + \int_0^T V(t, \bar{u}(t))dt.$$

Comme la norme H^1 de q tend vers $+\infty$ si et seulement si $(|\bar{q}|^2 + \int_0^T \dot{q}^2(t)dt)^{1/2}$ tend vers $+\infty$, on en déduit que $\Phi(q)$ tend vers $+\infty$ si $\|q\|$ tend vers $+\infty$.

Remarque 13. Le résultat précédent ne s'applique pas directement au problème des N corps pour deux raisons. La première est que le potentiel $V(t, q)$ tend vers l'infini sur la variété des collisions $|q_i - q_j| = 0$. La seconde est que $V(t, q)$ tend vers 0 lorsque $|q|$ tend vers $+\infty$. Une solution au problème des collisions a été proposée par Poincaré, en remplaçant le potentiel Newtonien par un potentiel dit fort.

4.6.4 La notion de potentiel fort et l'existence de trajectoires périodiques pour le problème des deux corps

Définition 57. *Considérons le cas de N particules, l'action étant*

$$S(q) = \int_0^T \left(\frac{1}{2}\sum_{i=1}^N m_i \dot{q}_i^2 + V(q)\right)dt,$$

où V est l'opposé du potentiel U. On dit que le système est soumis à un potentiel fort si

$$V = \sum_{1 \leqslant i < j \leqslant N} \frac{Gm_i m_j}{|q_i - q_j|^\alpha}$$

avec $\alpha \geqslant 2$.

Proposition 45. *Si le système est soumis à un potentiel fort, alors dans le cas d'une collision entre deux des corps au moins, l'action devient infinie.*

Preuve. Considérons la trajectoire $t \mapsto q(t)$ telle qu'à l'instant t_c, la particule i entre en collision avec la particule j. En notant r la distance $|q_i - q_j|$, il existe $K_1, K_2 > 0$ tels que

$$L = T + V \geqslant K_1 \dot{r}^2 + \frac{K_2}{r^2}.$$

L'action vérifie donc

$$S(q) \geqslant \int_0^{t_c} \left(K_1 \dot{r}^2 + \frac{K_2}{r^2} \right) dt,$$

et avec l'inégalité $a^2 + b^2 \geqslant 2|ab|$, il vient

$$S(q) \geqslant \int_0^{t_c} K \left| \frac{\dot{r}}{r} \right| dt = K \left[\ln r(t) \right]_{t_c}^0 = +\infty.$$

On peut appliquer ce résultat au problème des deux corps.

Proposition 46. *Considérons le problème des deux corps, avec l'hypothèse du potentiel fort. Alors il existe des trajectoires périodiques non triviales.*

Preuve. En localisant une des masses en 0, on se ramène à un problème plan de type Kepler, le Lagrangien étant $L = \frac{1}{2} \dot{q}^2 + \frac{K}{|q|^n}$, $n \geqslant 2$, $K > 0$. Une collision a lieu pour $q = 0$ et on considère l'espace $\mathbb{R}^2 \backslash \{0\}$, une trajectoire T-périodique entourant 0 et ayant un type d'homotopie caractérisé par le nombre de tours orientés autour de 0.

Fixons la classe d'homotopie et considérons une suite minimisante T-périodique. On observe que, pour une telle suite, l'hypothèse du potentiel fort garantit que les trajectoires évitent 0, car l'action devient infinie en passant par la collision, d'après la proposition 45.

Par ailleurs comme $V \geqslant 0$, on a

$$S(q) \geqslant \int_0^T \dot{q}^2(t) dt,$$

et donc, pour une suite minimisante, $\int_0^T \dot{q}_n^2(t) dt$ est bornée.

Par ailleurs d'après l'inégalité de Cauchy-Schwarz la longueur $l(q)$ d'une courbe vérifie

$$l(q) = \int_0^T |\dot{q}(t)| dt \leqslant T \left(\int_0^T \dot{q}^2(t) dt \right)^{1/2}.$$

Donc, pour une suite minimisante, la suite des longueurs est bornée et les courbes q_n sont contenues dans un compact pour la topologie uniforme. Les trajectoires q_n sont donc contenues dans un compact pour la topologie H^1 et on se ramène à la situation standard car on évite les collisions.

4.6.5 Trajectoires périodiques pour le problème des N corps avec l'hypothèse du potentiel fort

On peut généraliser le résultat des deux corps au problème des N corps sous l'hypothèse du potentiel fort. On doit introduire une hypothèse topologique due à Gordon, voir [32].

Définition 58. *Considérons le problème des N corps dans $\mathbb{R}^{3N}$ et S la variété des collisions. On dit qu'un cycle γ de $\mathbb{R}^{3N} \backslash S$ satisfait l'hypothèse de Gordon s'il ne peut être amené continûment à l'infini, en restant dans $\mathbb{R}^{3N} \backslash S$, sans que sa longueur devienne infinie.*

On a le résultat suivant (voir [32]).

Théorème 31. *Sous l'hypothèse du potentiel fort, il existe une trajectoire périodique minimisante dans chaque classe d'homotopie vérifiant l'hypothèse de Gordon.*

Preuve. La preuve reprend les arguments du problème des deux corps où l'hypothèse est vérifiée car un cycle tournant autour de 0 ne peut pas être amené à l'infini sans que sa longueur tende vers l'infini.

Illustrons l'hypothèse de Gordon sur deux exemples.

Considérons dans $\mathbb{R}^2$ privé d'une droite $D = S$, le cas d'un anneau entourant cette droite. L'hypothèse de Gordon n'est pas vérifiée car l'anneau peut être glissé vers l'infini, le long de D, sans que sa longueur ne devienne infinie.

Considérons le cas $\mathbb{R}^3$ privé de trois droites passant par 0. Pour d'un cycle ne puisse pas être amené à l'infini sans que sa longueur ne devienne infinie, il faut qu'il tourne autour de deux droites au moins. Ce dernier exemple décrit bien l'applicabilité de la méthode au problème des 3 corps plan. L'espace de configuration est $\mathbb{R}^4$ et l'on doit retirer trois plans de codimension 2, correspondant aux collisions. On obtient sous forme rigoureuse le résultat heuristique de Poincaré [58].

4.6.6 Le cas Newtonien

Considérons le problème de Kepler dans le cas Newtonien. Dans ce cas toutes les trajectoires associées à un niveau d'énergie négative sont périodiques et la période de révolution T ne dépend que du demi-grand axe. En particulier, fixer la période ne conduit pas à une trajectoire unique. Par ailleurs, une trajectoire peut être continuée en utilisant la régularisation de Levi-Civita. Les travaux de Gordon conduisent au résultat suivant (voir [32]).

Théorème 32. *Dans le cas Newtonien, chaque trajectoire elliptique de période T parcourue une fois, correspond à un minimum de l'action. L'action est aussi minimale pour une trajectoire régularisée qui admet une collision à $T/2$.*

Ce résultat peut être obtenu par calcul direct. Il montre que, dans le cas Newtonien, le problème des collisions est plus qu'un problème technique.

4.7 Solution périodique du problème des trois corps de masse égale

L'objectif de cette section est de décrire une orbite périodique remarquable obtenue récemment (voir [20]) dans le problème des trois corps plan, ces corps étant de masse égale.

4.7.1 Description de l'orbite en huit

Les trois corps décrivent une courbe ayant la forme d'un huit avec les caractéristiques suivantes (voir figure 4.1).

- En $t = 0$, les trois masses sont alignées en une configuration d'Euler du problème des trois corps avec masse égale, une des masses (ici 3) étant au milieu d'un segment dont les extrémités sont les deux autres masses.
- Si $\bar{T}$ est la période, en $t = \bar{T}/12$, les trois masses forment les sommets d'un triangle isocèle.
- En $t = \bar{T}/6$, le système est de nouveau dans en configuration d'Euler, le milieu du segment étant occupé par une autre masse (ici 2) par rapport à l'instant initial.

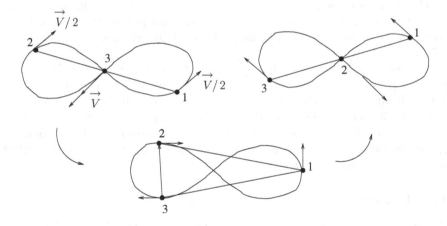

Fig. 4.1. Huit décrit par les trois corps

Les conditions initiales calculées par Simo pour obtenir le huit sont (la constante de gravitation et les masses étant fixées à 1)

$$x_1(0) = -x_2(0) = 0,97000436 - 0,24308753i,$$

$$x_3(0) = 0,$$

$$\dot{x}_3(0) = -2\dot{x}_1(0) = -2\dot{x}_2(0) = -0,9324037 - 0,86473146i.$$

La période est $\bar{T} = 6,32591398$, et le moment d'inertie du système vaut 2 en $t = 0$. Par ailleurs l'orbite est de type elliptique et donc stable.

4.7.2 Géométrie du problème et sphère topologique

Notation

Le plan $\mathbb{R}^2$ est identifié à $\mathbb{C}$. Les masses et la constante de gravitation sont fixées à 1. Le centre de masse est fixé à 0 et l'espace des configurations est $\hat{\chi} = \chi \backslash \{\text{collisions}\}$, où

$$\chi = \{x = (x_1, x_2, x_3) \in \mathbb{C}^3, \sum x_i = 0\}.$$

Le groupe orthogonal $O(2)$ du plan agit sur χ et son action se décompose en

- $R_\theta : (x_1, x_2, x_3) \mapsto (e^{i\theta}x_1, e^{i\theta}x_2, e^{i\theta}x_3)$,
- $S : (x_1, x_2, x_3) \mapsto (\overline{x_1}, \overline{x_2}, \overline{x_3})$.

L'espace tangent à l'espace des configurations s'identifie à $\hat{\chi} \times \chi$. Pour $(x, y) \in \hat{\chi} \times \chi$ on introduit les fonctions suivantes :

- le moment d'inertie $I = x.x$, $J = x.y$ et $K = \frac{1}{2}y.y$ représentant l'énergie cinétique ;
- le Hamiltonien $H = K - V$, et le Lagrangien $L = K + V$, où V est l'opposé de l'énergie potentielle $V = \dfrac{1}{r_{12}} + \dfrac{1}{r_{23}} + \dfrac{1}{r_{13}}$, et où $r_{ij} = |x_i - x_j|$ est la distance mutuelle.

L'espace des triangles orientés C

C'est l'objet clef introduit par Poincaré pour visualiser le problème des 3 corps. Le centre de masse est fixé à 0, l'espace de configuration étant de dimension 4. Les trois masses forment les sommets d'un triangle, qui dégénère en une droite ou en point lorsqu'il y a collision. Pour visualiser cet espace en dimension 3, on identifie les triangles qui diffèrent par une rotation directe. L'espace des triangles orientés forme alors l'espace $\chi/SO(2)$.

Le problème étant ainsi réduit, ceci a conduit Poincaré à chercher des trajectoires pseudo-périodiques dans le problème des trois corps, où les distances mutuelles sont des fonctions périodiques.

Dans l'espace $\chi/SO(3)$, on considère la sphère $I = 1$, la taille du triangle étant normalisée par son moment d'inertie. On introduit les coordonnées suivantes.

Soit $\mathcal{J} : \chi \to \mathbb{C}^2$, l'application de Jacobi

$$(x_1, x_2, x_3) \mapsto (z_1, z_2) = \left(\frac{1}{\sqrt{2}}(x_3 - x_2), \sqrt{\frac{2}{3}}\left(x_1 - \frac{1}{2}(x_2 + x_3)\right) \right),$$

et $I = |z_1|^2 + |z_2|^2$. Cette application est un isomorphisme et $SO(2)$ agit par l'action diagonale $(z_1, z_2) \mapsto (e^{i\theta}z_1, e^{i\theta}z_2)$, et $\chi/SO(2)$ est identifié à $\mathbb{C}^2/S^1$. Le quotient est réalisé avec l'application de Hopf

$$\mathcal{K} : \quad \mathbb{C}^2 \quad \to \mathbb{R}^3$$
$$(z_1, z_2) \mapsto (u_1, u_2 + iu_3) = (|z_1|^2 - |z_2|^2, 2\overline{z_1}z_2),$$

et $I = 1$ est envoyé par $\mathcal{K} \circ \mathcal{J}$ sur la sphère unité S^2 de $\mathbb{R}^3$ ($u_1^2 + u_2^2 + u_3^2 = 1$). Les calculs montrent que les distances sont données par

$$r_{23} = \sqrt{2}|z_1|,$$
$$r_{13} = |\sqrt{3/2}z_2 + (1/\sqrt{2})z_1|,$$
$$r_{12} = |\sqrt{3/2}z_2 - (1/\sqrt{2})z_1|.$$

La sphère S^2 représente l'espace des triangles orientés normalisés et contient des sous-ensembles remarquables qui sont les suivants et que l'on représente sur la figure 4.2 :

- les pôles Nord et Sud correspondent aux points de Lagrange L_+, L_-, où les trois masses occupent les sommets d'un triangle équilatéral ;
- le plan équatorial C coupe S^2 en l'équateur et correspond aux classes de triangles dont les sommets sont alignés, les points de collisions binaires entre les masses étant notés C_i, $i = 1, 2, 3$, où C_k, $k \neq i, j$, désigne la collision entre i et j. On obtient

$$C_1 = (-1, 0, 0), \ C_2 = (\frac{1}{2}, \frac{\sqrt{3}}{2}, 0) \ , \ C_3 = (\frac{1}{2}, -\frac{\sqrt{3}}{2}, 0).$$

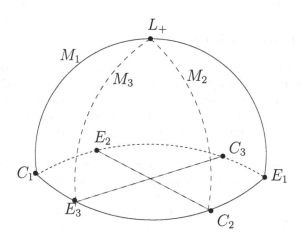

Fig. 4.2. Espace des triangles orientés

Parmi les configurations colinéaires, trois correspondent à des situations E_1, E_2, E_3 où l'une des masses i est au milieu des deux autres et les E_i correspondent aux points d'Euler et sont en opposition avec les points C_i.

En joignant le pôle Nord aux six points précédents, on définit trois plans méridiens notés M_1, M_2, M_3. Ces méridiens représentent trois classes de triangles isocèles.

4.7.3 Construction de la trajectoire en huit

On indique les étapes de construction (voir [20] pour plus de détails, et une présentation complète).

Une première remarque résulte du corollaire 8. Si $x(t)$ est une trajectoire périodique du problème des N corps alors la trajectoire homothétique $X(t) = \lambda x(\lambda^{-3/2}t)$ est aussi une solution périodique, le rapport des périodes étant $\lambda^{3/2}$ et les Hamiltoniens correspondants vérifiant $H_{|X} = \lambda^{-1}H_{|x}$. Dans le cas des masses égales, la normalisation $I = 1$ représente la sphère ordinaire et l'on a le lemme suivant.

Lemme 32. *On peut soit fixer la période, soit fixer l'énergie, et les trajectoires périodiques homothétiques se projettent sur la sphère $I = 1$.*

La première étape de la construction est la suivante.

Etape 1.

Si $\bar{T}$ est la période, $1/12$ de l'orbite est obtenue en minimisant l'action

$$S = \int_0^T (\frac{1}{2}K + V)dt,\ T = \bar{T}/12,$$

sur l'espace des courbes absolument continues, à dérivées dans L^2 qui partent d'une configuration d'Euler, par exemple E_3 (où la masse m_3 est à l'instant 0 au milieu des deux autres) sur la configuration isocèle M_1 où $r_{12} = r_{13}$.

Pour appliquer un théorème d'existence standard, on doit montrer qu'une trajectoire minimisante évite une collision.

Lemme 33. *Si une courbe admet une collision double ou triple, son action est supérieure à l'action S_2 du problème des 2 corps, à masse unité, correspondant aux conditions limites suivantes : en $t = 0$, les deux masses sont en collision et à vitesse nulle en T.*

On compare ensuite S_2 calculé à partir du problème de Kepler, à l'action d'un chemin obtenu de la façon suivante.

Proposition 47. *Considérons sur la sphère les courbes équipotentielles $V = $ cste. Alors les trois points d'Euler sont situés sur une même courbe de niveau dite équipotentielle d'Euler, représentée sur la figure 4.3. Cette courbe forme un double revêtement de l'équateur et est invariante relativement à une réflexion par rapport au plan méridien M_1 et la composée d'une réflexion par rapport à l'équateur et au plan méridien M_2.*

Une famille de courbes test est formée par les courbes à moment cinétique nul qui se projettent sur la portion d'équipotentielle d'Euler, reliant E_3 à M_1, la courbe étant parcourue à vitesse constante et joignant E_3 à M_1 en un temps $T = \bar{T}/12$.

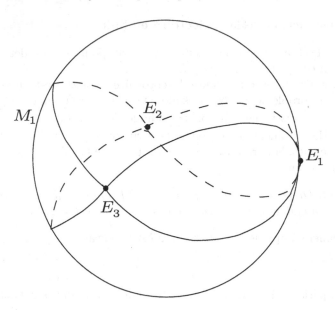

Fig. 4.3. Equipotentielle d'Euler

Proposition 48. *Une courbe minimisante évite les collisions et vérifie les conditions d'Euler-Lagrange, avec les conditions de transversalité qui s'écrivent $p(0) \perp E_3$ et $p(T) \perp M_1$, sous forme Hamiltonienne.*

Etape 2.

On montre que le problème précédent se projette sur $\chi/SO(3)$ en un problème de minimisation d'une action réduite. Pour cela, on utilise la décomposition (dite de Saari) de l'énergie cinétique en

$$K = K_{red} + K_{rot},$$

où $K_{rot} = M^2/I$, M étant le moment cinétique, K_{red} correspondant à une métrique sur l'espace quotient $\chi/SO(2)$. Les conditions limites du problème étant invariantes par $SO(2)$, on se ramène à minimiser l'action réduite

$$S_{red} = \int_0^T \left(\frac{1}{2}K_{red} + V\right)dt,$$

et puisque $K \geqslant K_{red}$, une courbe minimisante du problème réduit se relève en une courbe minimisante à moment cinétique nul où $K = K_{red}$, via une multiplication par un élément $g(t) \in SO(3)$. Le relèvement est unique à une rotation rigide près.

Etape 3 : complétion par symétrie.

La portion de courbe minimisante définie sur $[0, \bar{T}/12]$ est prolongée par symétrie et possède le même groupe de symétrie que la courbe équipotentielle, dont elle partage la forme représentée sur la Fig. 4.3. La prolongation est la suivante : la première portion joint E_3 à M_1 et est prolongée par symétrie de M_1 à E_2, la symétrie étant une réflexion par rapport à M_1. La condition de transversalité en M_1 est ici une relation d'orthogonalité, le Lagrangien étant invariant par cette réflexion. On prolonge ensuite la courbe de E_2 à E_1, la symétrie étant la composée d'une réflexion avec l'équateur avec une réflexion avec le méridien M_2.

Au bout d'une période $\bar{T}/2$, le point est revenu au point initial, mais les vitesses sont distinctes (voir Fig. 4.3).

Cette courbe se relève en une trajectoire périodique à moment cinétique nul et qui possède les propriétés suivantes :

- de 0 à $\bar{T}/3$, temps nécessaire à aller de E_3 à E_1, on réalise une permutation des masses ;
- après un temps $\bar{T}/2$, la configuration isocèle M_1 revient sur elle même modulo une réflexion.

Les configurations sont représentées sur la figure 4.4.

La figure possède une symétrie induite par l'action du groupe de Klein $Z_2 \times Z_2$. On la représente par l'action sur la trajectoire $c(t)$ de la masse 3. En notant σ et τ les générateurs du groupe de Klein, on définit l'action sur $\mathbb{R}$

$$\sigma.t = t + \bar{T}/2, \ \tau.t = -t + \bar{T}/2,$$

et l'action sur $\mathbb{R}^2$

$$\sigma.(x, y) = (-x, y), \ \tau.(x, y) = (x, -y),$$

représentant la symétrie par rapport aux axes et la trajectoire $c(t)$ vérifie

$$c(\sigma.t) = \sigma.c(t), \ c(\tau.t) = \tau.c(t).$$

Il est conjecturé que la courbe obtenue est convexe, mais le résultat prouvé est que la courbe a bien la forme d'un huit car on montre que les lobes sont étoilés en 0.

4.7.4 Le concept de chorégraphie

Le type de trajectoires périodiques obtenues conduit à introduire le concept suivant.

Définition 59. *Considérons le problème des N corps plan, où les masses sont égales. Fixons la période à N. On appelle chorégraphie une solution périodique $x(t) = (x_0(t), \ldots, x_{N-1}(t))$ vérifiant*

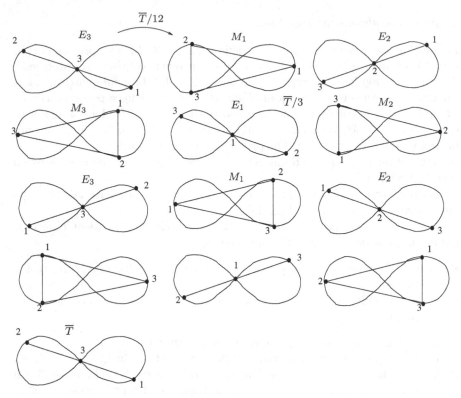

Fig. 4.4. Positions remarquables dans le problème des trois corps

$$x_j(t) = c(t+j), \; j = 0, \ldots, N-1,$$

où c est une trajectoire périodique du plan, de période N.

On a donc le résultat suivant.

Théorème 33. *Pour le problème des 3 corps plan à masse égale, on a construit deux types de chorégraphies ayant des classes d'homotopie distinctes sur l'espace des configurations sans collision :*

1. *la solution de Lagrange, où les trois masses décrivent une courbe circulaire ;*
2. *la solution de Chenciner et Montgomery où les trois masses décrivent un huit.*

4.8 Notes et sources

Le caclul des trajectoires périodiques en mécanique céleste est central dans l'oeuvre de Poincaré, qui est par ailleurs à l'origine de la technique de continuation et de son application pour prolonger les trajectoires circulaires du problème de Kepler ; il a aussi utilisé la méthode variationnelle jointe à des considérations topologiques pour montrer l'existence de trajectoires périodiques, sa contribution restant heuristique (voir [58]). Notre présentation de la méthode de continuation, et son application pour calculer des trajectoires périodiques par perturbation des trajectoires circulaires, suit [53], qui contient par ailleurs d'autres applications au problème des trois corps (voir aussi [54]). Les préliminaires au calcul des solutions périodiques via le principe de moindre action sont fondés sur [50], ouvrage consacré au problème de l'utilisation des méthodes variationnelles pour le calcul de trajectoires périodiques pour les systèmes Hamiltoniens (voir aussi [42] pour l'existence de géodésiques périodiques en géométrie Riemannienne). L'article de Gordon [32] interprète les trajectoires périodiques du problème de Kepler, avec ou sans collisions, dans le cadre variationnel. Il contient (en les corrigeant) les résultats de Poincaré sur l'existence de trajectoires périodiques dans le problèmes des trois corps, avec l'hypothèse de potentiel fort. La présentation du huit est basée est fondée sur l'article [20] (voir aussi [55] pour un article descriptif sans détails techniques). L'article [21] contient une généralisation du huit en montrant l'existence de chorégraphies dans le problème des N corps, essentiellement avec l'hypothèse du potentiel fort. Il contient également des résultats de simulations numériques de chorégraphies.

Contrôle des véhicules spatiaux

Contrôlabilité des systèmes non linéaires et le problème de contrôle d'attitude d'un satellite rigide

5.1 Contrôlabilité des systèmes avec des contrôles constants par morceaux

Dans cette section, M désigne une variété lisse (C^∞ ou C^ω) de dimension n, connexe et à base dénombrable. On note TM le fibré tangent et T^*M le fibré cotangent. On désigne par $V(M)$ l'ensemble des champs de vecteurs lisses sur M, et $\mathit{diff}(M)$ l'ensemble des difféomorphismes lisses.

Définition 60. *Soient* $X, Y \in V(M)$, *et* f *une fonction lisse sur* M. *La dérivée de Lie de* f *suivant* X *est définie par* $L_X f = df(X)$. *Le crochet de Lie est calculé avec la convention* $[X, Y] = L_Y \circ L_X - L_X \circ L_Y$. *Il s'écrit en coordonnées locales*

$$[X, Y](q) = \frac{\partial X(q)}{\partial q} Y(q) - \frac{\partial Y(q)}{\partial q} X(q).$$

Définition 61. *Soit* $X \in V(M)$. *On note* $q(t, q_0)$ *la solution maximale de* $\dot{q}(t) = X(q(t))$ *telle que* $q(0) = q_0$. *On note* $\exp tX$ *le groupe local à un paramètre associé à* X. *On a ainsi* $q(t, q_0) = (\exp tX)(q_0)$. *Le champ de vecteurs* X *est dit complet si les trajectoires sont définies sur* $\mathbb{R}$.

Définition 62. *Un polysystème* D *est une famille* $\{X_i, \ i \in I\}$ *de champs de vecteurs. On note aussi* D *la distribution associée à* D, *c'est à dire* $q \mapsto \{X_i(q) \mid q \in M\}_{e.v.}$. *La distribution est dite involutive si* $[X_i, X_j] \in D$, *pour tous* $X_i, X_j \in D$.

Définition 63. *Soit* D *un polysystème. On note* $D_{A.L.}$ *l'algèbre de Lie engendrée par* D ; *c'est une distribution involutive calculée récursivement de la façon suivante :*

$$D_1 = \{D\}_{e.v.}, \ D_2 = \{D_1 + [D_1, D_1]\}_{e.v.}, \ D_k = \{D_{k-1} + [D_1, D_{k-1}]\}_{e.v.},$$

et

$$D_{A.L.} = \bigcup_{k \geqslant 1} D_k.$$

Définition 64. *Un système sur M est défini en coordonnées locales par une équation de la forme*

$$\dot{q}(t) = f(q(t), u(t)), \ q(t) \in M, \ u(t) \in U \subset \mathbb{R}^m,$$

où f est lisse et u est le contrôle. Pour étudier la contrôlabilité des systèmes, on peut restreindre la classe des contrôles admissibles à l'ensemble $\mathcal{U}$ des applications constantes par morceaux à valeurs dans le domaine de contrôle U. Pour $u \in \mathcal{U}$ on note $q(t, q_0, u)$ la solution maximale associée partant d'une condition initiale en $t = 0$ égale à q_0. Soit $q_0 \in M$ fixé, on note $A^+(q_0, T) = \cup_{u \in \mathcal{U}} q(t, q_0, u)$ l'ensemble des points accessibles en un temps $T > 0$ et $A^+(q_0) = \cup_{T > 0} A^+(q_0, T)$ l'ensemble des points accessibles. Le système est dit contrôlable en un temps T si $A^+(q_0, T) = M$ pour tout $q_0 \in M$ et contrôlable si $A^+(q_0) = M$ pour tout $q_0 \in M$. De façon analogue, on note $A^-(q_0, T)$ l'ensemble des points que l'on peut recaler en q_0 en un temps T et $A^-(q_0)$ l'ensemble des états recalables en q_0. Le système est dit localement contrôlable en q_0 si, pour tout $T > 0$, les ensembles $A^+(q_0, T)$ et $A^-(q_0, T)$ sont des voisinages de q_0.

Définition 65. *Considérons un système sur une variété M, $\dot{q} = f(q, u)$, $u \in U$. On peut lui associer le polysystème $D = \{f(\cdot, u) \mid u \text{ constant}, u \in U\}$. On définit l'ensemble $S_T(D)$ par*

$$S_T(D) = \left\{ \exp t_1 X_1 \circ \cdots \circ \exp t_k X_k \mid k \in \mathbb{N}, \ t_i \geqslant 0 \text{ et } \sum_{i=1}^{k} t_i = T, \ X_i \in D \right\}$$

et on note $S(D)$ le semi-groupe local défini par $S(D) = \cup_{T \geqslant 0} S_T(D)$. On note $G(D)$ le groupe local engendré par $S(D)$, c'est à dire

$$G(D) = \{ \exp t_1 X_1 \circ \cdots \circ \exp t_k X_k \mid k \in \mathbb{N}, \ t_i \in \mathbb{R}, \ X_i \in D \}.$$

Lemme 34. *1. L'ensemble des points accessibles de q_0 en un temps T est donné par*

$$A^+(q_0, T) = S_T(D)(q_0).$$

2. L'ensemble des points accessibles de q_0 est l'orbite de $S(D)$

$$A^+(q_0) = S(D)(q_0).$$

Définition 66. *Soit D un polysystème sur M. Par extension, on dit que D est contrôlable si $S(D)(q_0) = M$, pour tout $q_0 \in M$. L'orbite de q_0 est définie par $O(q_0) = G(D)(q_0)$; D est dit faiblement contrôlable si $O(q_0) = M$, pour tout $q_0 \in M$. On dit que le polysystème satisfait la condition du rang si $D_{A.L.}(q_0) = T_{q_0} M$, pour tout $q_0 \in M$.*

Définition 67. *Soit un système $\dot{q} = f(q, u)$, $u \in U$, sur M, et soit D le polysystème associé. On dit que le système est affine s'il existe $m + 1$ champs de vecteurs $F_0, F_1, \ldots, F_m$, tels que $f(q, u) = F_0(q) + \sum_{i=1}^{m} u_i F_i(q)$ où $u = (u_1, \ldots, u_m)$.*
Le système est dit symétrique si $X \in D$ implique $-X \in D$.

Théorème 34 (Chow). *Soit un système $\dot{q} = f(q, u)$, $u \in U$, sur M, et soit D le polysystème associé. Si D vérifie la condition du rang alors le système est faiblement contrôlable.*

Preuve. On va indiquer dans un contexte simplifié la preuve de ce résultat clef de la théorie des systèmes non linéaires. Considérons le cas où $M = \mathbb{R}^3$ et D contient deux champs X, Y, tels que le rang de $X, Y, [X, Y]$, soit égal à 3 en tout point q_0 de M. On va montrer alors que $G(D)(q_0)$ est un voisinage de q_0, ce qui est suffisant pour prouver l'assertion car M est connexe.

Soit λ un réel. Considérons l'application

$$\varphi_\lambda : (t_1, t_2, t_3) \mapsto \exp \lambda X \exp t_3 Y \exp -\lambda X \exp t_2 Y \exp t_1 X(q_0).$$

On va montrer que pour λ petit et non nul, φ_λ est une immersion en 0. En utilisant la formule de Baker-Campbell-Hausdorff, on obtient

$$\varphi_\lambda(t_1, t_2, t_3) = \exp(t_1 X + (t_2 + t_3)Y + \frac{\lambda t_3}{2}[X, Y] + \cdots)(q_0).$$

On en déduit

$$\frac{\partial \varphi_\lambda}{\partial t_1}\Big|_{t=0} = X(q_0), \quad \frac{\partial \varphi_\lambda}{\partial t_2}\Big|_{t=0} = Y(q_0), \quad \frac{\partial \varphi_\lambda}{\partial t_3}\Big|_{t=0} = Y(q_0) + \frac{\lambda}{2}[X, Y](q_0) + o(\lambda).$$

Ainsi pour λ petit et non nul, le rang de φ_λ en 0 est 3. Donc $G(D)(q_0)$ est un voisinage de q_0.

Corollaire 14. *Si un système est symétrique et vérifie la condition du rang, alors il est contrôlable.*

Preuve. Si D est symétrique, $G(D) = S(D)$.

Proposition 49. *On suppose que le système vérifie la condition du rang. Alors pour tout $q_0 \in M$ et tout voisinage V de q_0, il existe un ouvert U^+ non vide contenu dans $V \cap A^+(q_0)$ et un ouvert U^- non vide contenu dans $V \cap A^-(q_0)$.*

Preuve. Soit $q_0 \in M$. Si $\dim M \geqslant 1$, il existe $X_1 \in D$ tel que $X_1(q_0) \neq 0$, sinon $D_{A.L.}(q_0) = 0$. Considérons la courbe intégrale $\alpha_1 : t \mapsto \exp t X_1(q_0)$. Si $\dim M \geqslant 2$, il existe dans tout voisinage V de q_0 un point $q_0' = \exp t_1 X_1(q_0)$, $t_1 > 0$ et un champ de vecteur $X_2 \in D$ tel que X_1 et X_2 ne soient pas colinéaires en q_0', sinon $\dim(D_{A.L.}(q_0)) = 1$. En itérant la construction, on obtient un ouvert U^+ non vide contenu dans $V \cap A^+(q_0)$. En changeant t en $-t$ on construit de même un ouvert U^- non vide contenu dans $V \cap A^-(q_0)$.

Contrôlabilité et Poisson stabilité

On rappelle le concept de Poisson stabilité, important pour caractériser la contrôlabilité des systèmes mécaniques.

Définition 68. *Soient $X \in V(M)$ et $q_0 \in M$. On suppose que X est complet. Le point q_0 est Poisson stable si pour tout voisinage V de q_0 et tout $T > 0$, il existe $t_1, t_2 \geqslant T$ tels que $q(t_1, q_0)$ et $q(-t_2, q_0)$ appartiennent à V. Le champ est dit Poisson stable si presque tous les points sont stables au sens de Poisson.*

Proposition 50. *Soit D un polysystème sur M associé à un système sur M et vérifiant la condition du rang. On suppose de plus que chaque champ de vecteurs de D est Poisson stable. Alors le système est contrôlable.*

Preuve. Soient q_0, q_1 deux éléments de M. Montrons qu'il existe $X_1, \ldots, X_k \in D$ et $t_1, \ldots, t_k > 0$ tels que

$$q_1 = (\exp t_1 X_1) \ldots (\exp t_k X_k)(q_0).$$

En utilisant la proposition 49, il existe deux ouverts U^+ et U^- tels que $U^+ \subset A^+(q_{12})$ et $U^- \subset A^-(q_0)$. Pour montrer le résultat il suffit de montrer qu'il existe $q_0' \in U^+$ et $q_1' \in U^-$ tels que q_1' soit accessible de q_0'. D'après le théorème de Chow, il existe p champs Y_i de D et des temps s_i positifs ou négatifs tels que

$$q_1' = (\exp s_1 Y_1) \ldots (\exp s_p Y_p)(q_0').$$

Dans la séquence précédente chacun des champs Y_i est Poisson stable. Considérons donc un arc $(\exp s_k Y_k)(q)$ d'extrémité e, où s_k est négatif. On peut remplacer q par un point voisin q', stable au sens de Poisson et trouver un temps s_k' positif de sorte que $(\exp s_k' Y_k)(q')$ soit voisin de e. Le résultat en découle.

Contrôlabilité et technique d'élargissement

Lemme 35. *Soit D un polysystème qui vérifie la condition du rang. Le polysystème est contrôlable si et seulement si l'adhérence de $S(D)(q_0)$ est M pour tout $q_0 \in M$.*

Preuve. Appliquer la proposition 49.

Définition 69. *Soient D, D' deux polysystèmes vérifiant la condition du rang. On dit que D et D' sont équivalents si pour tout $q_0 \in M$, $\overline{S(D)(q_0)} = \overline{S(D')(q_0)}$. L'union des polysystèmes équivalents à D s'appelle le saturé de D et se note sat D.*

Proposition 51. *Soit D un polysystème.*

1. *Si $X \in D$ et X est Poisson stable, alors $-X \in$ sat D.*
2. *Le cône convexe engendré par D est inclus dans sat D.*

Preuve. L'assertion 1) résulte de la preuve de la proposition 50. Prouvons 2). Clairement si $X \in D$, alors $\lambda X \in$ sat D pour tout $\lambda > 0$ (reparamétrer). Si $X, Y \in D$, en utilisant la formule de Baker-Campbell-Hausdorff on obtient

$$\prod_{n \text{ fois}} \exp \frac{t}{n} X \exp \frac{t}{n} Y = \exp t(X + Y) + o\left(\frac{1}{n}\right).$$

En faisant tendre n vers l'infini on obtient bien que $X + Y$ appartient à sat D.

Théorème 35. *Considérons sur M un système de la forme*

$$\frac{dq(t)}{dt} = F_0(q(t)) + \sum_{k=1}^{m} u_i(t) F_i(q(t)),$$

où $u_i(\cdot)$ est une application constante par morceaux à valeurs dans $\{-1, +1\}$. On suppose que F_0 est Poisson stable. Si en tout point le rang de l'algèbre de Lie $\{F_0, F_1, \ldots, F_m\}_{A.L.}$ est égal à la dimension de M, alors le système est contrôlable. La condition est aussi nécessaire dans le cas analytique.

Preuve. Notons D le polysystème associé au système. On observe que $D_{A.L.} = \{F_0, F_1, \ldots, F_m\}_{A.L.}$ et donc le système vérifie la condition du rang. La contrôlabilité de D équivaut à la contrôlabilité du saturé de D. Par convexité, $F_0 \in$ sat D et comme F_0 est Poisson stable $\pm F_0 \in$ sat D. Ainsi sat D contient le polysystème symétrique $\{\pm F_0, \pm F_1, \ldots, \pm F_m\}$, qui vérifie la condition du rang. Ce polysystème est contrôlable d'après le corollaire 14. Dans le cas analytique, la condition du rang est aussi nécessaire d'après le théorème de Nagano-Sussmann (voir [67, 10]).

5.2 Contrôlabilité d'un satellite rigide gouverné par des rétro-fusées

5.2.1 Equations du mouvement

Le mouvement du satellite est caractérisé par le déplacement de son centre de gravité O, qui est celui d'un point matériel dans un champ central et son orientation, dite attitude, dans l'espace, mesurée par rapport à un référentiel orthonormé direct d'origine O, noté $k = (e_1, e_2, e_3)$ et dont les axes occupent des directions fixes dans l'espace. Cette attitude est caractérisée par la position par rapport à k d'un repère d'origine O lié au solide et noté $K(t) = (E_1(t), E_2(t), E_3(t))$, supposé orthonormé direct. En d'autres termes, l'attitude du satellite est donnée par la matrice $R(t)$, appelée matrice des cosinus directeurs, et définie par $R(t) = (r_{ij}(t))_{1 \leqslant i,j \leqslant n}$, où $r_{ij}(t) = \langle E_i(t), e_j \rangle$ est le produit scalaire usuel entre $E_i(t)$ et e_j.

La matrice $R(t)$ est un élément de $SO(3)$ (groupe des matrices orthonormées directes d'ordre 3), et représente la matrice de passage du repère mobile $K(t)$ au repère fixe k. Chaque vecteur de $\mathbb{R}^3$ peut être mesuré dans le repère k ou dans le repère K. Si v est un vecteur mesuré dans k et V ce vecteur mesuré dans K, on a la relation $V = Rv$.

Le satellite étant un corps solide, la mécanique nous enseigne que pour un tel corps, on peut choisir un repère mobile K particulier dit repère principal d'inertie du solide, ce que l'on supposera par la suite. On fait également l'hypothèse que le repère k est Galiléen, ce qui revient à négliger l'influence de l'attraction terrestre.

Les équations décrivant le contrôle d'attitude d'un satellite rigide gouverné par des rétro-fusées sont alors celles décrivant le mouvement d'un solide autour de son centre de gravité soumis à l'action de couples créés par des rétro-fusées. Les principes fondamentaux de la dynamique et la méthode du repère mobile conduisent aux équations suivantes :

$$\frac{dR}{dt}(t) = S(\Omega(t))R(t), \quad \text{où } S(\Omega) = \begin{pmatrix} 0 & \Omega_3 & -\Omega_2 \\ -\Omega_3 & 0 & \Omega_1 \\ \Omega_2 & -\Omega_1 & 0 \end{pmatrix} \tag{5.1}$$

$$I_1 \frac{d\Omega_1}{dt}(t) = (I_2 - I_3)\Omega_2(t)\Omega_3(t) + F_1(t)$$

$$I_2 \frac{d\Omega_2}{dt}(t) = (I_3 - I_1)\Omega_1(t)\Omega_3(t) + F_2(t) \tag{5.2}$$

$$I_3 \frac{d\Omega_3}{dt}(t) = (I_1 - I_2)\Omega_1(t)\Omega_2(t) + F_3(t)$$

L'équation (5.1) équivaut à la définition du vecteur vitesse angulaire ω du solide, i.e. $\frac{dq}{dt}(t) = \omega(t) \wedge q(t)$, où $q(t)$ désigne un point quelconque du satellite, le vecteur $\Omega = {}^t(\Omega_1, \Omega_2, \Omega_3)$ désignant ce vecteur mesuré dans le référentiel mobile, $\Omega(t) = R(t)\omega(t)$, un vecteur Ω de $\mathbb{R}^3$ s'identifiant à une matrice symétrique $S(\Omega)$ d'ordre 3.

L'équation (5.2) s'appelle l'équation d'Euler du corps solide. Elle décrit le mouvement du vecteur vitesse angulaire $\Omega(t)$ mesuré dans le référentiel mobile. Les scalaires I_i sont les moments d'inertie principaux du solide, supposés tous distincts et ordonnés avec la convention $I_1 > I_2 > I_3 > 0$. Le vecteur $F(t)$ de composantes $(F_1(t), F_2(t), F_3(t))$ représente le moment des forces extérieures appliquées au satellite, mesuré également dans le repère mobile. Si $m(t)$ désigne le moment cinétique du solide mesuré dans k, $M(t)$ ce moment mesuré dans $K(t)$, alors $M(t) = R(t)m(t)$ et l'équation d'Euler s'écrit

$$\frac{dM}{dt}(t) = M(t) \wedge \Omega(t) + F(t).$$

Dans le problème étudié, les couples sont créés par des rétro-fusées fixées au satellite. On suppose que ces fusées sont couplées pour émettre du gaz dans deux directions opposées. Pour un tel couple, le moment des forces appliquées peut donc s'écrire $(F_1(t), F_2(t), F_3(t)) = u(t)(I_1 b^1, I_2 b^2, I_3 b^3)$, où (b^1, b^2, b^3) sont des constantes, et $u(t)$ désigne une application constante par morceaux définie sur $[O, T]$ et à valeurs dans $\{-1, 0, 1\}$. Si le dispositif de contrôle est constitué de m couples de rétro-fusées, on obtient le système

$$\frac{dR}{dt}(t) = S(\Omega(t))R(t)$$

$$\frac{d\Omega}{dt}(t) = Q(\Omega(t)) + \sum_{k=1}^{m} u_k(t) b_k \tag{5.3}$$

où $Q(\Omega_1, \Omega_2, \Omega_3) = (a_1 \Omega_2 \Omega_3, a_2 \Omega_1 \Omega_3, a_3 \Omega_1 \Omega_2)$ avec $a_1 = (I_2 - I_3) I_1^{-1}$, $a_2 = (I_3 - I_1) I_2^{-1}$, $a_3 = (I_1 - I_2) I_3^{-1}$, où chaque $u_k(t)$ est une application constante par morceaux à valeurs dans $\{1, 0, -1\}$ et les vecteurs b_k sont des champs de vecteurs contants de $\mathbb{R}^3$. Les équations (5.3) décrivent un système sur $SO(3) \times \mathbb{R}^3$, un élément de $SO(3)$ étant représenté par une matrice 3×3. Le système est plongé dans $\mathbb{R}^{12}$.

5.2.2 Le problème du choix de la représentation

Dans la suite, on utilise la représentation du mouvement par (5.3) mais il est important de discuter ici le problème du choix de la représentation. La représentation classique utilisant le vecteur vitesse angulaire mesuré dans le référentiel mobile a une interprétation géométrique. En effet la vitesse du solide $\dot{R}(t)$ est un vecteur tangent à $SO(3)$ en $R(t)$ et peut être transporté en vecteur tangent à l'identité en utilisant les translations à gauche ou à droite sur $SO(3)$. Les deux vecteurs ainsi obtenus représentent respectivement le vecteur vitesse angulaire mesuré dans le référentiel mobile, noté Ω et dans le référentiel fixe noté ω. L'introduction du vecteur Ω exprime l'invariance du mouvement libre par rapport au choix d'une attitude initiale car le mouvement du système libre est celui d'un système mécanique associé à un Lagrangien $L = T$, où T est l'énergie cinétique du système, $T = \frac{1}{2}(I_1 \Omega_1^2 + I_2 \Omega_2^2 + I_3 \Omega_3^2)$, qui est invariante par les translations à gauche sur $SO(3)$. Cela se traduit dans les équations par le découplage de l'évolution du vecteur vitesse angulaire par rapport à l'attitude, ce qui n'est pas le cas du vecteur vitesse.

Le système peut être décrit sur $\mathbb{R}^6$ par le choix d'une carte sur $SO(3)$. Ce choix introduit des singularités et par ailleurs il ne doit pas être quelconque mais fondé sur une volonté de mettre en évidence une propriété du système libre ou sur une intuition d'une certaine loi de commande. Illustrons cela sur deux exemples. Les angles d'Euler forment une paramétrisation classique de $SO(3)$. Cependant ces angles permettent de visualiser le mouvement d'une toupie symétrique qui se décompose dans ces angles en trois mouvements périodiques. Le système est Liouville intégrable et les angles d'Euler sont des angles canoniques pour représenter les trajectoires. Ils sont impropres à représenter notre mouvement libre et une visualisation adaptée est celle de Poinsot, qui sera appliquée ultérieurement. Par ailleurs les angles d'Euler peuvent être utilisés pour représenter des changements d'attitude par rotations successives autour des axes d'inertie. Par contre, ils sont impropres à toute tentative pour décrire d'autres lois de commande.

Une autre carte sur $SO(3)$ utilise le théorème d'Euler, une rotation de $\mathbb{R}^3$ étant représentée par son axe et son angle de rotation. Cette carte est adaptée au calcul d'une loi de commande où l'on opère le changement d'attitude en forçant la satellite à tourner autour d'un axe fixe et à nulle autre loi de commande.

L'introduction des quaternions pour l'étude du problème est intéressante pour deux raisons. D'un point de vue numérique elle permet de plonger le système dans $\mathbb{R}^7$ et non $\mathbb{R}^{12}$, d'où le gain de place. Cette représentation permet de décrire des lois de stabilisation globales continues en utilisant des techniques de Liapunov, ce qui n'est pas possible en travaillant directement sur l'espace des configurations $SO(3)$. Cette représentation que l'on explique brièvement consiste à relever le système sur le revêtement universel de $SO(3)$.

Le groupe multiplicatif $Sp(1)$ des quaternions est l'enemble des $q = \sum_{i=0}^{3} x_i v_i$, $\sum_{i=0}^{3} x_i^2 = 1$, la loi de multiplication étant le produit matriciel ordinaire où les v_i sont donnés par

$$v_0 = \begin{pmatrix} 1 & 0 & 0 & 0 \\ 0 & 1 & 0 & 0 \\ 0 & 0 & 1 & 0 \\ 0 & 0 & 0 & 1 \end{pmatrix}, \ v_1 = \begin{pmatrix} 0 & 0 & -1 & 0 \\ 0 & 0 & 0 & -1 \\ 1 & 0 & 0 & 0 \\ 0 & 1 & 0 & 0 \end{pmatrix},$$

$$v_2 = \begin{pmatrix} 0 & -1 & 0 & 0 \\ 1 & 0 & 0 & 0 \\ 0 & 0 & 0 & 1 \\ 0 & 0 & -1 & 0 \end{pmatrix}, \ v_3 = \begin{pmatrix} 0 & 0 & 0 & -1 \\ 0 & 0 & 1 & 0 \\ 0 & -1 & 0 & 0 \\ 1 & 0 & 0 & 0 \end{pmatrix}.$$

$Sp(1)$ identifié à la sphère S^3 est simplement connexe. Un quaternion pur est un quaternion de la forme $\sum_{i=1}^{3} x_i v_i$.

Soit $q \in Sp(1)$ Considérons l'automorphisme intérieur $T_q(r) = qrq^{-1}$. Alors, T_q applique un quaternion pur sur un quaternion pur. Si $T_q\left(\sum_{i=1}^{3} x_i v_i\right) = \sum_{i=1}^{3} x_i' v_i$, on peut écrire $x_i' = \sum_{j=1}^{3} a_{ij}(q) x_j$ et $\Pi(q) = (a_{ij}(q))_{1 \leqslant i,j \leqslant 3}$ est une matrice de $SO(3)$. Clairement, $\Pi(qq') = \Pi(q)\Pi(q')$ et l'application Π est une représentation de $Sp(1)$ par des matrices de rotations de $\mathbb{R}^3$.

Tout quaternion q peut s'écrire $q = \left(\cos \frac{1}{2}\theta\right) v_0 + \left(\sin \frac{1}{2}\theta\right) v$ où v est un quaternion pur et on vérifie alors que $\Pi(q)$ est la rotation d'axe orienté v et d'angle θ. Donc $\Pi(Sp(1)) = SO(3)$ et le noyau de Π est constitué de deux quaternions v_0 et $-v_0$.

On a construit le revêtement universel de $SO(3)$ par $Sp(1)$ et le système (5.3) peut être relevé en un système sur $Sp(1) \times \mathbb{R}^3$. En utilisant la rerésentation des quaternions par des matrices d'ordre 4, le système s'écrit

$$\frac{d}{dt}\left(\sum_{i=0}^{3} x_i(t)v_i\right) = \left(\sum_{i=0}^{3} \frac{\varepsilon_i}{2}\Omega_i(t)v_i\right)\left(\sum_{i=0}^{3} x_i(t)v_i\right)$$

où $\varepsilon_1, \varepsilon_3 = -1$, $\varepsilon_2 = 1$ et $\Omega(t)$ est solution de l'équation d'Euler. Le système ainsi obtenu sur $Sp(1) \times \mathbb{R}^3$ peut être observé dans $SO(3) \times \mathbb{R}^3$ à l'aide de l'application $(q, \Omega) \mapsto (\Pi(q), \Omega)$ et donne les trajectoires du satellite rigide gouverné par des rétro-fusées.

5.2.3 Propriétés des trajectoires de la partie libre

Lorsqu'aucun couple n'est appliqué, le mouvement du satellite est un mouvement dit d'Euler-Poinsot dont on rappelle les propriétés que l'on va ensuite utiliser pour contrôler le système.

Lemme 36. *Lorsque le système est libre, les équations du système sont les équations d'Euler-Lagrange associé au Lagrangien L donné par l'énergie cinétique du solide*

$$\frac{1}{2}\left(I_1\Omega_1^2 + I_2\Omega_2^2 + I_3\Omega_3^2\right).$$

Les trajectoires sont bornées et le champ de vecteurs est Poisson stable.

Preuve. La première assertion résulte de la définition du mouvement du satellite libre. Les trajectoires sont bornées car l'attitude R appartient à $SO(3)$ qui est compact, et la vitesse angulaire reste bornée car l'énergie cinétique du système libre est constante. Le champ de vecteurs est donc Poisson stable, d'après le théorème de Poincaré.

Lemme 37. *Le système libre a quatre intégrales premières indépendantes : l'énergie cinétique et le moment cinétique m mesuré par rapport à l'espace.*

Solutions de la partie libre des équations d'Euler

On peut représenter les trajectoires du vecteur vitesse angulaire Ω, lorsque le système est libre, en utilisant les intégrales premières. En effet l'énergie cinétique $L = \frac{1}{2}\sum_{i=1}^{3} I_i\Omega_i^2$ est conservée de même que $M^2 = \sum_{i=1}^{3} I_i^2\Omega_i^2$, qui représente la longueur du moment cinétique $M = Rm$, mesuré dans le référentiel mobile, m étant conservé et R étant une matrice de rotation préservant les longueurs. Le vecteur M est défini par la relation $M_i = I_i\Omega_i$ car K est un repère principal d'inertie. Les trajectoires se calculent alors en intersectant les ellipsoïdes $L = c_1$ et $M^2 = c_2$ où c_1 et c_2 sont deux constantes. En particulier on peut représenter les trajectoires sur l'ellipsoïde d'inertie E du solide correspondant à $\{\Omega \mid \sum_{i=1}^{3} I_i\Omega_i^2 = 1\}$. Les points situés sur les axes d'inertie sont des positions d'équilibre. Les points associés à E_1 et E_3 sont des centres et les points associés à E_2 sont des cols. Toutes les trajectoires sont périodiques excepté quatre trajectoires qui sont les séparatrices joignant les deux points cols antipodaux associés à E_2.

Par ailleurs d'un point de vue transcendental, les composantes de Ω se calculent en utilisant les intégrales elliptiques et l'intégration numérique est aisée.

Représentation de Poinsot

On peut visualiser le mouvement du satellite libre de la façon suivante. Considérons la position de l'ellipsoïde d'inertie $E = \{\Omega \mid \sum_{i=1}^{3} I_i \Omega_i^2 = 1\}$ dans le référentiel k, $I(t) = {}^t R(t) E$. Dans le référentiel fixe, le vecteur moment cinétique m est constant. On vérifie que le plan Π perpendiculaire à m est tangent à l'ellipsoïde $I(t)$ au point $\xi(t) = \dfrac{\omega(t)}{L\sqrt{2}}$. La vitesse du point de contact est donc nulle. D'autre part, la distance notée OO' de ce plan par rapport à O est donnée par $\dfrac{1}{\sqrt{2L}}\langle m, \omega \rangle = L\sqrt{2}$. Elle est donc constante.

Théorème 36 (Poinsot). *L'ellipsoïde d'inertie roule sans glisser sur un plan fixe Π perpendiculaire au vecteur moment cinétique.*

Cette représentation permet de visualiser le mouvement du satellite en faisant rouler sans glisser l'ellipsoïde sur le plan. Deux paramètres caractérisent le mouvement.

1. La trajectoire du point de contact de l'ellipsoïde dans le repère $K(t)$, appelée polhodie et similaire à la trajectoire du vecteur vitesse angulaire $\Omega(t)$ sur E décrite précédemment. On prend un angle Φ_1 pour représenter la phase de la variation du vecteur Ω.
2. La trajectoire de $\xi(t)$ sur le plan Π est appelée herpolhodie et on désigne par Φ_2 l'angle qui mesure dans le plan Π la postion angulaire de ξ par rapport au point O'.

Le mouvement du satellite libre est donc décrit en général par les deux mouvements des angles Φ_1 et Φ_2 qui oscillent avec des fréquences qui dépendent des conditions initiales,

$$\dot{\Phi}_1 = \omega_1(c), \ \dot{\Phi}_2 = \omega_2(c).$$

Les trajectoires évoluent donc sur des tores T^2. Les angles Φ_1 et Φ_2 jouent le rôle des angles d'Euler utilisés pour visualiser le mouvement d'une toupie symétrique et sont des coordonnées adaptées. Cette analyse démontre aussi de façon très fine la Poisson stabilité du système.

Rotations uniformes

Il résulte clairement de (5.3) que le satellite libre décrit un mouvement de rotation uniforme si et seulement si les conditions initiales sont telles que le vecteur Ω initial soit orienté le long des axes d'inertie principaux E_i, le satellite tournant alors autour de cet axe avec une vitesse angulaire Ω.

Sur l'ellipsoïde d'inertie, les positions d'équilibre associées sont des cols lorsqu'elles appartiennent à l'axe intermédiaire E_2 et sont donc instables au sens de Liapunov. Les rotations uniformes autour de E_2 sont donc instables. En revanche les positions d'équilibre sur E_1 et E_3 sont des centres et il résulte de l'interprétation de Poinsot que les rotations uniformes autour de E_1 et E_3 sont stables au sens de Liapunov.

Lemme 38. *Les seules rotations uniformes du satellite sont celles correspondant à un mouvement autour d'un des axes principaux d'inertie et sont instables pour l'axe E_2 et stables pour les axes E_1 ou E_3.*

5.2.4 Conditions nécessaires et suffisantes de contrôlabilité du satellite rigide

Le système (5.3) s'écrit sous la forme

$$\frac{dq}{dt}(t) = F_0(q(t)) + \sum_{k=1}^{m} u_k(t) F_k(q(t)),$$

où $q = (R, \Omega) \in SO(3) \times \mathbb{R}^3$, F_0 est le système libre $(S(\Omega)R, Q(\Omega))$, et les F_k sont les champs de vecteurs $(0, b_1), \ldots, (0, b_m)$, où b_m est un vecteur constant de $\mathbb{R}^3$ décrivant le positionnement de la $k$ième paire de rétro-fusées. On suppose ici que les contrôles sont des fonctions constantes par morceaux à valeurs dans $\{-1, +1\}$. On a le résultat suivant.

Théorème 37. *Considérons le cas où $m = 1$ (c'est à dire que le dispositif de commande est formé d'une seule paire de rétro-fusées. Alors le système est contrôlable à moins que deux des scalaires b_1^i soient nuls ou que $\sqrt{a_1} b_1^3 = \pm \sqrt{a_3} b_1^1$, avec $b_1 = (b_1^1, b_1^2, b_1^3)$.*

Preuve. Le système libre F_0 est Poisson stable et d'après le théorème 35, le système est contrôlable si et seulement si l'algèbre de Lie $\{F_0, F_1\}_{A.L.}$ est de rang 6 en tout point de $SO(3) \times \mathbb{R}^3$. Il est donc nécessaire que le rang de l'algèbre de Lie $\{Q, b_1\}_{A.L.}$ soit égal à 3 en tout point de $\mathbb{R}^3$.

Comme Q est homogène, cette condition est réalisée si et seulement si la sous-algèbre de Lie des champs de vecteurs constants contenue $\{Q, b_1\}_{A.L.}$ est de rang 3. Le calcul montre que cette algèbre de Lie est engendrée par les cinq vecteurs

$$f_1 = b_1, \quad f_2 = [[Q, f_1], f_1], \quad f_3 = [[Q, f_1], f_2],$$

$$f_4 = [[Q, f_1], f_3], \quad f_5 = [[Q, f_2], f_2].$$

Un calcul facile montre que le rang est 3 si et seulement si les trois vecteurs

$$f_1 = {}^t(b_1^1, b_1^2, b_1^3),$$
$$f_2 = 2\,{}^t(a_1 b_1^2 b_1^3, a_2 b_1^1 b_1^3, a_3 b_1^1 b_1^2),$$
$$f_3 = 2\,{}^t(a_1 b_1^1 (a_2 (b_1^3)^2 + a_3 (b_1^2)^2), a_2 b_1^2 (a_1 (b_1^3)^2 + a_3 (b_1^1)^2),$$
$$a_3 b_1^3 (a_1 (b_1^2)^2 + a_2 (b_1^1)^2)),$$

sont indépendants.

Puisque $a_1, a_3 > 0$ et $a_2 < 0$, le rang de l'algèbre de Lie $\{Q, b_1\}_{A.L.}$ est donc égal à 3 en tout point de $\mathbb{R}^3$, à moins que deux des scalaires b_1^i soient nuls ou que $\sqrt{a_1} b_1^3 = \pm \sqrt{a_3} b_1^1$.

Par ailleurs remarquons que le sous-espace vectoriel de $\mathbb{R}^{12}$ engendré par les champs constants $F_1, [[F_0, F_1], F_1]$ et $[[F_0, F_1], [[F_0, F_1], F_1]]$ coïncide avec l'espace vectoriel engendré par $\{(0, f_1), (0, f_2), (0, f_3)\}$. Si les trois vecteurs F_i, $i = 1, 2, 3$, sont indépendants, il coïncide donc avec l'espace engendré par $V_i = (0, E_i)$, $i = 1, 2, 3$, où (E_i) est la base canonique de $\mathbb{R}^3$.

Un calcul immédiat montre que le rang de la famille $\{[F_0, V_i] \mid i = 1, 2, 3\}$ est égal à 6 en tout point de $SO(3) \times \mathbb{R}^3$. Le rang de l'algèbre de Lie $\{F_0, F_1\}_{A.L.}$ est donc 6 en tout point $SO(3) \times \mathbb{R}^3$ si et seulement si les trois vecteurs f_1, f_2, f_3 sont indépendants.

Interprétation géométrique et cas $m \geqslant 2$

Considérons l'équation d'Euler. Si deux des scalaires b_1^i sont nuls, le vecteur b_1 est orienté le long d'un des axes principaux d'inertie du satellite et l'axe correspondant est un espace vectoriel de dimension 1, invariant pour le mouvement.

La condition $\sqrt{a_1} b_1^3 = \pm \sqrt{a_3} b_1^1$ signifie que le vecteur b_1 est contenu dans un des plans donnés par les équations $\sqrt{a_1} \Omega_3 = \pm \sqrt{a_3} \Omega_1$. Ces plans sont des espaces invariants pour les trajectoires des équations d'Euler qui sont formés par les séparatrices joignant les points cols antipodaux.

La condition de non contrôlabilité du cas $m = 1$ signifie simplement que le vecteur b_1 est dans un espace vectoriel de dimension 1 ou 2 invariant, pour l'équation différentielle $\dot{\Omega} = Q(\Omega)$. On en déduit la condition de contrôlabilité dans le cas $m \geqslant 2$. Le système est contrôlable à moins que l'espace vectoriel engendré par $\{b_1, \ldots, b_m\}$ soit l'un des deux plans invariants donnés par $\sqrt{a_1} \Omega_3 = \pm \sqrt{a_3} \Omega_1$.

On a donc une caractérisation simple de la contrôlabilité de notre système a priori complexe. D'un point de vue anecdotique notre calcul prouve que les séparatrices des équations d'Euler libres sont en fait des trajectoires planes.

5.3 Construction géométrique d'une loi de commande dans le problème de contrôle d'attitude et locale contrôlabilité

Dans la section précédente on a caractérisé la contrôlabilité du système en utilisant la stabilité au sens de Poisson des trajectoires du système. Cette approche est peu constructive et la stabilité au sens de Poisson d'un système peut conduire à des temps de transfert longs. Une approche constructive est développée maintenant. Elle utilise le concept de contrôlabilité locale du vecteur vitesse angulaire et la trajectoire géodésique du déplacement du système libre. Pratiquement, elle peut être implémentée avec des contrôles constants par morceaux si $m = 2$ ou $m = 3$. Le cas $m = 3$ correspond à un contrôle complet du système et le cas $m = 2$ décrit le cas où l'un des couples de rétro-fusées tombe en panne, le système conservant encore de bonnes propriétés de contrôlabilité.

Proposition 52. *Pour tous $R_0, R_1 \in SO(3)$ et tout temps $T > 0$, il existe $\Omega_0, \Omega_1 \in \mathbb{R}^3$ tels que la solution du système associée au contrôle nul et issue en $t = 0$ de (R_0, Ω_0) atteigne l'attitude R_1 avec une vitesse angulaire Ω_1, en un temps T.*

Preuve. L'équation différentielle définissant le système libre décrit le mouvement des géodésiques de la structure Riemannienne de $SO(3)$ définie par l'énergie cinétique $L = \frac{1}{2}(I_1\Omega_1^2 + I_2\Omega_2^2 + I_3\Omega_3^2)$. L'espace $SO(3)$ est compact et la structure Riemannienne est complète. D'après le théorème de Hopf-Rinow, tout couple de points de $SO(3)$ peuvent être joints par une géodésique. Comme le système est homogène de degré 2, le temps de transfert peut être choisi aussi petit que l'on veut.

Principe de la commande

La proposition précédente permet de déduire un principe de commande. Supposons pour simplifier que la satellite soit gouverné par trois couples de rétro-fusées, c'est à dire que l'on se place dans le cas $m = 3$. Supposons également que l'on peut faire varier la poussée des rétro-fusées, c'est à dire que les contrôles sont des applications analytiques par morceaux à valeurs dans l'intervalle $[-1, 1]$. Il n'est pas restrictif de considérer la situation où l'on veut transférer le système d'une attitude initiale R_0 à une attitude finale R_1 toutes deux stationnaires, c'est à dire où le système est à vitesse nulle. En effet la vitesse angulaire peut être mise à zéro en utilisant diverses méthodes.

Pour réaliser le changement d'attitude on calcule par exemple de façon numérique une géodésique joignant R_0 à R_1. On force ensuite le système à suivre cette géodésique, en contrôlant la vitesse de parcours sur cette courbe pour réaliser le changement d'attitude dans le temps imposé. Il est intéressant de comparer ce principe de commande à la loi décrite dans [52] fondée sur le théorème d'Euler et où le changement d'attitude de R_0 à R_1 est effectué en forçant le système à tourner autour de l'axe fixe dont la direction Δ est donnée par la direction propre associée à la valeur propre unité de $R_1 R_0^{-1}$. Cette loi revient à forcer le système à se déplacer sur une géodésique de la structure Riemannienne de $SO(3)$ dans le cas où le satellite est sphérique, c'est à dire où les moments d'inertie I_1, I_2 et I_3 sont égaux.

La loi de contrôle que l'on indique est très différente. Elle tient compte de la géométrie du satellite et présente un gain d'énergie important car la totalité de l'énergie consommée est destinée non pas à forcer le système à rester sur la géodésique puisque c'est la trajectoire du système libre, mais à diminuer le temps de transfert. Le reste de cette section exploite ce principe de commande. La possibilité de placer le satellite sur la géodésique est associée au problème de contrôlabilité locale du vecteur vitesse angulaire que l'on va dans un premier temps étudier.

5.4 Locale contrôlabilité

Dans cette section on considère un système de la forme

$$\frac{dq}{dt}(t) = F_0(q(t)) + \sum_{k=1}^{m} u_k(t) F_k(t),$$

où $q(t) \in \mathbb{R}^n$ (étude locale) et le domaine de commande est convexifié, $|u_k| \leqslant 1$. Soit q_0 un équilibre associé au contrôle $u = (u_1, \ldots, u_m) = 0$.

Proposition 53. *Soit*

$$L_1 = Vect\ \{F_k(q_0), \mathrm{ad}\, F_0 F_k(q_0), \ldots, \mathrm{ad}^{n-1} F_0 F_k(q_0) \mid k = 1, \ldots, m\},$$

où l'on note $\mathrm{ad}\, X.Y = [X, Y]$. *Si* $\dim L_1(q_0) = n$, *alors le système est localement contrôlable.*

Preuve. Ce résultat est standard (voir par exemple [46]). En effet introduisons $A = \dfrac{\partial F_0}{\partial q}(q_0)$ et $b_k = F_k(q_0)$. Alors le système linéarisé en q_0 est $\dot{q} = Aq + \sum_{k=1}^{m} u_k b_k$. Un calcul facile montre que $\mathrm{ad}^p F_0 F(q_0) = A^p b_k$ et la condition $L_1 = \mathbb{R}^n$ équivaut donc à la condition que le système linéarisé est contrôlable. Le résultat en découle.

Notre condition signifie que la dérivée de Fréchet de l'application extrémité évaluée le long des trajectoires $q(t) = q_0$ associée au contrôle nul est de rang maximum.

Corollaire 15. *Soit* $q_0 = (R_0, 0)$ *un état d'équilibre du satellite associé à un contrôle nul. Alors la dimension de* $L_1(q_0)$ *est 6 si et seulement si* $m \geqslant 3$ *et le système est localement contrôlable en* q_0.

Lemme 39. *Soit $\dot{\Omega} = Q(\Omega)$ un champ de vecteurs de $\mathbb{R}^n$ où Q est homogène de degré 2. Soit b un vecteur constant. Alors le vecteur $[b, [b, Q]]$ est colinéaire à $Q(b)$.*

Preuve. Cette propriété résulte de la formule de Baker-Campbell-Hausdorff. Notons φ_t le groupe à un paramètre associé au champ de vecteurs b. Le champ $\varphi_t * Q$, image de Q par le difféomorphisme φ_t, est donné en 0 par

$$(\varphi_t * Q)(0) = \sum_{n=,0}^{\infty} \frac{t^n}{n!} \operatorname{ad}^n bQ(0) = [b, [b, Q]]$$

et par interprétation du champ image, le membre de gauche est colinéaire à $Q(b)$.

On en déduit la caractérisation de la locale contrôlabilité pour le satellite rigide.

Proposition 54. *Soit $q_0 = (R_0, 0)$ un état d'équilibre du satellite. Alors le système est localement contrôlable avec seulement deux paires de rétro-fusées à moins que le plan engendré par $\{b_1, b_2\}$ soit l'un des deux plans $a_3\Omega_1^2 - a_1\Omega_3^2 = 0$. Dans ce cas le système n'est pas contrôlable.*

Preuve. Soit P le plan engendré par $\{b_1, b_2\}$. Si P n'est pas un des deux plans invariants par les équations d'Euler libres $\dot{\Omega} = Q(\Omega)$, alors il existe deux droites $\mathbb{R}v_1$ et $\mathbb{R}v_2$ dans ce plan de sorte que $Q(v_1)$ et $Q(v_2)$ aient des directions opposées par rapport à P. En d'autres termes, l'espace vectoriel engendré par $\{b_1, b_2, [b_1, [b_1, Q]], [b_2, [b_2, Q]]\}$ est tout $\mathbb{R}^3$. Clairement (voir par exemple [35]), l'origine $\Omega = 0$ est localement contrôlable. On en déduit aisément en utilisant encore [35] que $(R_0, 0)$ est localement contrôlable.

Remarque 14. L'approche de [35] est fondée sur le principe du maximum d'ordre supérieur et utilise la formule de Baker-Campbell-Hausdorff pour caractériser la contrôlabilité locale. Elle est constructive et conduit en fait à calculer des lois constantes par morceaux, localement stabilisantes. D'un point de vue pratique, on peut aussi calculer la synthèse de la loi optimale associée au temps minimal ou à la minimisation de l'énergie consommée.

On conclut par le résultat suivant de contrôlabilité où la preuve est constructive. On peut implémenter pratiquement la loi de commande avec $m \geqslant 2$, contrairement au théorème 37.

Théorème 38. *Considérons le problème de contrôle d'attitude*

$$\dot{R} = S(\Omega)R, \quad \dot{Q} = Q(\Omega) + \sum_{k=1}^{m} u_k b_k,$$

où les contrôles b_k sont supposés constants par morceaux, à valeurs dans $[-1, 1]$, et $m \geqslant 2$. Si l'origine $\Omega = 0$ est localement contrôlable pour l'équation d'Euler, alors le système est contrôlable.

Preuve. Soient $R_0, R_1 \in SO(3)$. On va montrer que l'on peut transférer $(R_0, 0)$ arbitrairement près de $(R_1, 0)$. Notons $R(t, R_0, \Omega_0)$ et $\Omega(t, \Omega_0)$ la géodésique issue de (R_0, Ω_0). D'après la proposition 52, il existe Ω_0 tel que la géodésique associée au contrôle nul issue de R_0 avec la vitesse Ω_0 transfère le système en R_1 en un temps $T = 1$. Comme l'équation des vitesses est localement contrôlable, pour tout entier n il existe $\lambda_n > 0$ et un contrôle u_n défini sur $[0, 1/n]$ transférant 0 en $\lambda^n \Omega_0$ sans modifier l'attitude. La suite de contrôles donnés par

$$v_n = u_n \text{ sur } [0, 1/n] \text{ et } v = 0 \text{ sur } [1/n, 1/n + 1/\lambda_n]$$

transfère $(R_0, 0)$ en un point (R_n, Ω_n) où $\lim_{n \to \infty}(R_n, \Omega_n) = (R_1, 0)$. Le résultat s'en déduit car si l'équation des vitesses est localement contrôlable en 0, il résulte de la proposition 54 que l'équation des vitesses est contrôlable et le système vérifie la condition du rang.

Le résultat précédent nécessite de calculer la géodésique. Dans la pratique on peut faire des changements d'attitude en utilisant des chemins de $SO(3)$ formés par la concaténation d'arcs géodésiques, en particulier les rotations stationnaires. Ce problème est étudié dans la section suivante.

5.5 Contrôle d'attitude à l'aide de rotations successives

On désigne respectivement par A_1, A_2 et A_3 les matrices

$$\begin{pmatrix} 0 & 0 & 0 \\ 0 & 0 & 1 \\ 0 & -1 & 0 \end{pmatrix}, \quad \begin{pmatrix} 0 & 0 & -1 \\ 0 & 0 & 0 \\ 1 & 0 & 0 \end{pmatrix}, \quad \begin{pmatrix} 0 & 1 & 0 \\ -1 & 0 & 0 \\ 0 & 0 & 0 \end{pmatrix},$$

qui correspondent à des matrices de rotations autour des axes principaux d'inertie et on note $E_1 = (1, 0, 0)$, $E_2 = (0, 1, 0)$ et $E_3 = (0, 0, 1)$, la base canonique, S^2 la sphère de $\mathbb{R}^3$ et $\exp A$ l'exponentielle d'une matrice A.

Lemme 40. *Soit $R \in SO(3)$. Il existe $\chi, \theta, \phi \in [0, 2\pi]$ tels que*

$$R = (\exp \chi A_3)(\exp \theta A_1)(\exp \phi A_3).$$

Preuve. Les trois angles sont en fait les angles d'Euler, mais on va les définir en exploitant le fait que la sphère S^2 coïncide avec l'espace quotient $SO(3)/SO(2)$.

Notons y l'élément $R^{-1} E_3$ de S^2. On peut aller de y à E_3 en suivant sur la sphère la parallèle puis le méridien, c'est-à-dire en effectuant une rotation d'axe E_3 et d'angle $\phi \in [0, 2\pi[$ puis une rotation d'axe E_1 et d'angle $\theta \in [0, 2\pi[$, i.e.

$$E_3 = (\exp \theta A_1)(\exp \phi A_3)y.$$

Le groupe $G = \{\exp -\chi A_3 \mid \chi \in [0, 2\pi]\}$ est le sous-groupe de $SO(3)$ laissant fixe le point E_3 de S^2. Posons $T = (\exp \theta A_1)(\exp \phi A_3)R^{-1}$. Alors $Te_3 = e_3$ et $T \in G$. Donc il existe χ tel que $T = \exp -\chi A_3$, d'où

$$R = (\exp \chi A_3)(\exp \theta A_1)(\exp \phi A_3).$$

Application à la commande

Dans le chemin précédent, on utilise les rotations stationnaires stables autour de E_1 et E_3 mais on peut aussi concaténer des rotations autour des trois axes distincts. En ayant choisi un tel chemin on peut alors construire une loi de commande analogue à celle utilisée dans le théorème 38. La propriété de locale controlabilité des vitesses permet de transférer le système d'une rotation stationnaire à une autre. On présente plus en détails la loi de contrôle utilisable en supposant que le système est contrôlé par deux couples de rétro-fusées ($m = 2$) orientées le long des axes E_1 et E_3, $b_1 = (1, 0, 0)$ et $b_2 = (0, 0, 1)$. Les équations s'écrivent alors

$$\frac{dR}{dt}(t) = \left(\sum_{i=1}^{3} \Omega_i(t) A_i\right) R(t),$$

$$\frac{d\Omega_1}{dt} = a_1 \Omega_2(t) \Omega_3(t) + u_1(t),$$

$$\frac{d\Omega_2}{dt} = a_2 \Omega_1(t) \Omega_3(t),$$

$$\frac{d\Omega_3}{dt} = a_3 \Omega_1(t) \Omega_2(t) + u_2(t).$$

L'équation d'Euler étant contrôlable, on peut se ramener au problème de transfert du système entre les états stationnaires $(R_0, 0)$ et $(R_1, 0)$. On procède de la façon suivante. D'après la décomposition précédente il existe des angles tels que

$$R_1 = (\exp \chi A_3)(\exp \theta A_1)(\exp \phi A_3) R_0.$$

Montrons qu'il existe une loi de commande transférant $(R_0, 0)$ à $(\exp \phi A_3, 0)$. On observe que si $u_1 \equiv 0$, les solutions issues de $(R_0, 0)$ sont celles du système

$$\frac{dR}{dt}(t) = \Omega_3(t) A_3 R(t), \quad \frac{d\Omega_3}{dt} = u_2(t),$$

car $\Omega_1(t) = \Omega_2(t) = 0$. En posant $R(t) = (\exp \phi(t) A_3) R_0$, $\phi(t)$ vérifie

$$\frac{d^2\phi}{dt^2}(t) = u_2(t) \text{ et } \psi(0) = 0.$$

On choisit une commande u_2 pour transférer $(0, 0)$ sur $(0, \phi)$, en utilisant par exemple le problème temps minimal. En itérant le processus on peut bien réaliser le transfert.

Remarque 15. La loi de commande précédente est simple, robuste, car on n'utilise que les rotations stationnaires stables et implémentables avec deux couples. Par contre si on veut faire tourner le satellite d'un angle $\theta = \varepsilon$ petit autour de l'axe E_2, alors les angles d'Euler sont $\phi = \chi = \pi/2$ et $\theta = \varepsilon$ et on doit donc faire basculer deux fois le satellite d'un angle de $\pi/2$ pour opérer un petit changement d'attitude. Cependant on peut en utilisant une loi exploitant la locale contrôlabilité éviter ce grand déplacement.

5.6 Notes et sources

Les résultats sur la contrôlabilité du satellite rigide sont extraits de [7]. L'idée originale d'utiliser la Poisson stabilité pour étudier la contrôlabilité des systèmes non linéaires est due à [48] et la technique d'élargissement est formalisée et utilisée dans [40]. L'utilisation du principe du maximum d'ordre supérieur pour étudier la contrôlabilité locale est une idée de Hermes [35], voir aussi [36] en ce qui concerne son utilisation pour construire une loi de stabilisation locale.

6

Transfert orbital

6.1 Introduction

Un problème important en mécanique spatiale est de transférer un engin soumis à l'attraction terrestre sur une ellipse Keplerienne ou en un point de cette ellipse, pour le problème de rendez-vous avec un autre engin. Ce type de problème classique a été réactualisé avec la technologie des moteurs à poussée faible et continue. L'objectif de ce chapitre est d'appliquer les techniques géométriques à l'analyse du système. Le système libre évoluant dans le domaine elliptique du problème de Kepler, toutes les trajectoires sont périodiques, la contrôlabilité du système peut être caractérisée en calculant des crochets de Lie, d'après la proposition 50 du chapitre précédent. De plus la formule de Baker-Campbell-Hausdorff permet de construire des lois de commande locales. Une méthode simple et efficace pour réaliser le transfert orbital avec des contrôles lisses est la méthode de stabilisation. La représentation du système avec le moment cinétique et le vecteur de Laplace permet de construire une loi de commande stabilisante élégante. On analyse le problème de transfert en temps minimal, qui reste ouvert. On utilise le principe du maximum pour paramétrer les trajectoires optimales. On présente une brève analyse des extrémales, en mettant en particulier l'accent sur l'analyse d'une singularité du problème observée expérimentalement : pour le problème avec poussée faible, le transfert sur une orbite géostationnaire présente une inversion de poussée à un passage au périgée de l'ellipse osculatrice. On applique les conditions du second ordre pour montrer l'optimalité de la trajectoire extrémale transférant le système d'une orbite basse et allongée à l'orbite géostationnaire.

6.2 Modélisation du problème

L'engin spatial est assimilé à un point matériel de masse m, soumis à l'attraction terrestre et à une force de propulsion F. En première approximation, le système s'écrit

$$\ddot{q} = -\mu \frac{q}{r^3} + \frac{F}{m}, \tag{6.1}$$

où q désigne le vecteur position du satellite dans un référentiel IJK dont l'origine est le centre de la terre, et μ est le paramètre d'attraction de la planète. Le système libre $F = 0$ correspond aux équations de Kepler. Pratiquement, la poussée est limitée, $|F| \leqslant F_{\max}$, et on peut changer son orientation. La propulsion se fait par éjection de matière, à vitesse v_e, et il faut rajouter au système l'équation

$$\frac{dm}{dt} = -\frac{|F|}{v_e}. \tag{6.2}$$

Dans le problème à poussée faible, la force de poussée est petite comparée à la force d'attraction. L'état du système est $x = (q, \dot{q})$. Le problème à résoudre est de transférer le système d'un état initial à une orbite donnée (par exemple géostationnaire) pour le problème de transfert orbital, ou en un point de cet orbite.

6.3 Intégrale première de Laplace et intégration des équations de Kepler

Proposition 55. *Considérons l'équation de Kepler $\ddot{q} = -\mu \dfrac{q}{r^3}$. Les quantités suivantes sont conservées au cours du mouvement :*

- $c = q \wedge \dot{q}$ *(moment cinétique) ;*
- $L = -\mu \dfrac{q}{r} + \dot{q} \wedge c$ *(intégrale de Laplace) ;*
- $H(q, \dot{q}) = \dfrac{1}{2}\dot{q}^2 - \dfrac{\mu}{r}$ *(énergie).*

Preuve. La conservation de l'énergie est standard et il en est de même pour le moment cinétique. La conservation du vecteur de Laplace résulte du degré d'homogénéité du potentiel. Prouvons ce résultat. Soit $q(t)$ une courbe différentiable de $\mathbb{R}^3$ et $r(t)$ sa longueur. Puisque $r^2 = q.q$ (produit scalaire), on a $r.\dot{r} = q.\dot{q}$, et si $q \neq 0$ on obtient

$$\frac{d}{dt}\left(\frac{q}{r}\right) = \frac{r\dot{q} - \dot{r}q}{r^2} = \frac{(q.q)\dot{q} - (q.\dot{q})q}{r^3}.$$

Avec $(a \wedge b) \wedge c = (a.c)b - (b.c)a$, il vient

$$\frac{d}{dt}\left(\frac{q}{r}\right) = \frac{(q \wedge \dot{q}) \wedge q}{r^3}.$$

D'où

$$-\mu\frac{d}{dt}\left(\frac{q}{r}\right) = -\mu\frac{(q \wedge \dot{q}) \wedge q}{r^3} = -\mu\frac{c \wedge q}{r^3},$$

et, avec $\ddot{q} = -\mu\dfrac{q}{r^3}$,

$$\mu\frac{d}{dt}\left(\frac{q}{r}\right) = \ddot{q} \wedge c.$$

En intégrant avec c constant, on obtient

$$\mu\left(e + \frac{q}{r}\right) = \dot{q} \wedge c$$

où e est un vecteur constant. On pose $L = \mu e$.

Lemme 41. *On a les relations suivantes entre les intégrales premières :*

1. $L.c = 0$, et si $c \neq 0$, L est contenu dans le plan du mouvement.
2. $L^2 = \mu^2 + 2Hc^2$.

Preuve. Puisque $q.c = 0$, on en déduit $L.c = 0$, d'où 1). Prouvons 2). On a

$$L = -\mu\frac{q}{r} + \dot{q} \wedge c,$$

donc

$$L.L = \mu^2\frac{q.q}{r^2} + (\dot{q} \wedge c).(\dot{q} \wedge c) - 2\mu\frac{q}{r}.(\dot{q} \wedge c).$$

Or $|\dot{q} \wedge c| = |\dot{q}||c||\sin(\theta)|$ où θ est l'angle entre $\dot{q}$ et c, donc

$$(\dot{q} \wedge c)^2 = \dot{q}^2 c^2,$$

car $\dot{q}$ et c sont orthogonaux. D'où

$$L.L = \mu^2 + \dot{q}^2 c^2 - 2\mu\frac{q}{r}.(\dot{q} \wedge c).$$

En utilisant la relation du produit mixte, $q.(\dot{q} \wedge c) = (q \wedge \dot{q}).c = c^2$, il vient

$$L.L = \mu^2 + c^2\left(\dot{q}^2 - 2\frac{\mu}{r}\right) = \mu^2 + 2c^2 H,$$

car $H = \dfrac{1}{2}\dot{q}^2 - \dfrac{\mu}{r}$. D'où le résultat.

Proposition 56. *Si $c = 0$, q et $\dot{q}$ restent alignés sur une droite et il y a collision. Si $c \neq 0$, on a :*

- *si $L = 0$, alors le mouvement est circulaire uniforme ;*
- *si $L \neq 0$ et $H < 0$, alors la trajectoire est une ellipse donnée par*

$$r = \frac{c^2}{\mu + \|L\| \cos(\theta - \theta_0)},$$

où θ_0 est l'angle du périgée ;

- $\dot{q} = \dfrac{c}{c^2} \wedge \left(L + \mu \dfrac{q}{r} \right).$

Preuve. Avec $L = \mu e$, la relation de Laplace s'écrit

$$\mu \left(e + \frac{q}{r} \right) = \dot{q} \wedge c,$$

et en faisant le produit scalaire avec q il vient

$$\mu \left(e.q + r \right) = (\dot{q} \wedge c).q = (q \wedge \dot{q}).c = c.c.$$

On a donc deux cas :

- si $e = 0$, alors $p = \dfrac{c^2}{\mu}$ et le mouvement est circulaire, donc circulaire uniforme d'après la loi des aires ;
- si $e \neq 0$, alors $e.q = |e| r \cos f$, où f est l'angle entre e et q, soit

$$r = \frac{c^2/\mu}{1 + |e| \cos f}.$$

On a donc prouvé 1) et 2) et $|e|$ est l'excentricité de l'ellipse. La relation 3) revient à calculer $\dot{q}$ à partir des équations définissant c et L.

Notations. On introduit les notations suivantes :

- Π : projection $(q, \dot{q}) \mapsto (c, L)$;
- $\Sigma_e = \{(q, \dot{q}) \mid H < 0, \ c \neq 0\}$;
- $D = \{(c, L) \mid c.L = 0, \ c \neq 0, \ |L| < \mu\}$.

Le résultat suivant résulte de nos calculs.

Proposition 57. *1. Σ_e est l'union des orbites elliptiques.*
2. $\Pi(\Sigma_e) = D$ et $\Sigma_e = \Pi^{-1}(D)$.
3. La fibre $\Pi^{-1}(c, L)$ consiste en une unique orbite orientée.

Définition 70. *Σ_e s'appelle le domaine elliptique (resp. domaine 2D-elliptique dans le cas plan).*

6.4 Paramètres orbitaux

Les coordonnées cartésiennes sont mesurées dans un référentiel IJK où IJ est le plan équatorial. Un point matériel sur une orbite Keplerienne est repérable par ses six paramètres orbitaux :

- l'ellipse orientée coupe le plan équatorial en deux points opposés qui forment la ligne des noeuds et l'angle Ω désigne la longitude du noeud ascendant ;
- ω est l'argument du périgée, angle entre l'axe du noeud ascendant et l'axe du périgée ;
- i est l'inclinaison de l'orbite par rapport au plan équatorial et représente l'angle entre K et e ;
- a est le demi-grand axe de l'ellipse et P le paramètre de l'ellipse ;
- e son excentricité ;
- f est l'anomalie vraie, angle entre le point sur l'orbite par rapport à son périgée.

La longitude vraie est l'angle l entre I et q, que l'on écrit par abus de notation $l = \Omega + \omega + f$, exprimant le fait que l'on peut amener I sur q avec trois rotations successives. On note de façon identique la longitude dite cumulée.

Les coordonnées précédentes présentent une singularité dans le cas d'orbites circulaires ou situées dans le plan équatorial. On préfère utiliser des paramètres dits équinoxiaux évitant ces singularités. Ils sont donnés par a, e (vecteur excentricité) colinéaire au vecteur de Lagrange, l et le vecteur h colinéaire à la ligne des nœuds et défini par

$$h_1 = \tan(i/2)\cos(\Omega), \ h_2 = \tan(i/2)\sin(\Omega),$$

qui est nul pour les orbites équatoriales.

On introduit de plus

$$e_1 = |e|\cos\tilde{\omega}, \ e_2 = |e|\sin\tilde{\omega},$$

où $\tilde{\omega}$ est l'angle entre I et e.

6.5 Décomposition de la poussée

Notons F_i les champs de vecteurs $\dfrac{\partial}{\partial \dot{q}_i}$ $i = 1, 2, 3$, identifiés respectivement à I, J, K. La force de propulsion s'écrit

$$F = \sum_{i=1}^{3} u_i F_i,$$

où u_i désigne les composantes cartésiennes du contrôle. La force peut être décomposée dans un repère mobile fixé à l'engin spatial. On en utilise deux particuliers qui sont définis si $q \wedge \dot{q} \neq 0$:

- le repère radial/orthoradial (F_r, F_{or}, F_c),
- le repère tangentiel/normal (F_t, F_n, F_c),

selon que le premier vecteur est orienté le long de la position ou de la vitesse de l'engin. Les deux premiers forment le plan osculateur et le troisième est normal à ce plan et donc colinéaire au vecteur moment cinétique $c = q \wedge \dot{q}$, les trièdres étant orthonormés directs. Le système s'écrit

$$m\ddot{q} = K(q) + \sum_{i=1}^{3} u_i F_i.$$

En particulier, en notant $v = (u_t, u_n, u_c)$ la décomposition de u dans le repère tangentiel/normal, on a $u = R(x)v$, où R est un élément de $SO(3)$, groupe des matrices orthogonales directes, qui représente la matrice de passage du repère cartésien au repère mobile.

6.6 Méthode de variation des constantes

Pour comprendre l'effet de la propulsion, notamment dans le cas d'une poussée faible, on utilise la méthode de variations des constantes de Lagrange. On écrit le système (6.1) sous la forme

$$\dot{x} = F_0(x) + \sum_{i=1}^{3} u_i F_i(x),$$

où F_0 est le champ de Kepler. On pose $x(t) = (\exp tF_0)(y(t))$, où $\exp tF_0$ désigne le groupe à un paramètre obtenu en intégrant les équations de Kepler ; $y(t)$ est alors solution de

$$\dot{y}(t) = G(t, y(t)),$$

où $G(t, y(t))$ est l'image de $Z = \sum_{i=1}^{3} u_i F_i$ par $\exp -tF_0$ et se calcule pour t assez petit par la formule de Baker-Campbell-Hausdorff

$$(d \exp tF_0)(Z) = \sum_{n \geqslant 0} \frac{t^n}{n!} ad^n F_0(Z). \tag{6.3}$$

Un point fondamental est que la méthode de variation des constantes appliquée au problème de Kepler soumis à l'action d'une force perturbatrice conservative $F = \dfrac{\partial R}{\partial q}$ a permis à Lagrange d'introduire des coordonnées symplectiques

$$q = \left(\frac{\mu}{2a}, C = \sqrt{\mu P}, C\cos i \right), \ p = (\tau, \omega, \Omega),$$

où P désigne le paramètre de l'ellipse et τ l'instant de passage au périgée. Les équations du mouvement prennent la forme

$$\dot{q} = \frac{\partial R}{\partial p}, \quad \dot{p} = -\frac{\partial R}{\partial q},$$

qui sont les équations fondamentales de la théorie planétaire de Lagrange. En termes modernes, Lagrange a introduit un systèmes de coordonnées symplectiques formé d'intégrales premières du problème de Kepler. Pour les détails et les applications à la théorie lunaire, voir par exemple [57].

6.7 Représentation du système dans les coordonnées équinoxiales

Pour comprendre l'action de la poussée sur les caractéristiques géométriques des orbites elliptiques, la meilleure représentation est d'utiliser les coordonnées équinoxiales. Dans ce chapitre, on va utiliser les deux systèmes suivants, voir [27, 74, 16] :

- **Système 1**

$$\frac{da}{dt} = \frac{2}{m}\sqrt{\frac{a^3}{\mu}}\frac{B}{A}u_t$$

$$\frac{de_1}{dt} = \frac{1}{m}\sqrt{\frac{a}{\mu}}\frac{A}{D}\left(\frac{2(e_1 + \cos l)D}{B}u_t \right.$$

$$\left. - \frac{2e_1 e_2 \cos l - \sin l(e_1^2 - e_2^2) + 2e_2 + \sin l}{B}u_n \right)$$

$$- \sqrt{\frac{a}{\mu}}\frac{A}{D}e_2(h_1 \sin l - h_2 \cos l)u_c$$

$$\frac{de_2}{dt} = \frac{1}{m}\sqrt{\frac{a}{\mu}}\frac{A}{D}\left(\frac{2(e_2 + \sin l)D}{B}u_t \right.$$

$$\left. + \frac{2e_1 e_2 \sin l + \cos l(e_1^2 - e_2^2) + 2e_1 + \cos l}{B}u_n \right)$$

$$+ \sqrt{\frac{a}{\mu}}\frac{A}{D}e_1(h_1 \sin l - h_2 \cos l)u_c \qquad (6.4)$$

$$\frac{dh_1}{dt} = \frac{1}{m}\sqrt{\frac{a}{\mu}}\frac{A}{D}\frac{C}{2}\cos l u_c$$

$$\frac{dh_2}{dt} = \frac{1}{m}\sqrt{\frac{a}{\mu}}\frac{A}{D}\frac{C}{2}\sin l u_c$$

$$\frac{dl}{dt} = \sqrt{\frac{\mu}{a^3}}\frac{D^2}{A^3} + \frac{1}{m}\sqrt{\frac{a}{\mu}}\frac{A}{D}(h_1 \sin l - h_2 \cos l)u_c$$

avec

$$A = \sqrt{1 - e_1^2 - e_2^2},$$

$$B = \sqrt{1 + 2e_1 \cos l + 2e_2 \sin l + e_1^2 + e_2^2},$$

$$C = 1 + h_1^2 + h_2^2,$$

$$D = 1 + e_1 \cos l + e_2 \sin l.$$

- **Système 2**

$$
\begin{aligned}
\frac{dP}{dt} &= \frac{1}{m}\sqrt{\frac{P}{\mu}}\frac{2P}{W}u_{or} \\
\frac{de_1}{dt} &= \frac{1}{m}\sqrt{\frac{P}{\mu}}\left(\sin l\; u_r + \left(\cos l + \frac{e_1 + \cos l}{W}\right)u_{or} - \frac{Ze_2}{W}u_c\right) \\
\frac{de_2}{dt} &= \frac{1}{m}\sqrt{\frac{P}{\mu}}\left(-\cos l\; u_r + \left(\sin l + \frac{e_2 + \sin l}{W}\right)u_{or} + \frac{Ze_1}{W}u_c\right) \\
\frac{dh_1}{dt} &= \frac{1}{m}\sqrt{\frac{P}{\mu}}\frac{Z}{W}\frac{C}{2}\cos l\; u_c \\
\frac{dh_2}{dt} &= \frac{1}{m}\sqrt{\frac{P}{\mu}}\frac{Z}{W}\frac{C}{2}\sin l\; u_c \\
\frac{dl}{dt} &= \sqrt{\frac{\mu}{P}}\frac{W^2}{P} + \frac{1}{m}\sqrt{\frac{P}{\mu}}\frac{Z}{W}u_c
\end{aligned}
\tag{6.5}
$$

avec

$$C = 1 + h_1^2 + h_2^2,$$

$$W = 1 + e_1 \cos l + e_2 \sin l,$$

$$Z = h_1 \sin l - h_2 \cos l.$$

La relation entre a et P est

$$a = \frac{P}{\sqrt{1 - |e|^2}}.$$

L'apogée r_a et le périgée r_p sont donnés par les relations

$$r_a = a(1 + |e|), \quad r_p = a(1 - |e|).$$

Pour la mise à poste sur une orbite géostationnaire, il faut imposer à l'instant final

$$|e| = 0, \quad |h| = 0.$$

Si on considère que la masse est variable, il faut ajouter l'équation supplémentaire

$\dot{m} = -\delta|u|.$

Pour étudier le problème plan, il suffit d'identifier, dans les équations ci-dessus, le plan du mouvement au plan équatorial (I, J), d'imposer $h = 0$ et d'orienter la poussée dans ce plan, ce qui revient à poser $u_c = 0$. On définit ainsi un problème plan. Le domaine elliptique associé s'appelle le domaine $2D$-elliptique. les trajectoires correspondantes sont orientées positivement par définition si l'inclinaison est nulle.

Enfin un reparamétrage standard est de paramétrer les trajectoires par la longitude l au lieu de t, l'effet de la poussée sur un tour de l'orbite étant mesuré simplement en intégrant les équations de 0 à 2π.

6.8 Coordonnées en rotation

Pour le problème de rendez-vous, le système peut être représenté dans le repère en rotation du problème circulaire restreint. L'effet de cette transformation est de fixer le point terminal. Le référentiel est en rotation autour de l'axe K, et la nouvelle position notée Q vérifie

$$q(t) = (\exp \Omega t K) Q(t),$$

où K est la matrice antisymétrique $\begin{pmatrix} 0 & -1 & 0 \\ 1 & 0 & 0 \\ 0 & 0 & 0 \end{pmatrix}$, et Ω est la vitesse de rotation de la Terre. Les équations écrites avec le formalisme de Lagrange sont corrigées par une force de Coriolis et d'entraînement.

6.9 Le problème de contrôlabilité

6.9.1 Préliminaires

Le système s'écrit en coordonnées cartésiennes

$$\dot{x} = F_0(x) + \varepsilon \sum_{i=1}^{3} u_i F_i(x),$$

où $x = (q, \dot{q})$, $\varepsilon > 0$, et

$$F_0 = \dot{q} \frac{\partial}{\partial q} - \mu \frac{q}{r^3} \frac{\partial}{\partial \dot{q}}, \quad F_i = \frac{\partial}{\partial \dot{q}_i}, \quad i = 1, 2, 3.$$

L'ensemble des contrôles admissibles est l'ensemble $\mathcal{U}$ des applications constantes par morceaux à valeurs dans $U = \{\sum_{i=1}^{n} u_i^2 \leqslant 1\}$. On restreint l'état au domaine elliptique, $x \in \Sigma_e$. Le repère tangentiel/normal est le repère le mieux adapté pour décomposer la poussée pour au moins trois raisons. La première est d'ordre technologique car en pratique il y a des restrictions sur l'angle de la poussée par rapport à F_t, $u \in C_1(\alpha)$ ou $u \in C_1(\alpha) \bigcup -C_1(\alpha)$, où $C_1(\alpha)$ est le cône d'angle α et d'axe F_t. La seconde raison est d'ordre géométrique : la variation de la direction du contrôle au cours d'une orbite doit être mesurée par rapport au vecteur vitesse. Enfin, un effet important et bien étudié en mécanique spatiale est l'effet du frottement F_D de l'atmosphère sur les orbites. Cette force est opposée à la vitesse (relative) de l'engin et son module est donnée par $\frac{1}{2}\rho v^2 S C_D$ où ρ représente la densité atmosphérique.

6.9.2 La structure de l'algèbre de Lie du système

En coordonnées cartésiennes et en décomposant la poussée suivant le repère tangentiel/normal, les champs de vecteurs de dérive et de commande s'écrivent, pour tout $x = (q, \dot{q}) \in \mathbb{R}^6$,

$$F_0(x) = \dot{q}\frac{\partial}{\partial q} - \mu \frac{q}{\|q\|^3}\frac{\partial}{\partial \dot{q}},$$

$$F_t(x) = \frac{\dot{q}}{\|\dot{q}\|}\frac{\partial}{\partial \dot{q}},$$

$$F_c(x) = \frac{q \wedge \dot{q}}{\|q \wedge \dot{q}\|}\frac{\partial}{\partial \dot{q}},$$

$$F_n(x) = F_c(x) \wedge F_t(x) = \frac{(q \wedge \dot{q}) \wedge \dot{q}}{\|q \wedge \dot{q}\| \, \|\dot{q}\|}\frac{\partial}{\partial \dot{q}}.$$

Proposition 58. *Pour tout $x = (q, \dot{q}) \in \mathbb{R}^6$ tel que $q \wedge \dot{q} \neq 0$, on a*

$$Lie_x\{F_0, F_t, F_c, F_n\} = \mathbb{R}^6.$$

De plus,

$$Lie_x\{F_0, F_t, F_c, F_n\}$$
$$= Vect\,\{F_0(x), F_t(x), F_c(x), F_n(x), [F_0, F_c](x), [F_0, F_n](x)\}.$$

Preuve. Un calcul simple des crochets de Lie donne

$$[F_0, F_c](x) = \frac{q \wedge \dot{q}}{\|q \wedge \dot{q}\|}\frac{\partial}{\partial q},$$

$$[F_0, F_n](x) = \frac{(q \wedge \dot{q}) \wedge \dot{q}}{\|\dot{q}\| \, \|q \wedge \dot{q}\|}\frac{\partial}{\partial q} + \frac{\mu \|q \wedge \dot{q}\|}{\|q\|^3 \, \|\dot{q}\|^3}\dot{q}\frac{\partial}{\partial \dot{q}}.$$

On en déduit alors que, pour tout $x \in \mathbb{R}^6$, les vecteurs $F_0(x)$, $F_t(x)$, $F_c(x)$, $F_n(x)$, $[F_0, F_c](x)$, $[F_0, F_n](x)$ sont indépendants.

Afin de définir les politiques de commande géométriques il est important de décrire les algèbres de Lie engendrées par $\{F_0, F_t\}$, $\{F_0, F_n\}$ et $\{F_0, F_c\}$. On a les résultats suivants.

Proposition 59. *Pour tout $x = (q, \dot{q}) \in \mathbb{R}^6$ tel que $q \wedge \dot{q} \neq 0$,*

- *la dimension de $Lie_x\{F_0, F_t\}$ est 4 ;*
- *la dimension de $Lie_x\{F_0, F_n\}$ est 3 ;*
- *la dimension de $Lie_x\{F_0, F_c\}$ est 4 si $L(0) \neq 0$, et 3 sinon.*

Preuve. Il suffit de calculer les crochets de Lie successifs.

1. Pour tout $x = (q, \dot{q}) \in \mathbb{R}^6$ tel que $q \wedge \dot{q} \neq 0$, on a

$$[F_0, F_t](x) = \frac{1}{\|\dot{q}\|} F_0(x) + \frac{\mu(q.\dot{q})}{\|q\|^3 \|\dot{q}\|^2} F_t(x) - 2\mu \frac{(q \wedge \dot{q}) \wedge \dot{q}}{\|q\|^3 \|\dot{q}\|^3} \frac{\partial}{\partial \dot{q}},$$

$$[F_0, [F_0, F_t]](x) = -2\mu \frac{(q \wedge \dot{q}) \wedge \dot{q}}{\|q\|^3 \|\dot{q}\|^3} \frac{\partial}{\partial q} + a_1 F_0(x) + a_2 F_t(x) + a_3 [F_0, F_t](x),$$

$$[F_t, [F_0, F_t]](x) = -\frac{1}{\|\dot{q}\|^2} F_0(x) - \frac{\mu(q.\dot{q})}{\|q\|^3 \|\dot{q}\|^3} F_t(x) + \frac{1}{\|\dot{q}\|} [F_0, F_t](x),$$

$$[F_0, [F_0, [F_0, F_t]]](x) = 0 \bmod F_0, F_t, [F_0, F_t], [F_0, [F_0, F_t]],$$

$$[F_t, [F_0, [F_0, F_t]]](x) = 0 \bmod F_0, F_t, [F_0, F_t], [F_0, [F_0, F_t]],$$

avec

$$a_1 = \frac{\mu(q.\dot{q})}{\|q\|^3 \|\dot{q}\|^3} - \frac{3(q.\dot{q})}{\|q\|^2 \|\dot{q}\|},$$

$$a_2 = -\frac{\mu}{\|q\|^3} + \mu^2 \frac{(q.v)^2 - \|q \wedge \dot{q}\|^2}{\|q\|^6 \|\dot{q}\|^4},$$

$$a_3 = -\frac{\mu(q.\dot{q})}{\|q\|^3 \|\dot{q}\|^2} + \frac{3(q.\dot{q})}{\|q\|^2},$$

d'où le résultat.

2. Pour tout $x = (q, \dot{q}) \in \mathbb{R}^6$ tel que $q \wedge \dot{q} \neq 0$, on a

$$[F_0, F_n](x) = \frac{(q \wedge \dot{q}) \wedge \dot{q}}{\|\dot{q}\| \|q \wedge \dot{q}\|} \frac{\partial}{\partial q} + \frac{\mu \|q \wedge \dot{q}\|}{\|q\|^3 \|\dot{q}\|^3} \dot{q} \frac{\partial}{\partial \dot{q}},$$

$$[F_0, [F_0, F_n]](x) = c_1 F_0(x) + c_2 F_n(x),$$

$$[F_n, [F_0, F_n]](x) = \frac{1}{\|\dot{q}\|^2} F_0(x) - 2\mu \frac{\|q \wedge \dot{q}\|}{\|q\|^3 \|\dot{q}\|^3} F_n(x),$$

avec

$$c_1 = \frac{2 \|q \wedge \dot{q}\|}{\|q\|^3 \|\dot{q}\|^3},$$

$$c_2 = -3\mu^2 \frac{\|q \wedge \dot{q}\|^2}{\|q\|^6 \|\dot{q}\|^4} - \mu \frac{3(q.\dot{q})^2 - 2 \|q\|^2 \|\dot{q}\|^2}{\|q\|^5 \|\dot{q}\|^2},$$

d'où le résultat.

3. Pour tout $x = (q, \dot{q}) \in \mathbb{R}^6$ tel que $q \wedge \dot{q} \neq 0$, on a

$$[F_0, F_c](x) = \frac{q \wedge \dot{q}}{\|q \wedge \dot{q}\|} \frac{\partial}{\partial q},$$

$$[F_0, [F_0, F_c]](x) = -\frac{\mu}{\|q\|^3} F_c(x),$$

$$[F_c, [F_0, F_c]](x) = \|\dot{q}\|^2 F_0 + \frac{(q.\dot{q})((q \wedge \dot{q}) \wedge \dot{q})}{\|q \wedge \dot{q}\|^2 \|\dot{q}\|^2} \frac{\partial}{\partial q},$$

$$+ \left(\frac{\mu q}{\|q\|^3 \|\dot{q}\|^2} + \frac{(q \wedge \dot{q}) \wedge \dot{q}}{\|q \wedge \dot{q}\|^2} \right) \frac{\partial}{\partial \dot{q}},$$

$$[F_0, [F_c, [F_0, F_c]]](x) = 0,$$

$$[F_c, [F_c, [F_0, F_c]]](x) = -\frac{\|q\|^2}{\|q \wedge \dot{q}\|^2} [F_0, F_c](x) - \frac{(q.\dot{q})}{\|q \wedge \dot{q}\|^2} F_c(x),$$

d'où le résultat.

Corollaire 16. *Pour le système restreint au domaine elliptique avec une seule direction de poussée, les orbites sont les suivantes :*

- *direction F_t : l'orbite est le domaine elliptique 2D ;*
- *direction F_n : l'orbite de dimension 3 est l'intersection du domaine elliptique 2D avec $a = a(0)$;*
- *direction F_c : l'orbite est de dimension 4 si $L(0) \neq 0$ (resp. 3 si $L(0) = 0$) et est donnée par $a = a(0)$, $|e| = |e(0)|$.*

Proposition 60. *Pour le système restreint au domaine elliptique, chaque point de l'orbite est accessible.*

Preuve. Dans le domaine elliptique, chaque trajectoire du système libre est périodique et le champ est donc Poisson stable. Le système restreint à une orbite est donc contrôlable, d'après le théorème 35.

Proposition 61. *Soit le système mono-entrée $F_0 + uF_t$, $|u| \leqslant \varepsilon$, restreint au domaine 2D-elliptique. Alors le contrôle $u = 0$ est régulier et l'application extrémité est ouverte.*

Preuve. En effet, on a $\dim\{ak^k F_0 F_t, \ k = 0, \ldots, +\infty\}_{e.v.} = 4$, et le résultat se déduit de la proposition 13.

6.9.3 Les politiques de commande géométrique

En décomposant les coordonnés équinoxiales en $x_1 = (a, e_1, e_2, h) \in \mathbb{R}^5$ et l, le système s'écrit

$$\dot{x}_1 = \sum_{i=1}^{3} u_i G_i(x_1, l), \ \dot{l} = F(x_1) + g(l, x_1)u_3,$$

avec $u_1 = u_t$, $u_2 = u_n$, $u_3 = u_c$.

Le premier sous-système décrivant le problème de transfert orbital est symétrique. Une politique de commande standard utilisée par exemple en robotique [45] est de donner un chemin $\gamma : [0,1] \rightarrow D$ joignant l'orbite initiale à l'orbite finale. La structure de l'algèbre de Lie et la formule de Baker-Campbell-Hausdorff permet d'approcher ce chemin par une trajectoire du système. C'est l'objectif de la suite de ce chapitre. L'approximation peut se faire soit par stabilisation, soit par des trajectoires temps minimales. Le choix du chemin est également crucial et doit se décider par des arguments géométriques. Par exemple pour le transfert d'une orbite basse à l'orbite géostationnaire, un choix géométrique est de réaliser la mise à poste en gardant la ligne des noeuds et la direction du vecteur de Laplace fixes, la politique de commande consistant alors à augmenter le demi-grand axe, arrondir l'ellipse en diminuant l'inclinaison.

6.10 Transfert d'orbite par la méthode de stabilisation

Le système s'écrit

$$\ddot{q} = -\mu \frac{q}{r^3} + \frac{F}{m},$$

et la cible est une orbite elliptique paramétrée par $(c_T, L_T) \in D$. Soit $k > 0$ un poids. Considérons la fonction

$$V(q, \dot{q}) = \frac{1}{2}k|c(q, \dot{q}) - c_T|^2 + \frac{1}{2}k|L(q, \dot{q}) - L_T|^2,$$

où $|\cdot|$ représente la norme euclidienne. On va choisir une poussée F telle que $\frac{d}{dt}V(q, \dot{q}) \leqslant 0$ le long des trajectoires. Dans les coordonnées c et L, le système se projette en les équations

$$\frac{d}{dt}c(q, \dot{q}) = q \wedge \frac{F}{m},$$

$$\frac{d}{dt}L(q, \dot{q}) = F \wedge c(q, \dot{q}) + \dot{q} \wedge \left(q \wedge \frac{F}{m}\right).$$

En notant $\Delta L = L - L_T$ et $\Delta c = c - c_T$, on obtient

$$\frac{d}{dt}V(q, \dot{q}) = \frac{F}{m}.(k\Delta c \wedge q + c \wedge \Delta L + (\Delta L \wedge \dot{q}) \wedge q).$$

Notons

$$W = k\Delta c \wedge q + c \wedge \Delta L + (\Delta L \wedge \dot{q}) \wedge q.$$

Un choix canonique de force à appliquer pour que la condition $\frac{d}{dt}V(q, \dot{q}) \leqslant 0$ soit vérifiée est

$$\frac{F}{m} = -f(q, \dot{q})W,$$

où $f(q, \dot{q}) > 0$ est arbitraire de sorte que

$$\frac{d}{dt}V(q, \dot{q}) = -f(q, \dot{q})W^2.$$

La conclusion résulte d'un théorème sur la stabilité du à LaSalle utilisant la notion d'ensemble ω-limite et d'un calcul explicite d'ensemble invariant pour les trajectoires du système, après bouclage.

6.10.1 Ensemble ω-limite et théorème de stabilité de LaSalle

Définition 71. *Soit $\dot{x} = X(x)$ une équation différentielle lisse sur un ouvert Ω de $\mathbb{R}^n$, et soit $x(t, x_0)$ la solution issue en $t = 0$ de x_0, supposée définie pour $t \geqslant 0$. On dit que y est un point ω-limite s'il existe une suite t_n croissante et tendant vers l'infini lorsque n tend vers l'infini, telle que*

$$x(t_n, x_0) \to y \quad lorsque \quad n \to \infty.$$

On note $\Omega^+(x_0)$ l'ensemble des points ω-limites. Les résultats suivants sont standards (voir [61]).

Proposition 62. *Si $\Omega^+(x_0)$ est non vide et borné, alors $x(t, x_0)$ tend vers $\Omega^+(x_0)$ lorsque t tend vers l'infini.*

Proposition 63. *Si la demi-trajectoire $\{x(t, x_0) \mid t \geqslant 0\}$ est bornée alors $\Omega^+(x_0)$ est non vide et compact.*

Proposition 64. *$\Omega^+(x_0)$ est un ensemble invariant, qui consiste donc en une réunion des trajectoires.*

Proposition 65. *Soit $V : \Omega \to \mathbb{R}$ lisse et $\dot{V} = L_x V$ la dérivée de V le long des solutions. Si $\dot{V} \leqslant 0$ alors pour tout $x_0 \in \Omega$, V est constante sur $\Omega^+(x_0)$.*

Théorème 39 (LaSalle). *Soit K un ensemble compact de Ω, V une fonction lisse telle que $\dot{V}(x) \leqslant 0$, pour tout $x \in K$. Notons $E = \{x \in K \mid \dot{V}(x) = 0\}$, et soit M le plus grand sous-ensemble invariant de E. Alors, pour tout x_0 tel que $x(t, x_0) \in K$, pour tout $t \geqslant 0$, $x(t, x_0)$ tend vers M lorsque $t \to +\infty$.*

Preuve. Puisque V est constante sur $\Omega^+(x_0)$ et que $\Omega^+(x_0)$ est invariant, on a $\dot{V} = 0$ sur $\Omega^+(x_0)$. Donc $\Omega^+(x_0) \in M$. Puisque K est compact, $\Omega^+(x_0) \subset K$ est compact. Or $x(t, x_0) \to \Omega^+(x_0)$ lorsque $t \to +\infty$.

Corollaire 17. *Soit $\dot{x} = X(x)$ une équation différentielle sur $\mathbb{R}^n$ et soit $V : \mathbb{R}^n \to \mathbb{R}$ lisse, bornée inférieurement telle que $V(x) \to +\infty$ quand $|x| \to +\infty$ et telle que que $\dot{V}(x) = L_X V \leqslant 0$, pour tout x. Notons $E = \{x \in \mathbb{R}^n \mid \dot{V}(x) = 0\}$, et M le plus grand sous-ensemble invariant de E. Alors toutes les solutions sont bornées quand $t \to +\infty$ et tendent vers M.*

Preuve. Soit $x_0 \in \mathbb{R}^n$ et posons $V(x_0) = l$. L'ensemble $K_l = \{x \mid V(x) = l\}$ est fermé, borné donc il est compact. Comme $\dot{V} \leqslant 0$, cet ensemble contient aussi $\{x(t, x_0) \mid t \geqslant 0\}$. Soit $E_l = \{x \in K_l \mid \dot{V}(x) = 0\}$ et M_l le plus grand invariant contenu dans E_l, donc $x(t, x_0) \to M_l$ lorsque $t \to +\infty$ et $M_l \subset M$.

6.10.2 Stabilisation des systèmes non linéaires via le théorème de LaSalle : la méthode de Jurdjevic-Quinn

Une des applications importantes des résultats précédents est le théorème de Jurdjevic-Quinn que l'on présente maintenant dans le cas mono-entrée, le cas général étant similaire.

Théorème 40. *Soit un système lisse de $\mathbb{R}^n$ de la forme $\dot{x} = X(x) + uY(x)$ avec $X(0) = 0$. On fait les hypothèses suivantes :*

1. *Il existe $V : \mathbb{R}^n \to \mathbb{R}$, lisse, bornée inférieurement telle que $V(x) \to +\infty$ quand $|x| \to +\infty$ et de plus :*

   a) $\dfrac{\partial V}{\partial x} \neq 0$ sauf en 0.

   b) $L_X V = 0$, i.e. V est une intégrale première de X.

2. *$F(x) = \{X(x), Y(x), [X, Y](x), \ldots, ad^k X.Y(x), \ldots\}_{e.v.} = \mathbb{R}^n$ sauf en $x = 0$.*

Alors le feedback $\hat{u}(x) = -L_Y V(x)$ stabilise globalement et asymptotiquement l'origine.

Preuve. Considérons l'équation différentielle $\dot{x} = X(x) + \hat{u}(x)Y(x)$ où $\hat{u}(x) = -L_Y V(x)$. Puisque $L_X V \equiv 0$, on a

$$\dot{V}(x(t)) = (L_X V + \hat{u} L_Y V)(x(t)) = -(L_Y V(x(t)))^2.$$

D'après le corollaire de la section précédente, $x(t, x_0) \to M$ lorsque $t \to +\infty$, où M est le plus grand ensemble invariant contenu dans $\dot{V} = 0$. On va montrer que $M = \{0\}$. L'ensemble $\dot{V} = 0$ est l'ensemble $L_Y V = 0$ et sur cet ensemble $\hat{u} = 0$. Donc une trajectoire $x(t)$ contenue dans M est solution de $\dot{x} = X(x)$. On a donc

$$\frac{d}{dt} L_Y V = L_X L_Y V = 0$$

le long de $x(t)$. Or on a la relation

$$L_{[X,Y]} = L_Y \circ L_X - L_X \circ L_Y$$

par définition du crochet de Lie et donc

$$L_{[X,Y]} V = L_Y \circ L_X V - L_X \circ L_Y V.$$

Puisque $L_X V \equiv 0$, on obtient

$$(L_{[X,Y]}V)(x(t)) = 0.$$

En dérivant cette relation et en itérant le processus on en déduit

$$L_X V = L_Y V = \ldots = L_{ad^k XY} V = \ldots = 0$$

le long de $x(t)$. Donc

$$M \subset \left\{ x \;\middle|\; \frac{\partial V}{\partial x}(x) \perp \left\{ X(x), Y(x), \ldots, ad^k X.Y(x), \ldots \right\} \right\}.$$

Donc $\dfrac{\partial V}{\partial x} \perp F$, or $F(x) = \mathbb{R}^n$ sauf en 0 et $\dfrac{\partial V}{\partial x}(x) \neq 0$ sauf en $x = 0$. Donc $M = \{0\}$ et le résultat est prouvé.

6.10.3 Démonstration de stabilité asymptotique locale de l'orbite (c_T, L_T) par la méthode de LaSalle

Notons $B_l = \{(c, L) \mid d_k((c, L), (c_T, L_T)) \leqslant l\}$ où d_k est induite par $V = k|c - c_T|^2 + |L - L_T|$ et choisissons l_0 assez petit de sorte que $B_{l_0} \subset D$. Soit $K_{l_0} = \Pi^{-1}(B_{l_0})$ où Π est la projection $(q, \dot{q}) \to (c, L)$. L'ensemble B_{l_0} est le produit fibré des points (c, L) à distance d_k de (c_T, L_T) fois le fibré S^1 difféomorphe à l'ellipse Keplerienne passant par (c, L).

Lemme 42. *L'ensemble K_{l_0} est un ensemble compact.*

En utilisant le théorème de LaSalle, chaque trajectoire du système bouclé issue d'un point $x_0 = (q_0, \dot{q}_0)$ de K_{l_0} va tendre vers M, le plus grand ensemble invariant contenu dans $\dot{V} = 0$. Or $\dot{V} = 0$ équivaut à $W = 0$. On va calculer cet ensemble par une méthode géométrique, ce qui est une variation du calcul algébrique du théorème de Jurdjevic-Quinn. On a donc

$$k\Delta c \wedge q + c \wedge \Delta L + (\Delta L \wedge \dot{q}) \wedge q = 0. \tag{6.6}$$

En faisant le produit scalaire avec q, il vient

$$q.(c \wedge \Delta L) = 0 \;\Leftrightarrow\; \Delta L.(q \wedge c) = 0.$$

La trajectoire $q(t)$ est une ellipse Keplerienne et est contenue dans un plan perpendiculaire à c, $\Pi = \{q(t) \wedge c\}_{e.v.}$, et, avec $\Delta L.(q \wedge c) = 0$, on en déduit que $\Delta L = \lambda c$, où c est un vecteur constant. En reportant dans (6.6), il vient

$$(k\Delta c - \lambda(\dot{q} \wedge c)) \wedge q = 0.$$

Or $L = (\dot{q} \wedge c) - \mu\dfrac{q}{r}$, ce qui entraîne

$$(k\Delta c - \lambda L) \wedge q = 0.$$

Donc le vecteur constant $k\Delta c - \lambda L$ reste parallèle à q, où q décrit une ellipse, donc

$$k\Delta c = \lambda L \iff c_T = c - \frac{\lambda}{k} L.$$

Comme $\Delta L = \lambda c$, il vient

$$L_T = L - \lambda c.$$

On en déduit

$$0 = c_T . L_T = -\lambda \left(c^2 + \frac{L^2}{k} \right),$$

et avec $c \neq 0$, il vient $\lambda = 0$, et en conséquence $c_T = c$, $L_T = L$.

6.10.4 Stabilité globale

La méthode précédente est susceptible de fournir des lois globales pour réaliser le transfert d'une orbite initiale (c_I, L_I) à une orbite finale (c_T, L_T). En effet on réalise le transfert en restant dans le domaine D où $c \neq 0$ et $|L| < \mu$.

On peut observer que le domaine D est connexe par arcs et il existe un chemin $\gamma : [0,1] \to D$ joignant l'orbite initiale (c_I, L_I) à (c_T, L_T). On peut choisir sur l'image de γ un nombre fini $(c_1, L_1), \dots, (c_N, L_N)$ de points intermédiaires, images de temps $t_1 < \dots < t_N$, de sorte que les boules $d_k((c, L), (c_I, L_I)) < l_0$ soient contenues dans D, et que (c_i, L_i) appartienne à la boule de centre (c_{i+1}, L_{i+1}). On transfère alors (c_I, L_I) à (c_T, L_T) en appliquant de façon successive le feedback précédent, en faisant converger vers les points intermédiaires (voir [18]).

Le domaine D est aussi topologiquement très simple et l'on peut redessiner la fonction de Liapunov V pour que, d_V désignant la distance associée, la boule dont le rayon est $d_V((c_I, L_I), (c_T, L_T))$ soit entièrement contenue dans D. C'est l'approche proposée dans [25] où l'on choisit V propre sur D avec $V \to +\infty$ lorsque $c \to 0$, $|L| \to \mu$, les bords du domaine.

6.11 Le principe du maximum et les conditions de transversalité

On rappelle la formulation générale du principe du maximum. On considère un système lisse

$$\dot{x} = f(x, u), \ x \in \mathbb{R}^n,$$

où les variétés initiales et finales sont notées M_0 et M_1. L'ensemble des contrôles admissibles $\mathcal{U}$ est l'ensemble des applications mesurables bornées

$u : [0, T] \rightarrow U$, où U est un sous-ensemble de $\mathbb{R}^m$. A un contrôle $u(t)$ de réponse $x(t)$ sur $[0, T]$, on assigne un coût

$$C(u) = \int_0^T f^0(x(t), u(t)) dt,$$

où f^0 est une fonction lisse. On introduit l'état augmenté

$$\tilde{x}(t) = \begin{pmatrix} x(t) \\ x^0(t) \end{pmatrix} \text{ où } x^0(0) = 0,$$

trajectoire du système augmenté $\dot{\tilde{x}} = \tilde{f}(x, u)$, où $\tilde{f}$ est défini par les équations

$$\dot{x} = f(x, u), \ \dot{x}^0 = f^0(x, u).$$

Soit $\tilde{p} = (p, p_0) \in (\mathbb{R}^n \times \mathbb{R}) \backslash \{0\}$ le vecteur adjoint associé à $\tilde{x}$ et $\tilde{H}$ le hamiltonien

$$\tilde{H}(\tilde{x}, \tilde{p}, u) = \langle \tilde{p}, \tilde{f}(\tilde{x}, u) \rangle.$$

On a le résultat suivant.

Théorème 41. *Soit le système $\dot{x} = f(x, u)$ avec pour ensemble des contrôles admissibles l'ensemble $\mathcal{U}$. Si $u^\star$ est un contrôle optimal sur $[0, T^\star]$ transférant le système de M_0 à M_1, le temps de transfert étant non fixé avec une réponse augmentée $\tilde{x}^\star(t) = (\tilde{x}^\star(t), x^{0\star})$ alors il existe $\tilde{p}^\star(t) = (p^\star(t), p^{0\star}) \neq 0$, absolument continu tel que les équations suivantes soient vérifiées presque partout pour le triplet $(\tilde{x}^\star, \tilde{p}^\star, u^\star)$:*

$$\dot{\tilde{x}}^\star = \frac{\partial \tilde{H}}{\partial \tilde{p}}(\tilde{x}^\star, \tilde{p}^\star, u^\star), \ \dot{\tilde{p}}^\star = -\frac{\partial \tilde{H}}{\partial \tilde{x}}(\tilde{x}^\star, \tilde{p}^\star, u^\star),$$

$$\tilde{H}(\tilde{x}^\star(t), \tilde{p}^\star(t), u^\star(t)) = \max_{u \in U} \tilde{H}(\tilde{x}^\star(t), \tilde{p}^\star(t), u).$$

De plus, on a, pour tout $t \in [0, T^*]$,

$$\max_{u \in U} \tilde{H}(\tilde{x}^\star(t), \tilde{p}^\star(t), u^\star(t)) = 0,$$

et $p^0 \leqslant 0$. Enfin, on a les conditions de transversalité

$$p^\star(0) \perp T_{x^\star(0)} M_0, \ p^\star(T^\star) \perp T_{x^\star(T^\star)} M_1,$$

où $T_x M$ désigne l'espace tangent.

Corollaire 18 (temps minimal). *Considérons le système de $\mathbb{R}^n$, $\dot{x} = f(x, u)$, $u \in \mathcal{U}$, et le problème de transférer le système de M_0 en M_1, en temps minimal. Si $u^\star$ est optimal sur $[0, T^\star]$, de réponse $x^\star$, alors il existe un* *vecteur adjoint $p^\star$ absolument continu tel que, si $H(x,p,u) = \langle p, f(x,u) \rangle$, les équations suivantes sont vérifiées presque partout :*

$$\dot{x}^\star = \frac{\partial H}{\partial p}(x^\star, p^\star, u^\star), \ \dot{p}^\star = -\frac{\partial H}{\partial x}(x^\star, p^\star, u^\star),$$

$$H(x^\star(t), p^\star(t), u^\star(t)) = \max_{u \in U} H(x^\star(t), p^\star(t), u).$$

De plus $\max_{u \in U} H(x^\star(t), p^\star(t), u)$ *est constant positif, et sont vérifiées les conditions de transversalité*

$$p^\star(0) \perp T_{x^\star(0)} M_0, \ p^\star(T^\star) \perp T_{x^\star(T^\star)} M_1.$$

Définition 72. *Une trajectoire $(\tilde{x}(t), \tilde{p}(t), u(t))$ solutions des équations du principe du maximum est dite extrémale.*

6.12 Principe du maximum et problème sous-Riemannien avec dérive

Définition 73. *On appelle problème SR avec dérive le problème du temps minimal pour des systèmes de la forme*

$$\frac{d}{dt} x(t) = F_0(x(t) + \sum_{i=1}^{m} u_i(t) F_i(x(t)),$$

où $x \in \mathbb{R}^n$, et le contrôle $u = (u_1, \ldots, u_m)$ vérifie la contrainte $\sum_{i=1}^{m} u_i^2 \leqslant 1$.

6.12.1 Calcul générique des extrémales

Introduisons les relèvements Hamiltoniens $P_i = \langle p, F_i(x) \rangle$, pour $i = 0, 1, \ldots, m$, et notons Σ la surface dite de commutation définie par

$$\langle p, F_1(x) \rangle = \ldots = \langle p, F_m(x) \rangle = 0.$$

Le Hamiltonien du système est $H = P_0 + \sum_{i=1}^{m} u_i P_i$. La condition de maximisation de H donne en dehors de la surface de commutation Σ la relation

$$u_i = \frac{P_i}{\sqrt{\sum_{i=1}^{m} P_i^2}}, \ i = 1, \ldots, m.$$

En reportant u_i dans H, on obtient le Hamiltonien $\hat{H} = P_0 + \left(\sum_{i=1}^{m} P_i^2\right)^{1/2}$. Les extrémales correspondantes sont dites d'ordre 0. D'après le principe du maximum, les trajectoires optimales sont contenues dans $\hat{H} \geqslant 0$ et celles contenues dans $\hat{H} = 0$ sont dites exceptionnelles.

Proposition 66. *Les extrémales d'ordre 0 sont lisses, le contrôle extrémal est sur le bord du domaine de commande et elles correspondent à une singularité de l'application extrémité $u \mapsto x(t, x_0, u)$, pour la topologie L^∞, avec $u \in S^{m-1}$ la sphère unité.*

Preuve. Le résultat est clair : pour les extrémales d'ordre 0, le maximum de H sur $\sum_{i=1}^{m} u_i^2 \leqslant 1$ est atteint sur le bord $\sum_{i=1}^{m} u_i^2 = 1$. Elles doivent donc en particulier correspondre à une singularité de l'application extrémité pour des variations L^∞, δu de u tells que $u.\delta u = 0$ car on se restreint à des contrôles $u \in S^{m-1}$.

6.12.2 Extrémales brisées et extrémales singulières

Pour construire toutes les extrémales du système, il faut analyser le comportement des extrémales d'ordre 0, au voisinage de la surface de commutation. En particulier on peut concaténer deux arcs d'ordre 0 en un point de Σ à condition de respecter les conditions de Weierstrass-Erdmann

$$p(t_1^+) = p(t_1^-), \; H(t_1^+) = H(t_1^-),$$

où t_1 est le temps à la traversée. Ces conditions résultent du principe du maximum, mais la condition de conservation du Hamiltonien n'est pas nécessaire par des variations L^∞ du contrôle de référence. Les extrémales singulières sont contenues dans la surface Σ et vérifient les relations $P_i = 0$ pour $i = 1, \ldots, m$. Soit $z(t) = (x(t), p(t))$. Les courbes $t \mapsto P_i(z(t))$, $i = 1, \ldots, m$ sont absolument continues, et en dérivant il vient

$$\dot{P}_i = \{P_i, P_0\} + \sum_{j \neq i} u_j \{P_i, P_j\}, \; i = 1, \ldots, m. \tag{6.7}$$

On note D la distribution Vect $\{F_1(x), \ldots, F_m(x)\}$.

Proposition 67. *On peut raccorder toute extrémale d'ordre 0 convergeant vers un point $z_0 = (x_0, *)$ de Σ avec toute extrémale d'ordre 0 issue d'un point z_0 de Σ, pour former une extrémale, et le Hamiltonien vaut P_0 au point de jonction. Si $[D, D](x_0) \subset D(x_0)$, le vecteur $(P_1, \ldots, P_m)$ reste C^1 au point de jonction.*

Preuve. La première condition est claire car le raccordement est C^0 et $H = P_0 + \sum_{i=1}^{m} u_i P_i = P_0$ si $P_i = 0$. En un point de Σ, $p \in D^\perp$ et si $[D, D](x_0) \subset D(x_0)$, la relation (6.7) implique $\dot{P}_i = \{P_i, P_0\}$, $i = 1, \ldots, m$ pour $P_j = 0$, $j = 1, \ldots, m$ et P_i reste C^1.

6.12.3 La Π-singularité et son modèle nilpotent

On va analyser le comportement des extrémales d'ordre 0, au voisinage de la surface de commutation. On se limite au cas $m = 2$, et le système s'écrit

$\dot{x} = F_0(x) + u_1 F_1(x) + u_2 F_2(x)$. Le Hamiltonien est $H = P_0 + u_1 P_1 + u_2 P_2$, et pour les extrémales d'ordre 0, le contrôle est donné par

$$u_1 = \frac{P_1}{\sqrt{P_1^2 + P_2^2}}, \quad u_2 = \frac{P_2}{\sqrt{P_1^2 + P_2^2}}.$$

Elles correspondent à des singularités de l'application extrémité en paramétrant les contrôles tels que $u_1^2 + u_2^2 = 1$ par $u_1 = \cos\alpha$ et $u_2 = \sin\alpha$.

Le système (6.7) prend la forme

$$\begin{aligned}
\dot{P}_1 &= \{P_1, P_0\} + u_2\{P_1, P_2\}, \\
\dot{P}_2 &= \{P_2, P_0\} - u_1\{P_1, P_2\}.
\end{aligned} \tag{6.8}$$

On fait un éclatement en coordonnées polaires,

$$P_1 = r\cos\theta, \quad P_2 = r\sin\theta,$$

et le système (6.8) s'écrit

$$\dot{\theta} = -\frac{1}{r}\left(\{P_1, P_2\} + \sin\theta\{P_1, P_0\} - \cos\theta\{P_2, P_0\}\right), \tag{6.9}$$

$$\dot{r} = \cos\theta\{P_1, P_0\} + \sin\theta\{P_2, P_0\}. \tag{6.10}$$

Une approximation nilpotente est de choisir les champs de vecteurs F_0, F_1 et F_2 de sorte que tous les crochets de longueur $\geqslant 3$ soient nuls. En dérivant, il vient alors

$$\frac{d}{dt}\{P_1, P_2\} = \{\{P_1, P_2\}, P_0\} + u_1\{\{P_1, P_2\}, P_1\} + u_2\{\{P_1, P_2\}, P_2\} = 0,$$

et de même, $\dfrac{d}{dt}\{P_1, P_0\} = \dfrac{d}{dt}\{P_2, P_0\} = 0$. Pour une extrémale donnée, on peut donc poser

$$\{P_1, P_2\} = b, \quad \{P_1, P_0\} = a_1, \quad \{P_2, P_0\} = a_2,$$

où a_1, a_2, b sont des constantes.

Le système(6.9)-(6.10) peut être intégré en reparamétrant le temps, par exemple en posant $ds = \dfrac{dt}{r}$. Les trajectoires passant par Σ avec une pente bien déterminée sont données en résolvant l'équation $\dot{\theta} = 0$.

Plaçons nous en un point dit d'ordre un où l'un des crochets de Poisson $\{P_1, P_0\}$ ou $\{P_2, P_0\}$ est non nul. En posant $F_2' = \cos\alpha F_1 + \sin\alpha F_2$, on a

$$\{P_2', P_0\} = \cos\alpha\{P_1, P_0\} + \sin\alpha\{P_2, P_0\}.$$

On peut donc imposer $\{P_2, P_0\} = 0$, quitte à faire une rotation. La condition $\dot{\theta} = 0$ donne

$$\{P_1, P_2\} + \sin\theta\{P_1, P_0\} = 0,$$

avec $\{P_1, P_0\} \neq 0$. Pour analyser les trajectoires convergeant vers ou issues de $P_1 = P_2 = 0$, on doit donc résoudre $b + a_1 \sin\theta = 0$, avec $a_1 \neq 0$.

L'équation admet deux racines $\theta_0 < \theta_1$ sur $[0, 2\pi[$, si et seulement si $|b/a_1| < 1$ et $\theta_0 = 0, \theta_1 = \pi$, si et seulement si $b = 0$. En un point où $[D, D] \subset D$, on a nécessairement $b = 0$.

Par ailleurs, on vérifie aisément que si $\theta_0 \neq \theta_1$, alors $\cos\theta_0$ et $\cos\theta_1$ sont de signes opposés. On a donc une trajectoire qui arrive exactement en $P_1 = P_2 = 0$ et une trajectoire qui part de ce point.

Définition 74. *Le cas nilpotent consiste à choisir un système en dimension 6 où les champs de vecteurs $F_0, F_1, F_2, [F_0, F_1], [F_0, F_2]$ et $[F_1, F_2]$ sont indépendants.*

En posant $P_1 = r\cos\theta$, $P_2 = r\sin\theta$, on a le résultat suivant.

Proposition 68. *Dans le modèle nilpotent générique en dimension 6, les extrémales se projettent en*

$$\dot\theta = -\frac{1}{r}\left(b + a_1 \sin\theta - a_2 \cos\theta\right),$$

$$\dot r = a_1 \cos\theta + a_2 \sin\theta,$$

où a_1, a_2, b, sont des paramètres constants donnés par $b = \{P_1, P_2\}$, $a_1 = \{P_1, P_0\}$, $a_2 = \{P_2, P_0\}$. Le modèle nilpotent générique involutif $[D, D] \subset D$ est de dimension 5 et les extrémales vérifient les équations précédentes avec $b \equiv 0$. Le vecteur adjoint est orienté avec la condition $H \geqslant 0$.

Définition 75. *Dans le cas involutif où $[D, D] \subset D$, lors de la traversée de Σ le contrôle tourne instantanément d'un angle π et la singularité correspondante s'appelle la π-singularité.*

6.12.4 Application à la dimension 4

On applique la résolution locale de la π-singularité pour analyser le cas d'un système de la forme

$$\frac{dx}{dt}(t) = F_0(x(t)) + \sum_{i=1}^{2} u_i(t) F_i(x(t)),$$

où $x \in \mathbb{R}^4$ et $[D, D] \subset D$.

Notations. On dit que le système de $\mathbb{R}^4$ est régulier si

$$\mathrm{rang}(F_1(x), F_2(x), [F_1(x), F_0(x)], [F_2(x), F_0(x)]) = 4$$

en tout point x. Soit x un élément de $\mathbb{R}^4$. Il existe donc un vecteur $\lambda(x) = (\lambda_1(x), \lambda_2(x))$ tel que

$$F_0(x) = \lambda_1(x)[F_1(x), F_0(x)] + \lambda_2(x)[F_2(x), F_0(x)] \quad \text{modulo } D(x).$$

Notons $a = (a_1, a_2)$ les directions du vecteur adjoint p telles que $P_1 = P_2 = 0$ et $a_1 = \{P_1, P_0\}$, $a_2 = \{P_2, P_0\}$.

Proposition 69. *Dans le cas régulier, les seules discontinuités correspondent à des π-singularités. En tout point, il existe des politiques extrémales où le contrôle tourne instantanément d'un angle π dans les directions données par $\langle \lambda, a \rangle \geqslant 0$, l'extrémale traversant le lieu de commutation en un seul sens, sauf dans le cas exceptionnel $\langle \lambda, a \rangle = 0$.*

Preuve. Dans le cas régulier, les conditions $P_1 = P_2 = \{P_1, P_0\} = \{P_2, P_0\} = 0$ impliquent $p = 0$ et les seules discontinuités sont associées à des π-singularités. Lors de la traversée de la surface de commutation on a $P_1 = P_2 = 0$ et $H = P_0$. On en déduit

$$P_0 = \lambda_1(x)\{P_1, P_0\} + \lambda_2(x)\{P_2, P_0\},$$

et $H \geqslant 0$ impose $\langle \lambda, a \rangle \geqslant 0$. Le cas exceptionnel correspond à $H = 0$ et les trajectoires temps maximales vérifient $H \leqslant 0$, soit $\langle \lambda, a \rangle \leqslant 0$. Le sens de la traversée est donnée par l'équation

$$\dot{r} = a_1 \cos \theta + a_2 \sin \theta,$$

où l'angle θ est solution de $\tan \theta = a_2/a_1$. Le sens de traversée est imposé sauf dans le cas exceptionnel où l'on peut changer p en $-p$, ce qui a pour effet de permuter (a_1, a_2) en $(-a_1, -a_2)$ et d'inverser le sens de traversée.

Proposition 70. *Dans le cas régulier, toutes les trajectoires extrémales sont bang-bang et le nombre de commutations est uniforme sur toute partie compacte de $\mathbb{R}^4$.*

Preuve. En effet, les seules discontinuités correspondent à des π-singularités et les temps de commutation sont isolés. De plus notre résolution de la singularité montre que le nombre de commutations est uniformément borné dans toute direction et donc pour toute partie compacte de l'espace d'état.

Ensemble des états accessibles et sa frontière

Appliquons notre classification des extrémales au problème du temps minimal. Un modèle nilpotent est

$$F_0 = \frac{\partial}{\partial x_3} + x_1 \frac{\partial}{\partial x_3} + x_2 \frac{\partial}{\partial x_4}, \ F_1 = \frac{\partial}{\partial x_1}, \ F_2 = \frac{\partial}{\partial x_2},$$

On en déduit $[F_0, F_1] = \dfrac{\partial}{\partial x_3}$ et $[F_0, F_2] = \dfrac{\partial}{\partial x_4}$, les crochets de longueurs 3 étant nuls. On a

$$F_0 = (1 + x_1)[F_0, F_1] + x_2 \frac{\partial}{\partial x_4} = -[F_1, F_0] \text{ en } 0.$$

En particulier, avec nos notations précédentes, $\lambda(0) = (-1, 0)$, $a = (a_1, a_2)$ avec $a_1 = \{P_1, P_0\}$ et $a_2 = \{P_2, P_0\}$. La condition $\langle \lambda, a \rangle \geqslant 0$ donne, avec

$p = (p_1, p_2, p_3, p_4)$, la condition $p_3 \geqslant 0$, le cas exceptionnel corespondant à $p_3 = 0$.

Le modèle montre l'existence de deux plans $H_1 = (x_1, x_3)$ et $H_2 = (x_2, x_4)$ où le système se décompose en

$$\begin{cases} \dot{x}_3 = 1 + x_1 \\ \dot{x}_1 = u_1 \end{cases}, \quad \begin{cases} \dot{x}_4 = x_2 \\ \dot{x}_2 = u_2 \end{cases}.$$

La synthèse temps minimale, à partir de 0, dans chacun des plans est la suivante. Dans le plan H_1, une trajectoire temps minimale (resp. maximale) est de la forme $\gamma_+\gamma_-$ (resp. $\gamma_-\gamma_+$) et correspond à $u_2 = 0$, $u_1 = \mathrm{signe}(P_1)$, avec $H \geqslant 0$. Dans le plan H_2, la synthèse optimale est donnée par $u_1 = 0$, $u_2 = \mathrm{signe}(P_2)$, l'origine correspond à la direction exceptionnelle et elle est localement contrôlable, la politique temps minimale étant de la forme $\gamma_+\gamma_-$ ou $\gamma_-\gamma_+$. Notre étude montre en particulier le résultat suivant.

Proposition 71. *Il existe des trajectoires extrémales correspondant à une π-singularité qui sont optimales.*

Cela permet de retrouver les résultats observés expérimentalement pour le problème de transfert orbital où il y a un passage au voisinage d'une singularité.

Application au transfert orbital plan

On peut appliquer notre analyse au cas $2D$, le cas $3D$ étant semblable. En supposant la masse constante, le système s'écrit $m\ddot{q} = K(q) + u_1 F_1(q, \dot{q}) + u_2 F_2(q, \dot{q})$, où K est le champ de Kepler, la poussée étant orientée suivant le plan osculateur, par exemple $F_1 = F_r$, $F_2 = F_{or}$. Pour éviter une collision, on doit avoir $\|q\| \geqslant r_T$, où r_T est le rayon de la Terre.

Proposition 72. *Considérons le problème de transfert orbital $2D$. Alors pour chaque couple de points (x_0, x_1) du domaine elliptique, il existe une trajectoire transférant x_0 en x_1. Si r^0 est la distance minimale de la trajectoire, alors il existe une trajectoire temps minimale en imposant $\|q\| \geqslant r^0$. Chaque arc optimal ne rencontrant pas le bord du domaine $\|q\| = r^0$ est bang-bang, concaténation d'arcs d'ordre 0 où la poussée est maximale et les commutations correspondent à des π-singularités.*

Preuve. D'après nos résultats précédents, le système restreint au domaine elliptique est contrôlable. Soit (x_0, x_1) dans ce domaine, et $x(t) = (q(t), \dot{q}(t))$ une trajectoire définie sur $[0, T]$, joignant x_0 à x_1. Donc il existe $r^0 > 0$ tel que $\|q(t)\| \geqslant r^0$ sur $[0, T]$. En imposant la contrainte $\|q(t)\| \geqslant r^0$ aux trajectoires du système, on observe que $q(t)$, $\dot{q}(t)$ sont uniformément bornées. En effet $K(q) \to 0$ quand $\|q\| \to +\infty$, donc $\dot{q}(t)$ est bornée et puisque la poussée est bornée on en déduit que $q(t)$ est bornée. Donc si $\|q\| \geqslant r^0$, les trajectoires sont uniformément bornées. Le domaine de contrôle est de la forme $\|u\| \leqslant \varepsilon$, et il est donc convexe. En appliquant le théorème de Filippov (voir [46]), x_1 est donc accessible à x_0, en temps minimal, avec la contrainte $\|q\| \geqslant r^0$. Chaque solution optimale ne rencontrant pas la frontière $\|q\| = r^0$ est extrémale et le résultat se déduit de notre analyse préliminaire.

Remarque 16. La trajectoire est physiquement réalisable si $r^0 > r_T$. Par ailleurs, une trajectoire optimale peut admettre des arcs frontières où $\|q\| = r^0$ et des arcs non contenus dans le domaine elliptique

Applications numériques

On considère le problème de transfert orbital $2D$, à masse variable. Le système est représenté dans les coordonnées équinoxiales qui séparent en poussée faible la variable rapide (longitude cumulée) des autres variables qui forment les variables lentes. Le contrôle est décomposé dans le repère radial/orthoradial. Le problème plan revient à imposer $h_1 = h_2 = 0$ et $u_c = 0$ dans (6.4). Les équations s'écrivent alors

$$\dot{q} = F_0(q) + \frac{1}{m}(u_r F_r(q) + u_{or} F_{or}(q)) = F(q, m, u),$$
$$\dot{m} = -\delta \|u\|,$$

avec $q = (P, e_1, e_2, l)$ et $\|u\| = \sqrt{u_r^2 + u_{or}^2} \leqslant u_{max}$.

Le Hamiltonien de ce système s'écrit alors

$$H = \langle p, F_0(q) + \frac{1}{m}(u_r F_r(q) + u_{or} F_{or}(q)) \rangle - p_m \delta \|u\|,$$

où $(p, p_m) = (p_P, p_{e_1}, p_{e_2}, p_l, p_m)$ est le vecteur adjoint, le système adjoint étant donné par

$$\dot{p} = -\frac{\partial H}{\partial q}, \quad \dot{p}_m = -\frac{\partial H}{\partial m}.$$

On introduit

$$P_0 = \langle p, F_0 \rangle, \quad P_r = \langle p, F_r \rangle, \quad P_{or} = \langle p, F_{or} \rangle.$$

Le second membre du système est continu seulement par rapport au contrôle u, mais le principe du maximum est encore valide. La masse et la longitude finales sont libres et les conditions de transversalités imposent à l'instant final $p_m = 0$ et $p_l = 0$. On a le résultat suivant.

Lemme 43. *Le long d'une trajectoire optimale,*

1. $u_r P_r + u_{or} P_{or} \geqslant 0$ *et* p_m *est croissant et négatif, avec* $p_m = 0$ *à l'instant final ;*

2. si $\Phi = (P_r, P_{or}) \neq 0$, un contrôle optimal est donné par

$$\hat{u} = (\hat{u}_r, \hat{u}_{or}) = u_{max} \frac{\Phi}{\|\Phi\|}.$$

Preuve. D'après le principe du maximum, les contrôles maximisent le Hamiltonien H, on en déduit que $u_r P_r + u_{or} P_{or} \geq 0$. De plus,

$$\dot{p}_m = -\frac{\partial H}{\partial m} = \frac{1}{m^2}(u_r P_r + u_{or} P_{or}),$$

donc p_m est croissant et la condition de transversalité impose $p_m = 0$ à l'instant final. On en conclut que p_m est toujours négatif. Cela prouve l'assertion 1.

Prouvons l'assertion 2. Supposons que Φ est non nul et que u prend ses valeurs à l'intérieur du domaine $\|u\| \leq u_{max}$. Alors il existe $\lambda > 1$ tel que λu appartienne au domaine et on a $H(\lambda u) > H(u)$, ce qui contredit la condition de maximisation.

On déduit du résultat précédent que pour le système à masse variable, un contrôle optimal est toujours à poussée maximale. La masse est donc donnée par

$$m(t) = m(0) - \delta u_{max} t,$$

où $m(0)$ est la masse initiale.

Les conditions initiales et finales du cahier des charges du CNES sont répertoriées dans le tableau ci-dessous.

	P	e_1	e_2	l	m
condition initiale	11625 km	0,75	0	π	1500 kg
condition finale	42165 km	0	0	libre	libre

et on fait un test numérique pour les paramètres physiques suivants.

μ	δ	u_{max}
398600,49e9 $m^3 s^{-2}$	0,05112e − 3	3 newton

Pour calculer une trajectoire extrémale vérifiant les conditions limites, on se limite numériquement aux extrémales d'ordre 0 où Φ ne s'annule pas et on applique une méthode de tir simple (voir Chap. 9). Les résultats numériques sont présentés sur la figure 6.1.

Commentaires

On observe que le transfert présente deux phases :

- phase 1 : la poussée est orientée dans le sens du vecteur vitesse et est sensiblement colinéaire à ce vecteur au périgée et à l'apogée ;

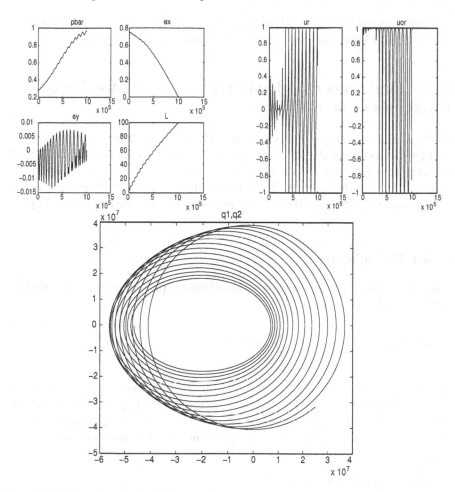

Fig. 6.1. Trajectoire du satellite

- phase 2 : la poussée est orientée dans le sens du vecteur vitesse à l'apogée et dans le sens opposé au périgée.

Le changement de phase correspond à une π-singularité localisée à un périgée. L'interprétation géométrique est la suivante. Si l'on considère le mouvement moyen, la mise à poste se fait en augmentant le demi-grand-axe de l'ellipse et l'excentricité de l'ellipse diminue. En revanche, l'apogée augmente dans la première phase puis diminue dans la seconde phase.

Remarque 17. Dans notre calcul numérique, on se limite aux extrémales d'ordre 0, l'existence d'une π-singularité étant néanmoins détectée dans les simulations numériques par une inversion rapide de la poussée, ce qui est conforme à notre résolution théorique de la singularité. Numériquement, il suffit d'adapter le pas de l'intégration au passage au voisinage de la singularité, ce qui est fait automatiquement avec un intégrateur à pas variable.

6.13 Conditions d'optimalité du second ordre. Points conjugués et points focaux

Cette section est formée de deux parties. Dans la première partie on présente un algorithme déduit de [62] adapté pour tester une condition d'optimalité du second ordre pour un problème SR avec dérive. Dans la seconde partie, cet algorithme est utilisé pour vérifier l'optimalité de la trajectoire extrémale calculée dans la section précédente, pour le problème de transfert (voir Chap. 9).

6.13.1 Préliminaires

On rappelle les résultats suivants. Considérons le problème du temps minimal pour le système

$$\dot{x} = F_0(x) + \sum_{i=1}^{m} u_i F_i(x), \ \sum_{i=1}^{m} u_i^2 \leqslant 1,$$

et $\hat{H}(x,p) = P_0(x) + \left(\sum_{i=1}^{m} P_i^2(x)\right)^{1/2}$, le Hamiltonien correspondant aux extrémales d'ordre 0, associées à des singularités de l'application extrémité, où $u \in S^{m-1}$. Soit (x_0, p_0) une condition initiale et $(x(t, x_0, p_0), p(t, x_0, p_0))$ la solution extrémale associée, notée simplement $z(t)$. Par homogénéité, on peut supposer $p_0 \in S^{n-1}$ et on introduit l'application exponentielle

$$exp_{x_0} : (t, p_0) \mapsto x(t, x_0, p_0).$$

Définition 76. *On note V l'équation aux variations le long de l'extrémale de référence $z(t)$, pour $t \in [0, T]$,*

$$\frac{d}{dt}(\delta z(t)) = \frac{\partial \vec{\hat{H}}}{\partial z}(z(t))\delta z(t). \tag{6.11}$$

Un champ de Jacobi $J(t) = (\delta x(t), \delta p(t))$, est une solution non triviale de l'équation aux variations. Il est dit vertical à l'instant t si $\delta x(t) = 0$. On dit que $t_c \in]0, T]$ est un temps conjugué le long de $z(t)$ s'il existe un champ de Jacobi $J(t)$, vertical en 0 et en t_c. Le point $x(t_c)$ est alors dit conjugué à x_0. On note t_{1c} le premier temps conjugué.

Hypothèses

Soit $z(t) = (x(t), p(t))$ l'extrémale de référence associée à une singularité de l'application extrémité. On fait les hypothèses suivantes.

1. Sur chaque sous-intervalle $[t_0, t_1]$ non vide de $[0, T]$, la codimension de la singularité est 1.
2. L'extrémale est normale : $\hat{H}(z(t)) > 0$.

Le résultat suivant est une conséquence des travaux de [13, 62].

Proposition 73. *Sous les hypothèses précédentes, si $t < t_{1c}$, la trajectoire est optimale pour des contrôles voisins au sens L^∞ du contrôle de référence et n'est plus temps minimale si $t > t_{1c}$.*

Algorithme de calcul

Par définition un temps t_c est conjugué s'il existe un champ de Jacobi $J(t)$ vertical en 0 et en t_c. Soit $(e_1, \ldots, e_{n-1})$ une base de l'espace des $\delta p(0)$ telle que $p.\delta p = 0$, et notons $J_i(t)$, $i = 1, \ldots, n-1$, les champs de Jacobi verticaux en 0 tels que $J_i(0) = (0, e_i)$. Soit $\Pi : (q, p) \mapsto q$ la projection canonique. Formons la matrice $n \times n - 1$: $d\Pi(J_1(t), \ldots, J_{n-1}(t))$. Si t_c est conjugué, alors

$$\text{rang } d\Pi(J_1(t_c), \ldots, J_{n-1}(t_c)) < n - 1,$$

ce qui équivaut dans le cas non exceptionnel à

$$\det(d\Pi(J_1(t_c), \ldots, J_{n-1}(t_c)), \dot{x}(t)) = 0.$$

Considérons maintenant la généralisation au problème du temps minimal avec $x(0) = x_0$ et $x(t) \in M_1$ à l'instant final, où M_1 est une sous-variété régulière. Notons $M_1^\perp = \{(x, p) \mid x \in M_1, p \perp T_x M_1\}$ et soit $z(t) = (x(t), p(t))$, $z(0) = (x(0), p(0))$ une extrémale de référence sur $[0, T]$ vérifiant la condition de transversalité : $z(T) \in M_1^\perp$. On introduit le concept suivant.

Définition 77. *On dit que T est un temps focal s'il existe un champ de Jacobi $J(t) = (\delta x(t), \delta p(t))$ vertical en 0 et tel que $J(T)$ est tangent à $M_1^\perp$.*

6.13.2 Application au transfert orbital plan

Dans la partie précédente, on a calculé numériquement par une méthode de tir une extrémale $z(t)$ transférant le satellite de l'orbite basse et allongée, à l'orbite géostationnaire. L'objet de cette section est de tester numériquement si l'extrémale est optimale pour la topologie L^∞ sur les contrôles. Pour le problème de transfert la variété terminale M_1 est définie par : m et l libres à l'instant final, et l'on doit donc tester un point focal. Pour une raison géométrique, on va relaxer la condition terminale sur la longitude dans le test du point focal. D'après les conditions de transversalité, on a donc à l'instant final $\delta p_m = 0$, $\delta_m = 0$. L'équation aux variations se décompose en

$$\delta\dot{q} = \frac{\partial\hat{H}}{\partial p\partial q}\delta q + \frac{\partial\hat{H}}{\partial p\partial m}\delta m + \frac{\partial\hat{H}}{\partial^2 p}\delta p$$

$$\delta\dot{m} = 0$$

$$\delta\dot{p} = -\frac{\partial\hat{H}}{\partial^2 q}\delta q - \frac{\partial\hat{H}}{\partial q\partial m}\delta m - \frac{\partial\hat{H}}{\partial q\partial p}\delta p \qquad (6.12)$$

$$\delta\dot{p}_m = -\frac{\partial\hat{H}}{\partial m\partial q}\delta q - \frac{\partial\hat{H}}{\partial^2 m}\delta m - \frac{\partial\hat{H}}{\partial m\partial p}\delta p$$

et en utilisant la condition de transversalité, on a donc $\delta m \equiv 0$. Un point focal est donc aussi un point conjugué. De plus l'équation aux variations équivaut à celle associée au problème à masse constante où m est simplement remplacé par $m(t)$. On en déduit l'algorithme suivant.

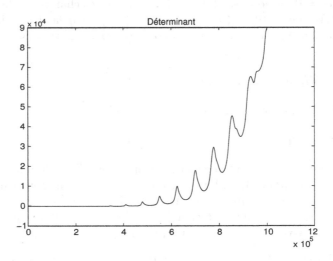

Fig. 6.2. Déterminant

Algorithme, et résultats numériques

Le long d'une extrémale vérifiant nos hypothèses, le premier temps conjugué est le temps pour lequel

$$\det(\delta q_1(t), \ldots, \delta q_3(t), F(q(t), m(t), \hat{u}(t))) = 0,$$

où les δq_i sont obtenus en intégrant le système variationnel avec $\delta m \equiv 0$, et avec pour condition initiale $\delta q_i(0) = 0$ et $\delta p_i(0) = e_i$, où (e_1, e_2, e_3) est une base de l'ensemble des $\delta p(0)$ vérifiant $p_0.\delta p(0) = 0$.

Le déterminant est représenté sur la figure 6.2, montrant que la trajectoire extrémale de référence est sans point conjugué.

6.14 Notes et sources

Pour la modélisation du problème de transfert orbital, voir [74]. Les résultats généraux sur la stabilisation sont extraits de [61], et voir [41] pour le théorème de stabilisation de Jurdjevic-Quinn. Son application au transfert orbital est due à [18] et [25]. Pour la partie contrôle optimal, voir [27] pour des résultats de simulations, et [17] pour une étude géométrique des équations.

7

Principe du maximum de Pontriaguine, principe du maximum avec contraintes sur l'état et synthèses optimales

L'objectif de ce chapitre est d'établir des conditions nécessaires d'optimalité, pour des systèmes sans contrainte sur l'état (principe du maximum classique de Pontriaguine), puis avec contraintes sur l'état, applicables aux problèmes de rentrée atmosphérique ou de transfert orbital. En effet dans le problème de rentrée, il y a des contraintes sur le flux thermique, l'accélération normale ou la pression dynamique. Pour le problème de transfert, dans le cas des systèmes à poussée faible, lorsque l'engin spatial entre dans la zone d'ombre, l'alimentation électrique du moteur est coupée, ce qui se traduit par des lois de réfraction sur la politique optimale qui peuvent se calculer avec un principe du maximum avec contraintes. Les conditions d'optimalité sont obtenues via des principes du maximum, la contrainte sur l'état pouvant être pénalisée de plusieurs façons dans le Hamiltonien.

Tout d'abord, on énonce puis on démontre le principe du maximum de Pontriaguine, pour des problèmes de contrôle optimal sans contrainte sur l'état.

Ensuite, on présente un principe du maximum avec contraintes sur l'état. On a choisi d'en faire une présentation heuristique, pour obtenir des conditions simples et applicables à notre situation. Le premier résultat concerne les travaux de Weierstrass. On présente ensuite la théorie de Kuhn-Tucker dont la version en dimension infinie permet d'obtenir les conditions nécessaires recherchées que forment le principe du minimum de Maurer. Enfin on construit sous des hypothèses génériques, la synthèse optimale en dimension 2 et 3 en utilisant des techniques géométriques.

7.1 Le principe du maximum de Pontriaguine

7.1.1 Enoncé

Le but de cette section est de présenter et de prouver le principe du maximum de Pontriaguine, pour des problèmes de contrôle optimal sans contrainte sur l'état.

Théorème 42. *On considère le système de contrôle dans* $\mathbb{R}^n$

$$\dot{x}(t) = f(x(t), u(t)), \tag{7.1}$$

où $f : \mathbb{R}^n \times \mathbb{R}^m \longrightarrow \mathbb{R}^n$ *est de classe* C^1, *et où les contrôles sont des applications mesurables et bornées définies sur un intervalle* $[0, t_e(u)[$ *de* $\mathbb{R}^+$ *et à valeurs dans* $\Omega \subset \mathbb{R}^m$. *Soient* M_0 *et* M_1 *deux sous-ensembles de* $\mathbb{R}^n$. *On note* $\mathcal{U}$ *l'ensemble des contrôles admissibles* u *dont les trajectoires associées relient un point initial de* M_0 *à un point final de* M_1 *en temps* $t(u) < t_e(u)$.
Par ailleurs on définit le coût d'un contrôle u *sur* $[0, t]$ *par*

$$C(t, u) = \int_0^t f^0(x(s), u(s)) ds, \tag{7.2}$$

où $f^0 : \mathbb{R}^n \times \mathbb{R}^m \longrightarrow \mathbb{R}$ *est* C^1, *et* $x(\cdot)$ *est la trajectoire solution de (7.1) associée au contrôle* u.

On considère le problème de contrôle optimal suivant : déterminer une trajectoire reliant M_0 *à* M_1 *et minimisant le coût, le temps final pouvant être fixé ou non.*

Si le contrôle $u \in \mathcal{U}$ *associé à la trajectoire* $x(\cdot)$ *est optimal sur* $[0, T]$, *alors il existe une application* $p(\cdot) : [0, T] \longrightarrow \mathbb{R}^n \times \mathbb{R}$ *absolument continue appelée vecteur adjoint, et un réel* $p^0 \leqslant 0$, *tels que le couple* $(p(\cdot), p^0)$ *soit non trivial, et tels que, pour presque tout* $t \in [0, T]$,

$$\begin{aligned}
\dot{x}(t) &= \frac{\partial H}{\partial p}(x(t), p(t), p^0, u(t)), \\
\dot{p}(t) &= -\frac{\partial H}{\partial x}(x(t), p(t), p^0, u(t)),
\end{aligned} \tag{7.3}$$

où $H(x, p, p^0, u) = \langle p, f(x, u) \rangle + p^0 f^0(x, u)$ *est le Hamiltonien du système, et on a la condition de maximisation presque partout sur* $[0, T]$

$$H(x(t), p(t), p^0, u(t)) = M(x(t), p(t), p^0), \tag{7.4}$$

où

$$M(x, p, p^0) = \max_{v \in \Omega} H(x, p, p^0, v). \tag{7.5}$$

De plus, $M(x(t), p(t), p^0)$ *est constant sur* $[0, T]$.

Si de plus le temps final pour joindre la cible M_1 n'est pas fixé, alors on a, pour tout $t \in [0, T]$,

$$M(x(t), p(t), p^0) = 0. \tag{7.6}$$

Si de plus M_0 et M_1 (ou juste l'un des deux ensembles) sont des variétés de $\mathbb{R}^n$ ayant des espaces tangents en $x(0) \in M_0$ et $x(T) \in M_1$, alors le vecteur adjoint peut être construit de manière à vérifier les conditions de transversalité aux deux extrémités (ou juste l'une des deux)

$$p(0) \perp T_{x(0)} M_0, \quad p(T) \perp T_{x(T)} M_1. \tag{7.7}$$

Définition 78. *Une extrémale du problème de contrôle optimal est un quadruplet $(x(\cdot), p(\cdot), p^0, u(\cdot))$ solution de (7.3) et (7.4). Si $p_0 = 0$, on dit que l'extrémale est anormale, et si $p^0 \neq 0$ l'extrémale est dite normale. Si de plus les conditions de transversalité sont satisfaites, on dit que l'extrémale est une BC-extrémale.*

Remarque 18. La convention $p^0 \leqslant 0$ conduit au principe du *maximum*. La convention $p^0 \geqslant 0$ conduirait au principe du *minimum*, i.e. la condition (7.4) serait une condition de minimum.

Remarque 19. Dans le cas où $\Omega = \mathbb{R}^m$, i.e. lorsqu'il n'y a pas de contrainte sur le contrôle, la condition de maximum (7.4) devient $\frac{\partial H}{\partial u} = 0$, et on retrouve le principe du maximum faible (théorème 3).

7.1.2 Preuve du principe du maximum

La preuve donnée ici est inspirée de [1, 46]. L'idée est de linéariser le système le long d'une trajectoire optimale et d'utiliser des variations en aiguille du contrôle de référence, définies ci-dessous.

Préliminaires : variations en aiguille, premier cône de Pontriaguine

Soit $(x(t), u(t))$ une trajectoire de référence, solution du système de contrôle

$$\dot{x}(t) = f(x(t), u(t)) \tag{7.8}$$

sur $[0, T]$. On pose $x_0 = x(0)$.

Définition 79. *Soient $t_1 \in]0, T]$ et $u_1 \in \Omega$. Pour $\eta_1 > 0$ assez petit, on définit la variation en aiguille $\pi_1 = \{t_1, \eta_1, u_1\}$ du contrôle u par*

$$u_{\pi_1}(t) = \begin{cases} u_1 & \text{si } t \in [t_1, t_1 + \eta_1], \\ u(t) \text{ sinon.} \end{cases}$$

On note $x_{\pi_1}(t)$ la solution de (7.8) associée au contrôle (admissible) $u_{\pi_1}(t)$, telle que $x_{\pi_1}(0) = x_0$.

Notons que $x_{\pi_1}(\cdot)$ converge uniformément vers $x(\cdot)$ sur $[0,T]$ lorsque η_1 tend vers 0.

On dit que t_1 un *point de Lebesgue* de $[0,T]$ si

$$\lim_{h \to 0} \frac{1}{h} \int_{t_1}^{t_1+h} f(x(t),u(t))dt = f(x(t_1),u(t_1)).$$

On rappelle que presque tout point de $[0,T]$ est un point de Lebesgue.

Définition 80. *Soit t_1 un point de Lebesgue de $[0,T[$, et soit $u_{\pi_1}(t)$ une variation en aiguille de $u(t)$, avec $\pi_1 = \{t_1, \eta_1, u_1\}$. Pour tout $t \in [t_1, T]$, on définit le vecteur de variation $v_{\pi_1}(t)$ comme solution sur $[t_1, T]$ du problème de Cauchy*

$$\dot{v}_{\pi_1}(t) = \frac{\partial f}{\partial x}(x(t),u(t))v_{\pi_1}(t), \tag{7.9}$$

$$v_{\pi_1}(t_1) = f(x(t_1),u_1) - f(x(t_1),u(t_1)). \tag{7.10}$$

Lemme 44. *Soit t_1 un point de Lebesgue de $[0,T[$, et soit $u_{\pi_1}(t)$ une variation en aiguille de $u(t)$, avec $\pi_1 = \{t_1, \eta_1, u_1\}$. Alors*

$$x_{\pi_1}(T) = x(T) + \eta_1 v_{\pi_1}(T) + o(\eta_1). \tag{7.11}$$

Preuve. Par définition, de u_{π_1} et x_{π_1}, on a $x_{\pi_1}(t_1) = x(t_1)$. Donc,

$$x_{\pi_1}(T) = x(t_1) + \int_{t_1}^{t_1+\eta_1} f(x_{\pi_1}(t),u_1)dt + \int_{t_1+\eta_1}^{T} f(x_{\pi_1}(t),u(t))dt.$$

Par définition d'un point de Lebesgue, on a

$$\int_{t_1}^{t_1+\eta_1} f(x_{\pi_1}(t),u_1)dt = \eta_1 f(x(t_1),u_1) + o(\eta_1),$$

et

$$\int_{t_1+\eta_1}^{T} f(x_{\pi_1}(t),u(t))dt = \int_{t_1}^{T} f(x_{\pi_1}(t),u(t))dt - \int_{t_1}^{t_1+\eta_1} f(x_{\pi_1}(t),u(t))dt$$

$$= \int_{t_1}^{T} f(x_{\pi_1}(t),u(t))dt - \eta_1 f(x(t_1),u(t_1)) + o(\eta_1),$$

car $x_{\pi_1}(t_1) \to x(t_1)$ lorsque $\eta_1 \to 0$. On en déduit que

$$x_{\pi_1}(T) = x(t_1)+\eta_1(f(x(t_1),u_1)-f(x(t_1),u(t_1)))+\int_{t_1}^{T} f(x_{\pi_1}(t),u(t))dt+o(\eta_1).$$

Par ailleurs,

$$x(T) = x(t_1) + \int_{t_1}^{T} f(x(t),u(t))dt,$$

d'où

$$\frac{x_{\pi_1}(T) - x(T)}{\eta_1} = v_{\pi_1}(t_1) + \frac{1}{\eta_1} \int_{t_1}^{T} (f(x_\pi(t), u(t)) - f(x(t), u(t)))dt.$$

Par ailleurs, d'après (7.9),

$$v_{\pi_1}(T) = v_{\pi_1}(t_1) + \int_{t_1}^{T} \frac{\partial f}{\partial x}(x(t), u(t))v_{\pi_1}(t)dt.$$

Par différence, on déduit facilement du lemme de Gronwall que le quotient $\frac{x_{\pi_1}(T) - x(T)}{\eta_1}$ admet une limite lorsque $\eta_1 \to 0$, $\eta_1 > 0$, et cette limite est égale à $v_{\pi_1}(T)$.

Remarque 20. Le signe de η_1 est important. En effet, pour η_1 de signe quelconque, si on définit la perturbation $\pi_1 = \{t_1, \eta_1, u_1\}$ par

$$u_{\pi_1}(t) = \begin{cases} u_1 & \text{si} \quad t \in [t_1, t_1 + \eta_1] \text{ et si } \eta_1 > 0, \\ u_1 & \text{si} \quad t \in [t_1 + \eta_1, t_1] \text{ et si } \eta_1 < 0, \\ u(t) & \text{sinon}, \end{cases}$$

alors

$$x_{\pi_1}(T) = x(t_1) + |\eta_1|(f(x(t_1), u_1) - f(x(t_1), u(t_1))) + \int_{t_1}^{T} f(x_{\pi_1}(t), u(t)dt.$$

En particulier, la fonction $\eta_1 \mapsto x_{\pi_1}(T)$ est dérivable à droite et à gauche en $\eta_1 = 0$, mais n'est pas dérivable en ce point.

Remarque 21. Pour tout $\alpha > 0$, la variation $\{t_1, \alpha\lambda_1, u_1\}$ engendre le vecteur de variation $\alpha v_{\pi_1}(t)$. Par conséquent, l'ensemble des vecteurs de variation au temps t forment un cône de sommet $x(t)$ dans l'espace tangent.

Définition 81. *Pour tout $t \in]0, T]$, on appelle cône tangent de au temps t, ou premier cône de Pontriaguine au temps t, noté $K(t)$, le plus petit cône convexe fermé dans l'espace tangent au point $x(t)$ contenant tous les vecteurs de variation $v_{\pi_1}(t)$ pour tous les points de Lebesgue t_1 tels que $0 < t_1 < t$.*

Par récurrence immédiate, le lemme 44 se généralise de la manière suivante.

Lemme 45. *Soient $0 < t_1 < t_2 < \cdots < t_p < T$ des temps de Lebesgue, et $u_1, \ldots, u_p$, des éléments de Ω. Soient $\eta_1, \ldots, \eta_p$, des réels positifs assez petits. On considère les variations $\pi_i = \{t_i, \eta_i, u_i\}$, et on note $v_{\pi_i}(t)$ les vecteurs de variation associés. On définit la variation*

$$\pi = \{t_1, \ldots, t_p, \eta_1, \ldots, \eta_p, u_1, \ldots, u_p\}$$

du contrôle u sur $[0, T]$ par

$$u_\pi(t,) = \begin{cases} u_i & si \quad t_i \leqslant t \leqslant t_i + \eta_i, \quad i = 1, \ldots, p, \\ u(t) & sinon. \end{cases}$$

Soit $x_\pi(t)$ la solution de (7.8) associée au contrôle $u_\pi(t)$ sur $[0, T]$, telle que $x_\pi(0) = x_0$. Alors

$$x_\pi(T) = x(T) + \sum_{i=1}^{p} \eta_i v_{\pi_i}(T) + o\left(\sum_{i=1}^{p} \eta_i\right). \tag{7.12}$$

La formule (7.12) montre que toute combinaison à coefficients positifs de vecteurs de variation (en des temps de Lebesgue distincts) définit le point $x(t) + v_\pi(t)$, où

$$v_\pi(t) = \sum_{i=1}^{p} \lambda_i v_{\pi_i}(t), \tag{7.13}$$

qui appartient, au terme de reste près, à l'ensemble accessible $A(x_0, t)$ en temps t depuis le point x_0 du système (7.8). Ainsi, le premier cône de Pontriaguine $K(t)$ sert d'estimation à l'ensemble accessible $A(x_0, t)$.

Dans la suite, le résultat suivant, basé sur le théorème du point fixe de Brouwer, est crucial (voir [1]).

Lemme 46. *Soit C un cône convexe de $\mathbb{R}^m$ d'intérieur non vide, et F une application lipschitzienne de C dans $\mathbb{R}^n$, telle que $F(0) = 0$. On suppose que F est différentiable en 0 au sens suivant : il existe une application linéaire $F_0' : \mathbb{R}^m \to \mathbb{R}^n$ telle que, pour tout $x \in X$,*

$$\frac{F(\alpha x)}{\alpha} \xrightarrow[\substack{\alpha \to 0 \\ \alpha > 0}]{} F_0' x.$$

On suppose que

$$F_0'.C = \mathbb{R}^n.$$

Alors, pour tout voisinage V de 0 dans $\mathbb{R}^m$, le point 0 appartient à l'intérieur de $F(V \cap C)$.

Remarque 22. Si l'application F est de classe C^1, le résultat du lemme découle immédiatement du théorème des fonctions implicites. Il s'agit ici d'un théorème de point fixe, nécessaire dans la suite de la preuve, compte-tenu de la remarque 20.

Preuve (Preuve du lemme 46). Soient $(y_0, \ldots, y_n)$ une base affine de $\mathbb{R}^n$, telle que $\sum_{i=0}^{n} y_i = 0$. L'application $F_{0|C}'$ étant surjective, il est clair que l'application $F_{0|\overset{\circ}{C}}'$ l'est aussi. Par conséquent, pour tout $i = 0, \ldots, n$, il existe $v_i \in \overset{\circ}{C}$ tel que $F_0' v_i = y_i$. De plus, $v_0, \ldots, v_n$, sont affinement indépendants dans $\mathbb{R}^m$, le vecteur

$$v = \frac{1}{n+1} \sum_{i=0}^{n} v_i$$

appartient à l'intérieur de C et vérifie $F_0' v = 0$. On définit le sous-espace vectoriel de $\mathbb{R}^m$

$$W = \text{Vect}\{v_i - v \mid i = 0, \ldots, n\}.$$

Il est de dimension n. Le vecteur v étant à l'intérieur de C, il existe $\delta > 0$ tel que $v + B_\delta \subset \overset{\circ}{C}$, où $B_\delta = W \cap \bar{B}(0, \delta)$, et $\bar{B}(0, \delta)$ est la boule fermée de centre 0 et de rayon δ dans $\mathbb{R}^m$. Comme $F_0'.v = 0$, on a facilement $F_0' W = \mathbb{R}^n$, et donc l'application $F_{0|W}'$ est inversible de W dans $\mathbb{R}^n$.

Pour tout $\alpha > 0$ assez petit, on définit l'application $G_\alpha : B_\delta \to \mathbb{R}^n$ par

$$G_\alpha(w) = \frac{1}{\alpha} F(\alpha(v + w)).$$

Pour $\alpha = 0$, on pose $G_0(w) = F_0' w$. D'après l'hypothèse de différentiabilité sur F, on a, pour tout $w \in B_\delta$,

$$G_\alpha(w) = F_0'.w + \mathrm{o}(1)$$

lorsque $\alpha \to 0$. En particulier, G_α converge simplement vers F_0' sur B_δ, lorsque α tend vers 0. D'autre part, F étant Lipschitzienne, les applications G_α sont lipschitziennes, avec une constante de Lipschitz indépendante de α, pour $0 \leqslant \alpha \leqslant \alpha_0$, où $\alpha_0 > 0$ est assez petit. En particulier, la famille $(G_\alpha)_{0 \leqslant \alpha \leqslant \alpha_0}$ est équicontinue. On déduit du théorème d'Ascoli que G_α converge uniformément vers G_0 sur B_δ. En particulier, l'application $Id - G_\alpha \circ G_0^{-1} : G_0(B_\delta) \to \mathbb{R}^n$ est uniformément proche de 0. Il existe donc un voisinage U de 0 dans $\mathbb{R}^n$ tel que, pour tout $\bar{x} \in V$, l'application

$$x \mapsto x - G_\alpha \circ G_0^{-1}(x) + \bar{x}$$

envoie $G_0(B_\delta)$ dans lui-même. D'après le théorème du point fixe de Brouwer, il existe un point $x \in G_0(B_\delta)$ tel que

$$x - G_\alpha \circ G_0^{-1}(x) + \bar{x} = x,$$

i.e. $G_\alpha \circ G_0^{-1}(x) = \bar{x}$. En particulier, le point origine 0 appartient à l'intérieur de l'ensemble $G_\alpha \circ G_0^{-1}(B_\delta)$, et donc, 0 appartient à l'intérieur de l'ensemble $F(\alpha(v + B_\delta))$, pour tout $\alpha > 0$ assez petit. La conclusion du lemme s'ensuit puisque $v + B_\delta \subset \overset{\circ}{C}$ par construction.

Preuve du principe du maximum

Prouvons maintenant le principe du maximum. Soit $x(t)$ une trajectoire optimale du système (7.1), pour le coût (7.2), associée au contrôle $u(t)$ sur $[0, T]$, et telle que $x(0) \in M_0$ et $x(T) \in M_1$.

On considère le *système augmenté*

$$\dot{x}(t) = f(x(t), u(t)),$$
$$\dot{x}^0(t) = f^0(x(t), u(t)),$$
(7.14)

que l'on écrit

$$\dot{\tilde{x}}(t) = \tilde{f}(\tilde{x}(t), u(t)),$$

avec $\tilde{x} = (x, x^0)$. Notons que $x^0(T) = C(T, u)$. Ainsi, la coordonnée $x^0(T)$ de la trajectoire du système augmenté correspondant au contrôle optimal $u(t)$ est minimale, et par conséquent le point $\tilde{x}(T)$ appartient à la frontière de l'ensemble accessible $\tilde{A}(x_0, T)$ pour le système augmenté. Notons $\tilde{K}(T)$ le premier cône de Pontriaguine pour le système augmenté. Soit p un entier naturel non nul. On note

$$\mathbb{R}^p_+ = \{(\eta_1, \ldots, \eta_p) \in \mathbb{R}^p \mid \eta_1 \geqslant 0, \ldots, \eta_p \geqslant 0\}.$$

Soient $0 < t_1 < \cdots < t_p < T$ des temps de Lebesgue, et $u_1, \ldots, u_p$, des éléments de Ω. Définissons l'application $F : \mathbb{R}^p_+ \to \mathbb{R}^{n+1}$ par

$$F(\eta_1, \ldots, \eta_p) = \tilde{x}_\pi(T),$$

où π est la variation $\pi = \{t_1, \ldots, t_p, \eta_1, \ldots, \eta_p, u_1, \ldots, u_p\}$, pour le système augmenté (7.14). Cette application est clairement lipschitzienne, et $F(0) = x(T)$. D'après la formule (7.12) du lemme 45, F est différentiable sur le cône $\mathbb{R}^p_+$ au sens du lemme 46.

Raisonnons par l'absurde : si $\tilde{K}(T)$ est égal à $\mathbb{R}^{n+1}$ tout entier, alors il existe un entier p, et des perturbations $\pi_i = \{t_i, \eta_i, u_i\}$, $i = 1, \ldots, p$, telles que

$$\text{Cone}\{v_{\pi_i}(T) \mid i = 1, \ldots, p\} = \mathbb{R}^{n+1}.$$

On déduit de (7.12) que

$$F'_0 \mathbb{R}^p_+ = \mathbb{R}^{n+1}.$$

Mais le lemme 46 implique alors que le point $\tilde{x}(T)$ appartient à l'intérieur de l'ensemble accessible $\tilde{A}(x_0, T)$, ce qui est absurde.

Donc le cône $\tilde{K}(T)$ n'est pas égal à l'espace tangent tout entier au point $\tilde{x}(T)$. Comme il est convexe, il existe un vecteur (ligne) $\tilde{p}_T$ non trivial tel que, pour tout vecteur de variation $\tilde{v}(T)$ de $\tilde{K}(T)$, on ait

$$\tilde{p}_T \tilde{v}(T) \leqslant 0.$$

Soit $\tilde{p}(t)$ (écrit comme vecteur ligne par commodité) la solution sur $[0, T]$ du problème de Cauchy

$$\dot{\tilde{p}}(t) = -\tilde{p}(t) \frac{\partial \tilde{f}}{\partial \tilde{x}}(\tilde{x}(t), u(t)), \quad \tilde{p}(T) = \tilde{p}_T.$$

Notons que, si $\tilde{p} = (p, p^0)$, on obtient (7.3), avec p^0 constant (car la fonction $\tilde{f}$ ne dépend pas de x^0). L'orientation de $\tilde{p}_T$, et le fait que l'on minimise le coût, impliquent que $p^0 \leqslant 0$. D'après les équations

$$\dot{\tilde{p}}(t) = -\tilde{p}(t)\frac{\partial \tilde{f}}{\partial \tilde{x}}(\tilde{x}(t), u(t)), \ \dot{\tilde{v}}(t) = \frac{\partial \tilde{f}}{\partial \tilde{x}}(\tilde{x}(t), u(t))\tilde{v}(t),$$

on a facilement

$$\frac{d}{dt}\tilde{p}(t)\tilde{v}(t) = 0,$$

et donc,

$$\tilde{p}(t)\tilde{v}(t) \leqslant 0,$$

pour tout $t \in [0, T]$.

Raisonnons par l'absurde, et supposons que la condition de maximisation (7.4) soit fausse. Alors, il existe un contrôle admissible u_1 et un sous-ensemble de $[0, T]$ de mesure positive sur lequel

$$H(x(t), p(t), p^0, u(t)) < H(x(t), p(t), p^0, u_1(t)).$$

Soit t_1 un temps de Lebesgue de ce sous-ensemble. On a

$$\tilde{p}(t_1)\tilde{f}(\tilde{x}(t_1), u(t_1)) < \tilde{p}(t_1)\tilde{f}(\tilde{x}(t_1), u_1),$$

avec $u_1 \in \Omega$. Considérons alors le vecteur de variation

$$v_{\pi_1}(t_1) = \tilde{f}(\tilde{x}(t_1), u_1) - \tilde{f}(\tilde{x}(t_1), u(t_1)),$$

pour $\pi_1 = \{t_1, 1, u_1\}$. Selon l'inégalité ci-dessus, on a

$$\tilde{p}(t_1)v_{\pi_1}(t_1) > 0,$$

d'où une contradiction. La condition de maximisation (7.4) est prouvée.

Montrons les conditions de transversalité (7.7). Il suffit de modifier les arguments précédents, en montrant que l'on peut choisir un vecteur adjoint vérifiant les conditions (7.7). On aurait pu le faire directement mais on préfère ici séparer les arguments, par souci de lisibilité. Montrons donc ces conditions en deux temps.

Tout d'abord, en supposant que M_1 seulement soit une variété au point final, montrons la condition de transversalité au temps final. L'argument qui suit est adapté si par exemple l'ensemble initial M_0 est réduit à un point. Supposons que, localement au voisinage du point final $x(T)$, la variété M_1 est de codimension k, et est donnée sous forme implicite $M_1 = \{\Phi = 0\}$, où Φ est définie localement de $\mathbb{R}^n$ dans $\mathbb{R}^k$. Posons alors

$$\tilde{\Phi}(x, x^0) = (\Phi(x), x^0).$$

En reprenant le schéma de preuve précédent, on pose

$$G(\eta_1, \ldots, \eta_p) = \tilde{\Phi} \circ F(\eta_1, \ldots, \eta_p).$$

L'application G est lipschitzienne et différentiable au sens du lemme 46 sur $\mathbb{R}^p_+$, et $G(0) = (0, C(T, u))$. L'optimalité du contrôle u implique que le point $G(0)$ appartient à la frontière de l'ensemble $G(\mathbb{R}^p_+)$, et donc, d'après le lemme 46, $G'_0 \mathbb{R}^p_+$ est strictement inclus dans $\mathbb{R}^{p+1}$. Or, $G'_0 = d\tilde{\Phi}(\tilde{x}(T)) \circ F'_0$. Si l'ensemble $d\tilde{\Phi}(\tilde{x}(T)).\tilde{K}(T)$ était égal à $\mathbb{R}^{k+1}$ entier, alors il existerait un entier p, et des perturbations $\pi_i = \{t_i, \eta_i, u_i\}$, $i = 1, \ldots, p$, telles que

$$d\tilde{\Phi}(\tilde{x}(T)).\mathrm{Cone}\{v_{\pi_i}(T) \mid i = 1, \ldots, p\} = \mathbb{R}^n.$$

D'après (7.12), on aurait alors

$$G'_0 \mathbb{R}^p_+ = \mathbb{R}^n,$$

ce qui est faux. Par conséquent, le cône convexe $d\tilde{\Phi}(\tilde{x}(T)).\tilde{K}(T)$ est strictement inclus dans $\mathbb{R}^{k+1}$. Comme cet ensemble est convexe, il existe $k+1$ réels $\mu_1, \ldots, \mu_{k+1}$, tels que, si on pose

$$\tilde{p}_T = \sum_{i=1}^{k+1} \mu_i \frac{\partial \tilde{\Phi}_i}{\partial x}(\tilde{x}(T)), \tag{7.15}$$

on a $\tilde{p}_T \tilde{v}(T) \leqslant 0$, pour tout vecteur de variation de $\tilde{K}(T)$. La suite de la preuve est alors la même que précédemment. La formule (7.15) conduit immédiatement à la condition de transversalité $p(T) \perp T_{x(T)} M_1$.

Supposons maintenant, dans un deuxième temps, que M_0 et M_1 sont des variétés, et montrons les conditions de transversalité aux temps initial et final. De nouveau, on modifie les arguments précédents, en faisant varier le point initial. Pour p entier, on définit l'application $F = M_0 \times \mathbb{R}^p_+ \to \mathbb{R} \times \mathbb{R}^n$ par

$$F(x_0, \eta_1, \ldots, \eta_p) = \tilde{x}_\pi(T),$$

où $\tilde{x}_\pi(t)$ est la solution du système augmenté (7.14), associée au contrôle u_π comme précédemment, et telle que $\tilde{x}(0) = (x_0, 0)$. On pose ensuite

$$G(x_0, \eta_1, \ldots, \eta_p) = \tilde{\Phi} \circ F(x_0, \eta_1, \ldots, \eta_p),$$

où $\tilde{\Phi}$ est définie ci-dessus. L'optimalité du contrôle u implique que le point $G(x(0), 0) = (0, C(T, u))$ appartient à la frontière de l'ensemble $G(M_0 \times \mathbb{R}^p_+)$. Localement au voisinage du point $x(0)$, on peut supposer que $M_0 = \mathbb{R}^q$. Alors, d'après le lemme 46, le cône convexe $dG(x(0), 0).(T_{x(0)} M_0 \times \mathbb{R}^p_+)$ est strictement inclus dans $\mathbb{R}^{k+1}$. On en déduit, comme précédemment, que le cône convexe

$$d\tilde{\Phi}(\tilde{x}(T)).\left(\mathrm{Im} \frac{\partial F}{\partial x_0}(x(0), 0) + \tilde{K}(T)\right)$$

est strictement inclus dans $\mathbb{R}^{k+1}$. On en déduit l'existence d'un vecteur (ligne) $\tilde{p}_T$ de la forme

$$\tilde{p}_T = \sum_{i=1}^{k+1} \mu_i \frac{\partial \tilde{\Phi}_i}{\partial x}(\tilde{x}(T)),$$

tel que

$$\tilde{p}_T \left(\mathrm{Im} \frac{\partial F}{\partial x_0}(x(0), 0) + \tilde{K}(T) \right) \leqslant 0.$$

Ainsi, d'une part, on a $\tilde{p}_T \tilde{K}(T) \leqslant 0$, et la preuve est la même que précédemment. D'autre part,

$$\tilde{p}_T \, \mathrm{Im} \frac{\partial F}{\partial x_0}(x(0), 0) \leqslant 0,$$

et donc

$$\tilde{p}_T \, \mathrm{Im} \frac{\partial F}{\partial x_0}(x(0), 0) = 0,$$

puisqu'on a un espace vectoriel. Pour tout $x_0 \in M_0$, notons $\tilde{x}(t, x_0)$ la trajectoire du système augmenté (7.14) associée au contrôle optimal u, partant du point x_0. Alors $F(x(0), 0) = \tilde{x}(T, x(0))$. Ainsi, le vecteur adjoint au temps final vérifie

$$\tilde{p}(T) \frac{\partial \tilde{x}}{\partial x_0}(T, x(0)) = 0.$$

Or, $\tilde{x}(t, x_0)$ vérifie l'équation différentielle

$$\frac{\partial \tilde{x}}{\partial t}(t, x_0) = \tilde{f}(x(t, x_0), u(t)),$$

donc

$$\frac{\partial}{\partial t} \frac{\partial \tilde{x}}{\partial x_0}(t, x_0) = \frac{\partial \tilde{f}}{\partial x}(x(t, x_0), u(t)) \frac{\partial \tilde{x}}{\partial x_0}(t, x_0),$$

d'où clairement

$$\frac{d}{dt} \tilde{p}(t) \frac{\partial \tilde{x}}{\partial x_0}(t, x_0) = 0,$$

presque partout sur $[0, T]$. On en déduit que

$$\tilde{p}(0) \frac{\partial \tilde{x}}{\partial x_0}(0, x(0)) = 0,$$

i.e. $\tilde{p}(0) \perp T_{x(0)} M_0$.

Montrons à présent que l'application $t \mapsto M(x(t), p(t), p^0)$ est absolument continue et de dérivée nulle presque partout sur $[0, T]$. Le contrôle u étant borné, il existe un sous-ensemble compact U de $\mathbb{R}^m$, contenu dans Ω, tel que $u(t) \in U$, pour tout $t \in [0, T]$. Posons

$$m(x, p, p^0) = \max_{v \in U} H(x, p, p^0, v).$$

Il est bien clair que

$$M(x(t), p(t), p^0) = m(x(t), p(t), p^0)$$

presque partout sur $[0, T]$. Montrons qu'en fait cette égalité est valable partout sur $[0, T]$. D'une part, par construction $M(x, p, p^0) \geqslant m(x, p, p^0)$. D'autre part, la fonction $t \mapsto M(x(t), p(t), p^0)$ est semi-continue inférieurement (comme maximum de fonctions continues), donc, pour tout $t \in [0, T]$, et tout $\varepsilon > 0$, on a

$$M(x(t_1), p(t_1), p^0) \leqslant M(x(t), p(t), p^0) + \varepsilon,$$

lorsque t_1 est suffisamment proche de t. Puisqu'on a l'égalité $M(x(t), p(t), p^0) = m(x(t), p(t), p^0)$ presque partout sur $[0, T]$, on en déduit que $M(x(t), p(t), p^0) \leqslant m(x(t), p(t), p^0)$ pour tout $t \in [0, T]$, d'où l'égalité.

Par ailleurs, f étant C^1 et U compact, on voit facilement que l'application $t \mapsto m(x(t), p(t), p^0)$ est lipschitzienne sur $[0, T]$. Soit τ un point de $[0, T]$ en lequel les applications $t \mapsto m(t) = m(x(t), p(t), p^0)$, $t \mapsto x(t)$, et $t \mapsto p(t)$ sont dérivables (presque tout point de $[0, T]$ vérifie cette propriété). Pour $t > \tau$, on a

$$m(t) \geqslant H(x(t), p(t), p^0, u(\tau)),$$

et donc, en écrivant

$$\begin{aligned}
m(t) - m(\tau) \geqslant\ & H(x(t), p(t), p^0, u(\tau)) - H(x(t), p(\tau), p^0, u(\tau)) \\
& + H(x(t), p(\tau), p^0, u(\tau)) - H(x(\tau), p(\tau), p^0, u(\tau)),
\end{aligned}$$

on en déduit que

$$\begin{aligned}
\dot{m}(\tau) = \lim_{t \to \tau} \frac{m(t) - m(\tau)}{t - \tau} & \\
\geqslant \frac{\partial H}{\partial p}(x(\tau), p(\tau), p^0, u(\tau))\dot{p}(\tau) &+ \frac{\partial H}{\partial x}(x(\tau), p(\tau), p^0, u(\tau))\dot{x}(\tau) = 0.
\end{aligned}$$

De même, en raisonnant avec $t < \tau$, on prouve que $\dot{m}(\tau) \leqslant 0$, et donc que $\dot{m}(\tau) = 0$. Ainsi, la fonction m est absolument continue, de dérivée presque partout nulle sur $[0, T]$, donc constante sur $[0, T]$. Il en est donc de même pour $M(x(t), p(t), p^0)$.

Prouvons que, si le temps final n'est pas fixé, alors $M(x(t), p(t), p^0) = 0$ sur $[0, T]$. En fait, on va se ramener au cas du temps final fixé par une reparamétrisation du temps. Tout d'abord, notons que, dans le problème initial, le temps final étant non fixé, la trajectoire optimale $\tilde{x}$ est telle que $\tilde{x}(T)$ appartient à la frontière de l'union $\cup_{T-\varepsilon < t < T+\varepsilon} \tilde{A}(x_0, t)$ des ensembles accessibles, où ε est un réel positif. Soit φ une fonction lisse et strictement croissante de $\mathbb{R}$ dans $\mathbb{R}$. Pour tout $s \in [0, \varphi^{-1}(T)]$, posons $t = \varphi(s)$, $\tilde{q}(s) = \tilde{x}(t)$, $w(s) = u(t)$, et $v(s) = \dot{\varphi}(s)$. Alors,

$$\tilde{q}'(s) = v(s)\tilde{f}(\tilde{q}(s), w(s)). \tag{7.16}$$

Considérons le système (7.16) comme un système contrôlé par (v, w), où les contrôles $w(s) \in \mathbb{R}^m$ et $v(s) \in \mathbb{R}$ vérifient les contraintes $w(s) \in \Omega$ et $|v(s) - 1| < \delta$, où $\delta = \varepsilon/t_1$. Le contrôle optimal de référence correspond à $(v(s), w(s)) = (1, u(s))$ (et $\varphi(s) = s$). Notons $\tilde{q}$ la solution sur $[0, T]$ du système (7.16) correspondant à ce contrôle, telle que $\tilde{q}(0) = \tilde{x}(0)$. Dans le problème initial, $\tilde{x}(T)$ appartient à la frontière de l'union des ensembles accessibles $\cup_{T-\varepsilon < t < T+\varepsilon} \tilde{A}(x_0, t)$. On en déduit que le point $\tilde{q}(T)$ appartient à la frontière de l'ensemble accessible depuis x_0 en temps T pour le système de contrôle (7.16). On s'est ainsi ramené à un problème de contrôle optimal à temps fixé. D'après les arguments précédents, il existe, pour le système (7.16) un vecteur adjoint $\tilde{\lambda}(s) = (\lambda(s), \lambda^0)$ vérifiant

$$\tilde{\lambda}'(s) = -\tilde{\lambda}(s) v(s) \frac{\partial \tilde{f}}{\partial \tilde{x}}(\tilde{q}(s), w(s)).$$

Or, puisque $(v(s), w(s)) = (1, u(s))$, le vecteur adjoint $\tilde{\lambda}(s)$ concide avec le vecteur $\tilde{p}(s)$ construit précédemment. Par ailleurs, le Hamiltonien du système (7.16) étant égal à $vH(x, p, p^0, u)$, la condition de maximisation donne

$$1.H(x(s), p(s), p^0, u(s)) = \max_{w \in \Omega, \, |v-1| < \delta} vH(x(s), p(s), p^0, w),$$

pour presque tout $s \in [0, T]$. En particulier,

$$H(x(s), p(s), p^0, u(s)) \geqslant vH(x(s), p(s), p^0, u(s)),$$

pour tout $v \in]1 - \delta, 1 + \delta[$, et par conséquent,

$$H(x(s), p(s), p^0, u(s)) = 0.$$

Par ailleurs, on sait déjà que

$$H(x(t), p(t), p^0, u(t)) = \max_{w \in \Omega} H(x(t), p(t), p^0, w)$$

presque partout sur $[0, T]$, et que le membre de droite est une fonction absolument continue de t. Il est donc identiquement nul sur $[0, T]$, ce qui montre (7.6).

7.1.3 Généralisations du principe du maximum

La preuve du principe du maximum présentée précédemment permet d'étendre le résultat à des situations plus générales.

Problème de Mayer-Lagrange non autonome

Tout d'abord, considérons le problème de contrôle optimal (dit de Mayer)

$$\dot{x}(t) = f(x(t), u(t)), \; \min g(x(T)),$$

où $x(0) \in M_0$ et $x(T) \in M_1$. Alors, avec les notations utilisées précédemment, en considérant l'application qui à un élément $(x_0, \eta_1, \ldots, \eta_p) \in M_0 \times \mathbb{R}_p^+$ associe

$$(G(x_0, \eta_1, \ldots, \eta_p), g(F(x_0, \eta_1, \ldots, \eta_p)),$$

on montre l'existence d'un vecteur adjoint $p(t)$ vérifiant les équations de Hamilton, avec $H(x, p, p^0, u) = \langle p, f(x, u) \rangle$, et tel que

$$p(T) - p^0 \nabla g(x(T)) \perp T_{x(T)} M_1, \; \text{et } p(0) \perp T_{x(0)} M_0.$$

Ensuite, considérons le problème de contrôle optimal non autonome

$$\dot{x}(t) = f(t, x(t), u(t)), \; \min \int_0^T f^0(t, x(t), u(t)),$$

où $x(0) \in M_0$ et $x(T) \in M_1$. On se ramène au cas autonome en posant $\hat{x} = (t, x)$, et alors

$$\dot{\hat{x}}(t) = (f(\hat{x}(t), u(t)), 1),$$

avec un coût de la forme

$$\int_0^T f^0(\hat{x}(t), u(t)) dt.$$

En posant $\hat{p} = (p, p_t)$, le Hamiltonien de ce nouveau système est

$$\hat{H}(\hat{x}, \hat{p}, p^0, u) = \langle p, f(\hat{x}, u) \rangle + p_t + p^0 f^0(\hat{x}, u),$$

lié au Hamiltonien initial par la relation $\hat{H}(\hat{x}, \hat{p}, p^0, u) = H(x, p, p^0, u) + p_t$. L'application du principe du maximum conduit à la condition de maximisation presque partout

$$\hat{H}(\hat{x}(t), \hat{p}(t), p^0, u(t)) = \hat{M}((\hat{x}(t), \hat{p}(t), p^0)),$$

et $\hat{M}((\hat{x}(t), \hat{p}(t), p^0))$ est constant sur $[0, T]$. Notons que $\hat{M}((\hat{x}, \hat{p}, p^0)) = M(x, p, p^0) + p_t$.

Si de plus le temps final T est libre, alors $\hat{M}((\hat{x}(t), \hat{p}(t), p^0)) = 0$ sur $[0, T]$. Par ailleurs, on a aussi la condition de transversalité $p_t(T) = 0$, d'où la condition au temps final

$$M(x(T), p(T), p^0) = 0.$$

Notons que, lorsque le système n'est pas autonome, la fonction $M(x(t), p(t), p^0)$ n'est pas constante sur $[0, T]$.

En mixant les deux arguments précédents, on peut énoncer la généralisation suivante du principe du maximum.

Théorème 43. *On considère le système de contrôle dans $\mathbb{R}^n$*

$$\dot{x}(t) = f(t, x(t), u(t)), \tag{7.17}$$

où $f : \mathbb{R} \times \mathbb{R}^n \times \mathbb{R}^m \longrightarrow \mathbb{R}^n$ est de classe C^1 et où les contrôles sont des applications mesurables et bornées définies sur un intervalle $[0, t_e(u)[$ de $\mathbb{R}^+$ et à valeurs dans $\Omega \subset \mathbb{R}^m$. Soient M_0 et M_1 deux sous-ensembles de $\mathbb{R}^n$. On note $\mathcal{U}$ l'ensemble des contrôles admissibles u dont les trajectoires associées relient un point initial de M_0 à un point final de M_1 en temps $t(u) < t_e(u)$. Par ailleurs on définit le coût d'un contrôle u sur $[0, t]$

$$C(t, u) = \int_0^t f^0(s, x(s), u(s))ds + g(t, x(t)),$$

où $f^0 : \mathbb{R} \times \mathbb{R}^n \times \mathbb{R}^m \longrightarrow \mathbb{R}$ et $g : \mathbb{R} \times \mathbb{R}^n \to \mathbb{R}$ sont C^1, et $x(\cdot)$ est la trajectoire solution de (7.17) associée au contrôle u.

On considère le problème de contrôle optimal suivant : déterminer une trajectoire reliant M_0 à M_1 et minimisant le coût. Le temps final peut être fixé ou non.

Si le contrôle $u \in \mathcal{U}$ associé à la trajectoire $x(\cdot)$ est optimal sur $[0, T]$, alors il existe une application $p(\cdot) : [0, T] \longrightarrow \mathbb{R}^n \times \mathbb{R}$ absolument continue appelée vecteur adjoint, et un réel $p^0 \leqslant 0$, tels que le couple $(p(\cdot), p^0)$ est non trivial, et tels que, pour presque tout $t \in [0, T]$,

$$\begin{aligned} \dot{x}(t) &= \frac{\partial H}{\partial p}(t, x(t), p(t), p^0, u(t)), \\ \dot{p}(t) &= -\frac{\partial H}{\partial x}(t, x(t), p(t), p^0, u(t)), \end{aligned} \tag{7.18}$$

où $H(t, x, p, p^0, u) = \langle p, f(t, x, u) \rangle + p^0 f^0(t, x, u)$ est le Hamiltonien du système, et on a la condition de maximisation presque partout sur $[0, T]$

$$H(t, x(t), p(t), p^0, u(t)) = \max_{v \in \Omega} H(t, x(t), p(t), p^0, v). \tag{7.19}$$

Si de plus le temps final pour joindre la cible M_1 n'est pas fixé, on a la condition au temps final T

$$\max_{v \in \Omega} H(T, x(T), p(T), p^0, v) = -p^0 \frac{\partial g}{\partial t}(T, x(T)). \tag{7.20}$$

Si de plus M_0 et M_1 (ou juste l'un des deux ensembles) sont des variétés de $\mathbb{R}^n$ ayant des espaces tangents en $x(0) \in M_0$ et $x(T) \in M_1$, alors le vecteur adjoint peut être construit de manière à vérifier les conditions de transversalité deux extrémités (ou juste l'une des deux)

$$p(0) \perp T_{x(0)} M_0 \tag{7.21}$$

et

$$p(T) - p^0 \frac{\partial g}{\partial x}(T, x(T)) \perp T_{x(T)} M_1. \tag{7.22}$$

Remarque 23. Dans les conditions du théorème, on a de plus pour presque tout $t \in [0, T]$

$$\frac{d}{dt} H(t, x(t), p(t), p^0, u(t)) = \frac{\partial H}{\partial t}(t, x(t), p(t), p^0, u(t)).$$ (7.23)

En particulier si le système augmenté est *autonome*, i.e. si f et f^0 ne dépendent pas de t, alors H ne dépend pas de t, et on retrouve le fait que

$$\forall t \in [0, T] \quad \max_{v \in \Omega} H(x(t), p(t), p^0, v) = \text{Cste}.$$

Notons que cette égalité est alors valable partout sur $[0, T]$ (en effet cette fonction de t est lipschitzienne).

Conditions aux frontières mélangées

Considérons le problème de contrôle optimal

$$\dot{x}(t) = f(x(t), u(t)), \quad \min \int_0^T f^0(x(t), u(t)) dt,$$

avec les conditions frontières mélangées

$$(x(0), x(T)) \in N,$$

où N est une sous-variété de $\mathbb{R}^n \times \mathbb{R}^n$.

Pour se ramener à des conditions non mélangées, on introduit une nouvelle variable $y \in \mathbb{R}^n$, et on considère le système auxiliaire

$$\dot{y}(t) = 0,$$
$$\dot{x}(t) = f(x(t), u(t)).$$

Alors les conditions frontières précédentes sont équivalentes aux conditions

$$y(0) = x(0) \in \mathbb{R}^n, \quad (y(T), x(T)) \in N.$$

Le Hamiltonien de ce nouveau système est le même que le Hamiltonien initial. L'application du principe du maximum à ce problème auxiliaire conduit à l'existence d'un vecteur adjoint $(p(t), p_y(t), p^0)$, où $(x(t), p(t), p^0, u(t))$ vérifie (7.3) et la condition de maximum (7.4). Par ailleurs, $\dot{p}_y(t) = 0$, et les conditions de transversalité sur le vecteur adjoint donnent

$$p_y(0) = -p(0), \quad (p_y(T), p(T)) \perp T_{(y(T), x(T))} N,$$

d'où $(-p(0), p(T)) \perp T_{(x(0), x(T))} N$. On a obtenu le résultat suivant.

Théorème 44. *Dans les conditions du théorème 42, avec les conditions frontières $(x(0), x(T)) \in N$, où N est une sous-variété de $\mathbb{R}^n \times \mathbb{R}^n$, le vecteur adjoint vérifie la condition de transversalité*

$$(-p(0), p(T)) \perp T_{(x(0), x(T))} N.$$

Remarque 24. Un cas important de conditions mélangées est le cas des trajectoires périodiques, i.e. $x(0) = x(T)$ non fixé. Dans ce cas, la condition de transversalité donne $p(0) = p(T)$. Autrement dit, toute trajectoire optimale périodique admet un relèvement extrémal périodique.

Remarque 25. L'astuce de considérer une variable auxiliaire, déjà utilisée précédemment, permet d'obtenir de nombreuses généralisations du principe du maximum. Ici, le rôle de la variable était de découpler les conditions frontières, et de réexprimer une condition initiale en une condition finale.

Remarque 26. Pour conclure cette section, notons qu'il existe des versions plus générales du principe du maximum, pour des dynamiques non lisses ou hybrides (voir par exemple [23, 68, 69] et leurs références, voir aussi plus loin dans cet ouvrage pour le principe du maximum avec contraintes sur l'état).

7.2 Principe du maximum avec contraintes sur l'état

7.2.1 Les travaux de Weierstrass (1879)

On considère le problème de minimiser un critère de la forme $\int_{t_0}^{t_1} F(x, y, \dot{x}, \dot{y}) dt$, où $q = (x, y) \in \mathbb{R}^2$, avec une contrainte sur l'état, et en particulier dans le cas Riemannien. On suppose donc que F vérifie la condition d'homogénéité

$$F(x, y, k\dot{x}, k\dot{y}) = kF(x, y, \dot{x}, \dot{y}), \tag{7.24}$$

pour tout $k > 0$, et le coût ne dépend pas de la paramétrisation des courbes. On suppose que les conditions intiales et finales sont fixées, $q(t_0) = q_0$, $q(t_1) = q_1$.

Formules préliminaires

Etablissons quelques formules. En dérivant (7.24) par rapport à k et en évaluant pour $k = 1$, on obtient

$$\dot{x}F_{\dot{x}} + \dot{y}F_{\dot{y}} = F, \tag{7.25}$$

où $F_{\dot{x}}$ et $F_{\dot{y}}$ désignent les dérivées partielles. Posons $J = \int_{t_0}^{t_1} F(x, y, \dot{x}, \dot{y}) dt$, il vient

$$\delta J = \int_{t_0}^{t_1} \left((F_x \xi + F_y \eta) + \left(F_{\dot{x}} \dot{\xi} + F_{\dot{y}} \dot{\eta} \right) \right) dt,$$

soit en intégrant par parties

$$\delta J = \int_{t_0}^{t_1} \left(F_x - \frac{d}{dt} F_{\dot{x}} \right) \xi dt + \int_{t_0}^{t_1} \left(F_y - \frac{d}{dt} F_{\dot{y}} \right) \eta dt,$$

où ξ et η sont les variations. Comme elles sont indépendantes, on déduit de $\delta J = 0$ à l'extrémum les équations d'Euler

$$F_x - \frac{d}{dt}F_{\dot{x}} = 0, \ \ F_y - \frac{d}{dt}F_{\dot{y}} = 0.$$

Ces deux équations ne sont pas indépendantes du fait de la relation (7.25). En effet, en dérivant cette équation en x et y, il vient

$$F_x = \dot{x}F_{\dot{x}x} + \dot{y}F_{\dot{y}x}, \ \ F_y = \dot{x}F_{\dot{x}y} + \dot{y}F_{\dot{y}y}, \tag{7.26}$$

et en dérivant (7.25) en $\dot{x}$ et $\dot{y}$, il vient

$$F_{\dot{x}} = \dot{x}F_{\dot{x}\dot{x}} + F_{\dot{x}} + \dot{y}F_{\dot{y}\dot{x}}, \ \ F_{\dot{y}} = \dot{x}F_{\dot{x}\dot{y}} + F_{\dot{y}} + \dot{y}F_{\dot{y}\dot{y}},$$

soit

$$0 = \dot{x}F_{\dot{x}\dot{x}} + \dot{y}F_{\dot{y}\dot{x}}, \ 0 = \dot{x}F_{\dot{x}\dot{y}} + \dot{y}F_{\dot{y}\dot{y}}, \tag{7.27}$$

donc

$$\frac{F_{\dot{x}\dot{x}}}{F_{\dot{y}\dot{x}}} = -\frac{\dot{y}}{\dot{x}} = \frac{F_{\dot{x}\dot{y}}}{F_{\dot{y}\dot{y}}}.$$

On pose

$$F_{\dot{x}\dot{y}} = -\dot{x}\dot{y}F_1, \tag{7.28}$$

et on obtient

$$F_{\dot{y}\dot{y}} = \dot{x}^2 F_1 \text{ et } F_{\dot{x}\dot{x}} = \dot{y}^2 F_1, \tag{7.29}$$

la fonction F_1 étant définie dans le domaine où $(\dot{x}, \dot{y}) \neq 0$. On obtient alors

$$F_x - \frac{d}{dt}F_{\dot{x}} = F_x - (\dot{x}F_{\dot{x}x} + \dot{y}F_{\dot{x}y} + \ddot{x}F_{\dot{x}\dot{x}} + \ddot{y}F_{\dot{x}\dot{y}}),$$

et avec (7.26) et (7.29), cela se simplifie en

$$F_x - \frac{d}{dt}F_{\dot{x}} = \dot{y}(F_{\dot{y}x} - F_{\dot{x}y}) - (\ddot{x}F_{\dot{x}\dot{x}} + \ddot{y}F_{\dot{x}\dot{y}}),$$
$$= \dot{y}(F_{\dot{y}x} - F_{\dot{x}y}) - \dot{y}(\dot{y}\ddot{x} - \dot{x}\ddot{y})F_1.$$

Posons

$$T = (F_{\dot{y}x} - F_{\dot{x}y}) + F_1(\dot{x}\ddot{y} - \dot{y}\ddot{x}).$$

On obtient

$$F_x - \frac{d}{dt}F_{\dot{x}} = \dot{y}T, \tag{7.30}$$

et de même en changeant x en y il vient

$$F_y - \frac{d}{dt}F_{\dot{y}} = -\dot{x}T. \tag{7.31}$$

Avec la condition de régularité $(\dot{x}, \dot{y}) \neq 0$, l'équation d'Euler équivaut à $T = 0$. C'est l'équation d'Euler sous la forme de Weierstrass.

Application au problème avec contraintes

On se donne un domaine D du plan, dont le bord est lisse. Soit $\tilde{x} = \tilde{\varphi}(s)$, $\tilde{y} = \tilde{\psi}(s)$ un arc frontière joignant les points 2 et 3 avec $s \in [s_2, s_3]$. En un point $(\tilde{x}, \tilde{y})$ de l'arc frontière, on construit un vecteur **u** de longueur u orienté vers l'intérieur du domaine. Les coordonnées de l'extrémité sont

$$\bar{x} = \tilde{x} + \xi, \ \bar{y} = \tilde{y} + \eta,$$

avec

$$\xi = -\frac{u\dot{\tilde{y}}}{\sqrt{\dot{\tilde{x}}^2 + \dot{\tilde{y}}^2}}, \ \eta = \frac{u\dot{\tilde{x}}}{\sqrt{\dot{\tilde{x}}^2 + \dot{\tilde{y}}^2}}.$$

Soit $\varepsilon > 0$ et $p(t)$ une fonction positive, nulle lorsque $s = s_2, s_3$ et $u = \varepsilon p(s)$. On a $\xi = \eta = 0$ aux extrémités et la variation de J associée est

$$\delta J = \int_{s_2}^{s_3} \left[\left(F_x - \frac{d}{dt} F_{\dot{x}} \right) \xi + \left(F_y - \frac{d}{dt} F_{\dot{y}} \right) \eta \right] ds,$$

et avec nos formules précédentes,

$$\delta J = -\varepsilon \int_{s_2}^{s_3} \tilde{T} p(s) \sqrt{\dot{\tilde{x}}^2 + \dot{\tilde{y}}^2} ds,$$

soit la condition suivante.

Lemme 47. *Dans le cas où l'arc frontière est minimisant, on a la condition nécessaire $\tilde{T} \leqslant 0$, le long de l'arc frontière.*

Si $F_1 > 0$, le long de l'arc frontière il vient

$$\frac{F_{x\dot{y}} - F_{\dot{x}y}}{F_1} \leqslant -(\dot{x}\ddot{y} - \ddot{x}\dot{y}). \tag{7.32}$$

Introduisons la courbure pour la métrique usuelle

$$\frac{1}{r} = \frac{\dot{x}\ddot{y} - \ddot{x}\dot{y}}{\left(\sqrt{\dot{x}^2 + \dot{y}^2} \right)^3}. \tag{7.33}$$

La relation (7.32) s'écrit

$$\frac{F_{x\dot{y}} - F_{\dot{x}y}}{F_1 \left(\sqrt{\dot{x}^2 + \dot{y}^2} \right)^3} \leqslant -\frac{(\dot{x}\ddot{y} - \ddot{x}\dot{y})}{\left(\sqrt{\dot{x}^2 + \dot{y}^2} \right)^3}. \tag{7.34}$$

Or une extrémale pour le problème non contraint vérifie $T = 0$, soit

$$-\frac{F_{x\dot{y}} - F_{\dot{x}y}}{F_1 \left(\sqrt{\dot{x}^2 + \dot{y}^2} \right)^3} = \frac{(\dot{x}\ddot{y} - \ddot{x}\dot{y})}{\left(\sqrt{\dot{x}^2 + \dot{y}^2} \right)^3} = \frac{1}{r}.$$

Soit donc P un point de l'arc frontière et $t \to \gamma(t)$ l'extrémale issue de P et tangente à la frontière. Le membre de gauche de (7.34) est alors l'opposé $-1/r$ de la courbure de l'extrémale et l'on obtient la relation géométrique

$$\frac{1}{r} \geqslant \frac{1}{\tilde{r}}. \tag{7.35}$$

Lemme 48. *Une condition nécessaire d'optimalité est $1/r \geqslant 1/\tilde{r}$ où $1/\tilde{r}$ est la courbure de l'arc frontière en P et $1/r$ la courbure de l'extrémale tangente en P à la frontière.*

Corollaire 19. *Si $F = \sqrt{\dot{x}^2 + \dot{y}^2}$ est la métrique usuelle, l'arc frontière est optimal si le domaine de contrainte est convexe, et non optimal s'il est concave.*

Conditions de jonction

En introduisant d'autres variations on obtient des conditions nécessaires à vérifier lors de l'entrée et de la sortie de l'arc frontière 23. Traitons le cas de l'entrée. Soient O un point à l'extérieur de la frontière du domaine contraint et 4 un point d'entrée entre 2 et 3. On fait l'hypothèse que le coût le long de l'arc 024 est moindre que le long de l'arc 04. Introduisons

- $\gamma(t)$, l'arc 02 pour $t \in [t_1, t_2]$;
- $(\tilde{x}(s), \tilde{y}(s))$, l'arc frontière 24, $s \in [s_2, s_2 + h]$, $h > 0$;
- $\gamma(s) + \nu(s)$, l'arc 04, $s \in [t_1, t_2]$.

Utilisons la formule fondamentale du calcul des variations avec l'hypothèse que γ est extrémale,

$$\delta J = J_{04} - (J_{02} + J_{24})$$
$$= \int_{t_1}^{t_2} (F(\gamma + \nu) - F(\gamma))dt - \int_{s_2}^{s_2+h} F\,ds$$
$$\backsim [F_{\dot{x}}\xi + F_{\dot{y}}\eta]_{t_1}^{t_2} - F(\tilde{x}_2, \tilde{y}_2, \dot{\tilde{x}}_2, \dot{\tilde{y}}_2)h$$

et $\xi(t_1) = \eta(t_1) = 0$ car l'extrémité 0 est fixée. En t_2, la variation du point est $\xi = \dot{\tilde{x}}h$, $\eta = \dot{\tilde{y}}h$. Donc

$$\delta J = h\left(\dot{\tilde{x}}F_{\dot{x}} + \dot{\tilde{y}}F_{\dot{y}} - F\right) = -hE,$$

où E est la fonction de Weierstrass

$$E(x, y, \dot{x}, \dot{y}, \dot{\tilde{x}}, \dot{\tilde{y}}) = F(\tilde{x}, \tilde{y}, \dot{\tilde{x}}, \dot{\tilde{y}}) - \left(\dot{\tilde{x}}F_{\dot{x}}(x, y, \dot{x}, \dot{y}) + \dot{\tilde{y}}F_{\dot{y}}(x, y, \dot{x}, \dot{y})\right),$$

et où l'on doit évaluer en

$$x = x(s_2), \ y = y(s_2),$$

et $\dot{x}$, $\dot{y}$ dérivée de γ au point d'entrée 2, et $\dot{\tilde{x}}$, $\dot{\tilde{y}}$ dérivée de l'arc frontière au point 2.

On fait un calcul identique sur un arc 052 où 5 est un point d'entrée "à gauche" de 2, et on obtient, finalement, la condition

$$E(x_2, y_2, \dot{x}_2, \dot{y}_2, \dot{\tilde{x}}_2, \dot{\tilde{y}}_2) = 0.$$

Par ailleurs, par homogénéité on a

$$E(x, y, k\dot{x}, k\dot{y}, \tilde{k}\dot{\tilde{x}}, \tilde{k}\dot{\tilde{y}}) = \tilde{k}E(x, y, \dot{x}, \dot{y}, \dot{\tilde{x}}, \dot{\tilde{y}}) \qquad \forall k, \tilde{k} > 0.$$

Introduisons alors

$$p = \frac{\dot{x}}{\sqrt{\dot{x}^2 + \dot{y}^2}} = \cos\theta, \ q = \frac{\dot{y}}{\sqrt{\dot{x}^2 + \dot{y}^2}} = \sin\theta,$$

$$\tilde{p} = \frac{\dot{\tilde{x}}}{\sqrt{\dot{\tilde{x}}^2 + \dot{\tilde{y}}^2}} = \cos\tilde{\theta}, \ \tilde{p} = \frac{\dot{\tilde{y}}}{\sqrt{\dot{\tilde{x}}^2 + \dot{\tilde{y}}^2}} = \sin\tilde{\theta},$$

et donc

$$E(x, y, \dot{x}, \dot{y}, \dot{\tilde{x}}, \dot{\tilde{y}}) = \sqrt{\dot{\tilde{x}}^2 + \dot{\tilde{y}}^2} E(x, y, p, q, \tilde{p}, \tilde{q}).$$

Le lemme suivant résulte de la première formule de la moyenne.

Lemme 49. *Il existe $\theta^* \in [\theta, \tilde{\theta}]$ tel que*

$$E(x, y, \cos\theta, \sin\theta, \cos\tilde{\theta}, \sin\tilde{\theta}) = (1 - \cos(\tilde{\theta} - \theta))F_1(x, y, \cos\theta^*, \sin\theta^*).$$

Définition 82. *Le problème est dit régulier sur l'ouvert U si pour tout $\gamma \in U$, $F_1(x, y, \cos\gamma, \sin\gamma) \neq 0$.*

Corollaire 20. *Dans le cas régulier, la condition $E = 0$ donne $\theta = \tilde{\theta}$, et donc une jonction ou un départ d'un arc frontière doit se faire de façon tangentielle.*

Conditions de réflexion

Considérons le cas où la courbe minimisante 021 admet comme seul point en commun avec la frontière le point 2 : $x(s_2)$, $y(s_2)$. Alors les arcs 02 et 21 doivent être extrémaux. Soit 3 un point de la frontière associé à la variation

$$s = s_2 + h, \ h > 0.$$

La courbe 031 est une variation de 021 et la variation du coût est

$$\delta J = (J_{03} + J_{31}) - (J_{02} + J_{21})$$
$$= (J_{03} - (J_{02} + J_{23})) - (J_{21} - (J_{23} + J_{31})).$$

En calculant avec la formule fondamentale, il vient

$$\delta J = h \left[E(x_2, y_2, p_2^-, q_2^-, \tilde{p}_2, \tilde{q}_2) - E(x_2, y_2, p_2^+, q_2^+, \tilde{p}_2, \tilde{q}_2) \right] + o(h),$$

où (p_2^-, q_2^-), (p_2^+, q_2^+) et $(\tilde{p}_2, \tilde{q}_2)$ correspondent aux pentes associées respectivement à 02, 21 et 23.

On fait le même calcul avec un point 4 de la frontière associée à $s = s_2 - h$ et l'on obtient la condition suivante.

Lemme 50. *En un point de réflexion avec la frontière, la fonction de Weierstrass doit vérifier*

$$E(x_2, y_2, p_2^-, q_2^-, \tilde{p}_2, \tilde{q}_2) = E(x_2, y_2, p_2^+, q_2^+, \tilde{p}_2, \tilde{q}_2),$$

où (p_2^-, q_2^-), (p_2^+, q_2^+) et $(\tilde{p}_2, \tilde{q}_2)$ sont les tangentes respectives à l'arc d'arrivée, de départ et de la frontière au point de contact.

Corollaire 21. *On suppose que $F = \sqrt{\dot{x}^2 + \dot{y}^2}$ est la métrique usuelle. Alors en un point de contact avec la frontière les droites extrémales doivent avoir des angles égaux avec la tangente à la frontière.*

Preuve. Le calcul montre que $F_1 = 1$ et $E(x, y, \cos\theta, \sin\theta, \cos\tilde{\theta}, \sin\tilde{\theta}) = (1 - \cos(\tilde{\theta} - \theta))$, soit la condition

$$\cos(\tilde{\theta}_2 - \theta_2^-) = \cos(\tilde{\theta}_2 - \theta_2^+)$$

au point de contact. D'où le résultat.

Conclusion

Des variations spéciales et des estimées élémentaires utilisant la formule fondamentale du calcul des variations permettent d'obtenir des conditions nécessaires d'optimalité géométriquement simples et de calculer les trajectoires optimales.

7.2.2 Méthode des multiplicateurs de Lagrange et théorème de Kuhn-Tucker

Méthode des multiplicateurs de Lagrange

Rappelons la technique des multiplicateurs de Lagrange (1788) en dimension finie.

Théorème 45. *Soient U un ouvert de $\mathbb{R}^n$ et $f_0, f_1, \ldots, f_m$, des fonctions définies et C^1 sur U et à valeurs dans $\mathbb{R}$. Notons $L = \sum_{k=0}^{m} p_k f_k$ la fonction de Lagrange où les p_i sont les multiplicateurs de Lagrange. Alors si $\hat{x}$ est une solution locale du problème min f_0, sous les contraintes $f_1 = \ldots = f_m$, il existe $\hat{p} = (\hat{p}_0, \hat{p}_1, \ldots, \hat{p}_m)$ non nul tel que $\dfrac{\partial L}{\partial x} = 0$ en $(\hat{x}, \hat{p})$.*

Preuve. Considérons les vecteurs $\dfrac{\partial f_i}{\partial x}(\hat{x})$, supposons qu'ils sont linéairement indépendants et montrons que $\hat{x}$ n'est pas un minimum local. Notons

$$\Phi(x) = (f_0(x) - f_0(\hat{x}), f_1(x), \ldots, f_m(x)).$$

Comme les $\dfrac{\partial f_i}{\partial x}(\hat{x})$ sont indépendants, la matrice

$$A = \begin{pmatrix} \dfrac{\partial f_0}{\partial x_1}(\hat{x}) & \cdots & \dfrac{\partial f_0}{\partial x_n}(\hat{x}) \\ \vdots & \vdots & \vdots \\ \dfrac{\partial f_m}{\partial x_1}(\hat{x}) & & \dfrac{\partial f_m}{\partial x_n}(\hat{x}) \end{pmatrix}$$

est de rang $(m+1)$ et quitte à réordonner les indices, on peut supposer

$$\det \begin{pmatrix} \dfrac{\partial f_0}{\partial x_1}(\hat{x}) & \cdots & \dfrac{\partial f_0}{\partial x_{m+1}}(\hat{x}) \\ \vdots & \vdots & \vdots \\ \dfrac{\partial f_m}{\partial x_1}(\hat{x}) & & \dfrac{\partial f_m}{\partial x_{m+1}}(\hat{x}) \end{pmatrix} \neq 0.$$

D'après le théorème des fonctions implicites, pour $\varepsilon > 0$ assez petit, il existe des points $x_1(\varepsilon), \ldots, x_{m+1}(\varepsilon)$ tels que

$$f_0(x_1(\varepsilon), \ldots, x_{m+1}(\varepsilon), \hat{x}_{m+2}, \ldots, \hat{x}_n) - f_0(\hat{x}) = \varepsilon,$$
$$f_1(x_1(\varepsilon), \ldots, x_{m+1}(\varepsilon), \hat{x}_{m+2}, \ldots, \hat{x}_n) = 0,$$
$$\ldots = 0,$$
$$f_m(x_1(\varepsilon), \ldots, x_{m+1}(\varepsilon), \hat{x}_{m+2}, \ldots, \hat{x}_n) = 0,$$

et $x_i(\varepsilon) \to \hat{x}_i(\varepsilon)$ quand $\varepsilon \to 0$. Cela contredit le fait que $\hat{x}$ est un minimum local.

Remarque 27. • Si les vecteurs $\dfrac{\partial f_i}{\partial x_1}(\hat{x})$, $i = 1, \ldots, m$, sont indépendants, alors $\hat{p}_0 \neq 0$.
 • Pour déterminer les $n + (m+1)$ inconnues, $(\hat{x}, \hat{p})$, on a $n + m$ équations

$$f_i = 0, \ i = 1, \ldots m, \quad \frac{\partial L}{\partial x_j} \ j = 1, \ldots, m.$$

Elles sont homogènes en p. En normalisant une des composantes de p à 1, on a donc un nombre égal d'inconnues et d'équations.

Le théorème de Kuhn-Tucker démontré en 1951 exploite au maximum les idées de Lagrange.

Théorème 46. *Soit X un espace vectoriel réel (non nécessairement de dimension finie), A un sous-ensemble convexe de X et $f_i : X \to \mathbb{R}$, $i = 0, 1, \ldots, m$, des fonctions convexes. Considérons le problème $\min f_0$, $f_i \leqslant 0$, $i = 1, \ldots, m$, où $x \in A$. Si $\hat{x}$ est une solution du problème, alors il existe des multiplicateurs de Lagrange $(\hat{p}_0, \hat{p})$ tels que, si l'on définit le Lagrangien par $L(x, p, p_0) = \sum_{k=0}^{m} p_k f_k(x)$,*

1. *les conditions suivantes soient vérifiées :*
   a) $\min_{x \in A} L(x, \hat{p}, \hat{p}_0) = L(\hat{x}, \hat{p}, \hat{p}_0)$ *(principe du minimum)* ;
   b) $\hat{p}_i \geqslant 0$, $i = 0, 1, \ldots, m$;
   c) $\hat{p}_i f_i(\hat{x}) = 0$, $i = 1, 2, \ldots, m$.
2. *Si $\hat{p}_0 \neq 0$, les conditions a),b) et c) sont suffisantes pour qu'un point admissible soit solution du problème.*
3. *Pour avoir $\hat{p}_0 \neq 0$, il suffit qu'il existe un point $\bar{x} \in A$ vérifiant la condition de Slater $f_i(\bar{x}) < 0$, $i = 1, \ldots, m$, et on peut alors supposer $\hat{p}_0 = 1$.*

Preuve. Soit $\hat{x}$ une solution. Sans nuire à la généralité, on peut supposer $f_0(\hat{x}) = 0$. On introduit l'ensemble

$$C = \{\mu = (\mu_0, \ldots, \mu_m) \in \mathbb{R}^{m+1} \mid \exists x \in A, \ f_0 < \mu_0, f_i \leqslant \mu_i, i = 1, \ldots, m\}.$$

L'ensemble C a les propriétés suivantes :

- $C \neq \emptyset$ car avec $x = \hat{x}$, $f_0(\hat{x}) = 0$, $f_i(\hat{x}) \leqslant 0$. Donc μ tel que $\mu_0 > 0$ et $\mu_i > 0$ appartient à C.
- $0 \notin C$, sinon il existe $\bar{x}$ tel que $f_0(\bar{x}) < 0$ et $f_i(\bar{x}) \leqslant 0$, et cela contredit l'optimalité de $\hat{x}$.

Puisque C est un ensemble convexe de $\mathbb{R}^{m+1}$ et $0 \notin C$, on peut lui appliquer le théorème de séparation, et il existe des nombres $\hat{p}_0, \ldots, \hat{p}_m$, non tous nuls tels que

$$\sum_{i=0}^{m} \hat{p}_i \mu_i \geqslant 0, \ \forall \mu \in C. \tag{7.36}$$

Montrons alors les assertions :

- $\hat{p}_{i_0} \geqslant 0$, $i_0 = 1, \ldots, m$: on a vu que $\mu_i > 0$, $i = 0, \ldots, m \in C$. En particulier, soit $\varepsilon > 0$ et $(\varepsilon, \ldots, \varepsilon, 1, \varepsilon, \ldots, \varepsilon)$ le vecteur de C où 1 est à la $i_0$ème place. On déduit de (7.36) que

$$\hat{p}_{i_0} + \varepsilon \sum_{i \neq i_0} \hat{p}_i \geqslant 0, \ \forall \varepsilon > 0,$$

soit $\hat{p}_{i_0} \geqslant -\varepsilon \sum_{i \neq i_0} \hat{p}_i$, et comme ε est arbitraire, on a bien $\hat{p}_{i_0} \geqslant 0$.

- $\hat{p}_{i_0} f_{i_0}(\hat{x}) = 0, i_0 = 1, \ldots, m$: en effet si $f_{i_0}(\hat{x}) = 0$, le résultat est vrai. Supposons que $f_{i_0}(\hat{x}) < 0$. Alors si $\delta > 0$, le vecteur $(\delta, 0, \ldots, 0, f_{i_0}(\hat{x}), 0, \ldots, 0)$, où f_{i_0} est à la $(i_0 + 1)$ème place, est dans C. En utilisant (7.36), on obtient donc

$$\delta \hat{p}_0 + \hat{p}_{i_0} f_{i_0}(\hat{x}) \geqslant 0, \ \forall \delta > 0,$$

soit $\hat{p}_{i_0} f_{i_0}(\hat{x}) \geqslant -\delta \hat{p}_0, \forall \delta > 0$. On en déduit que $\hat{p}_{i_0} \leqslant 0$. Or $\hat{p}_{i_0} \geqslant 0$, donc $\hat{p}_{i_0} = 0$.

- principe du minimum : soit $x \in A$, alors par définition de C, pour tout $\delta > 0$, le point $(f_0(x) + \delta, f_1(x), \ldots, f_m(x)) \in C$, et d'après (7.36),

$$\hat{p}_0(f_0(x) + \delta) + \sum_{i=1}^{m} \hat{p}_i f_i(x) \geqslant 0.$$

On obtient donc

$$\hat{p}_0 f_0(x) + \sum_{i=1}^{m} \hat{p}_i f_i(x) \geqslant -\delta \hat{p}_0, \ \forall \delta > 0,$$

et comme $\delta > 0$ est arbitraire, on obtient la condition

$$\sum_{i=0}^{m} \hat{p}_i f_i(x) \geqslant 0, \ \forall x \in A.$$

Or $f_0(\hat{x}) = 0$ et $\hat{p}_i f_i(\hat{x}) = 0$ pour $i = 1, \ldots, m$. Donc

$$\sum_{i=0}^{m} \hat{p}_i f_i(x) \geqslant 0 = \sum_{i=0}^{m} \hat{p}_i f_i(\hat{x})$$

et le résultat est prouvé.

Prouvons l'assertion 2). Si $\hat{p}_0 \neq 0$ on peut supposer $\hat{p}_0 = 1$ et donc

$$f_0(x) \geqslant f_0(x) + \sum_{i=1}^{m} \hat{p}_i f_i(x)$$

car $f_i(x) \leqslant 0$, $i = 1, \ldots, m$, et $\hat{p}_i \geqslant 0$, et avec a),

$$f_0(x) \geqslant f_0(\hat{x}) + \sum_{i=1}^{m} \hat{p}_i f_i(\hat{x}).$$

Enfin, d'après c), $f_0(x) \geqslant f_0(\hat{x})$, d'où le résultat.

Montrons l'assertion 3). Supposons qu'il existe $\bar{x}$ tel que $f_i(\bar{x}) < 0$, $i = 1, \ldots, m$. Supposons néanmoins que $\hat{p}_0 = 0$. Alors comme les $\hat{p}_i$ ne sont pas tous nuls, on a

$$0 + \sum_{i=1}^{m} \hat{p}_i f_i(\bar{x}) < 0 = 0 + \sum_{i=1}^{m} \hat{p}_i f_i(\hat{x}),$$

et le principe du minimum implique

$$0 + \sum_{i=1}^{m} \hat{p}_i f_i(\bar{x}) \geqslant 0 + \sum_{i=1}^{m} \hat{p}_i f_i(\hat{x}),$$

d'où la contradiction.

Le théorème de Kuhn-Tucker en dimension infinie et des conditions nécessaires d'optimalité pour des systèmes avec contraintes sur l'état

L'objectif est de présenter des conditions nécessaires d'optimalité applicables pour analyser le problème de rentrée atmosphérique. Ces résultats sont extraits de [39].

Préliminaires

Le problème que l'on étudie est de minimiser $\Phi(x(T))$ pour les trajectoires du système

$$\dot{x}(t) = f(x(t), u(t)),$$

où $x \in \mathbb{R}^n$, $x(0) = x_0$, T est fixé, $u \in \mathbb{R}$ (contrôle scalaire), sous la contrainte scalaire sur l'état

$$c(x(t)) \leqslant 0, \ t \in [0, T].$$

Définition 83. *On appelle arc frontière un arc γ_b tel que $c(\gamma_b(t)) \equiv 0$, et on note u_b un contrôle frontière associé.*

On fait les hypothèses suivantes :

1. f, Φ et c sont des applications lisses.
2. L'ensemble $\mathcal{U}$ des contrôles admissibles est l'ensemble des applications u définies et continues par morceaux sur $[0, T]$.

   Définition 84. *L'ordre m de la contrainte pour le système est le plus grand entier tel que $c^{(k)}(x(t), u(t))$, $k = 1, \ldots, m-1$ ne dépende pas explicitement de u.*

3. Le long d'un arc frontière, le contrôle est lisse. La trajectoire et le contrôle sont également lisses par morceaux sur $[0, T]$.
4. Le long d'un arc frontière, est vérifiée la condition générique

$$\frac{\partial}{\partial u}(c^{(p)})(\gamma_b(t)) \neq 0, \ t \in [0, T].$$

Le théorème de Kuhn-Tucker en dimension infinie

Dans cette section on considère le problème

$$\min \Phi(u), \ u \in U,$$

sous la contrainte $S(u) \leqslant 0$, où S est une application de U dans $C^0([0,T])$, 0 désignant le vecteur nul de cet espace.

Théorème 47. *On suppose que Φ est une fonction numérique dérivable (au sens de Fréchet) sur U, et $S : U \mapsto C^0([0,T])$ est dérivable. Si $u^\star \in U$ minimise Φ sous la contrainte $S(u^\star) \leqslant 0$, alors il existe $r_0 \geqslant 0$, $\eta^\star \in C^0([0,T])^\star$ avec $\eta^\star \geqslant 0$ et croissant, tels que le Lagrangien*

$$L = r_0 \Phi(u) + \langle \eta^\star, S(u) \rangle$$

est stationnaire en $u^\star$. De plus

$$\langle \eta^\star, S(u^\star) \rangle = 0.$$

Preuve. On introduit les ensembles suivants dans $W = \mathbb{R} \times C^0([0,T])$:

- $A = \{(r,z) \mid r \geqslant \delta\Phi(u^\star, \delta u), \ z \geqslant S(u^\star) + \delta S(u^\star, \delta u) \text{ pour une variation } \delta u \in U\}$ où δ désigne la dérivée de Fréchet.
- $B = \{(r,z) \mid r \leqslant 0, \ z \leqslant 0\}$.

Preuve. Les ensembles A et B sont convexes et $\text{Int}(B) \neq \emptyset$. Prouvons que $A \cap \text{Int}(B) = \emptyset$. Supposons en effet le contraire, il existe donc $r < 0$ et $z < 0$ tels que pour une variation δu

$$r \geqslant \delta\Phi(u^\star, \delta u), \ z \geqslant S(u^\star) + \delta S(u^\star, \delta u).$$

On a alors

$$y = S(u^\star) + \delta S(u^\star, \delta u) < 0.$$

Il existe alors $\rho > 0$ tel que la boule $B(y, \rho)$ soit contenue dans le cône $N = \{x < 0\}$ de $C^0([0,T])$. Soit $0 < \alpha < 1$, alors αy est le centre de la sphère ouverte de rayon $\alpha\rho$ contenue dans N. Or $S(u^\star) \leqslant 0$, donc $(1-\alpha)S(u^\star) + \alpha y$ est aussi le centre d'une sphère de rayon αy contenue dans N. Par ailleurs

$$(1-\alpha)S(u^\star) + \alpha y = S(u^\star) + \alpha\delta S(u^\star, \delta u).$$

Or

$$S(u^\star + \alpha\delta u) = S(u^\star) + \alpha\delta S(u^\star, \delta u) + o(\alpha).$$

Donc pour α assez petit $S(u^\star + \alpha\delta u) < 0$.

On montre de même que pour α assez petit $\Phi(u^\star + \alpha \delta u) < \Phi(u^\star)$. D'où la contradiction car $u^\star$ est optimal.

Il existe donc un hyperplan fermé H séparant A et B, c'est-à-dire qu'il existe r_0, $\eta^\star$ et $\delta \in \mathbb{R}$ tels que

$$r_0 r + \langle z, \eta^\star \rangle \geqslant \delta, \ \forall r, z \in A,$$
$$r_0 r + \langle z, \eta^\star \rangle \leqslant \delta, \ \forall r, z \in B.$$

Comme $(0,0) \in A \cap B$ on a $\delta = 0$. Donc

$$r_0 r + \langle z, \eta^\star \rangle \leqslant 0, \ \forall r, z \leqslant 0,$$

et donc $r_0 \geqslant 0$, $\eta^\star \geqslant 0$ (i.e. $\langle z, \eta^\star \rangle \geqslant 0, \ \forall z \geqslant 0$). On a

$$r_0 \delta \Phi(u^\star, \delta u) + \langle S(u^\star) + \delta S(u^\star, \delta u), \eta^\star \rangle \geqslant 0, \ \forall \delta u. \tag{7.37}$$

En effet sinon il existe δu tel que le membre de gauche de (7.37) soit strictement négatif. Avec $r = \delta \Phi(u^\star, \delta u)$ et $z = S(u^\star) + \delta S(u^\star, \delta u)$, $(r, z) \in A$ et $r_0 r + \langle z, \eta^\star \rangle < 0$. D'où la contradiction.

En utilisant (7.37) avec $\delta u = 0$, il vient

$$\langle S(u^\star), \eta^\star \rangle \geqslant 0.$$

Or $S(u^\star) \leqslant 0$ et $\eta^\star \geqslant 0$ donc on a aussi

$$\langle S(u^\star), \eta^\star \rangle \leqslant 0,$$

soit la relation

$$\langle S(u^\star), \eta^\star \rangle = 0.$$

Le relation (7.37) implique alors la condition de stationnarité

$$r_0 \delta \Phi(u^\star, \delta u) + \langle \delta S(u^\star, \delta u), \eta^\star \rangle \geqslant 0.$$

En utilisant le théorème de Riesz sur le dual de $C^0([0, T])$, il existe une fonction $\nu^\star$ à variation bornée telle que

$$\langle S(u^\star), \eta^\star \rangle = \int_0^T S(u^\star) d\nu^\star,$$

où l'intégrale est prise au sens de Stieljès.

Par ailleurs

$$r_0 r + \langle z, \eta^\star \rangle \leqslant 0, \ \forall r, z \leqslant 0,$$

et $r_0 \geqslant 0$ donc $\langle z, \eta^\star \rangle \leqslant 0$, pour tout $z \leqslant 0$, soit

$$\langle z, \eta^\star \rangle = \int_0^T z \, d\nu^\star \leqslant 0, \ \forall z \leqslant 0,$$

et donc $d\nu^\star \geqslant 0$ sur $[0, T]$, i.e. $\eta^\star \geqslant 0$.

Applications des conditions précédentes au système

Une contrainte de la forme $\dot{x} = f(x, u)$ peut être incluse dans le problème précédent et le Lagrangien s'écrit

$$L = r_0 \Phi(x(T)) + \int_0^T p(f - \dot{x})dt + \int_0^T c(x)d\nu^\star,$$

où p est un vecteur ligne et où $p, \nu^\star$ sont des fonctions à variations bornées. Chaque fonction à variations bornées peut être écrite comme la somme d'une fonction absolument continue pour la mesure de Lebesgue, d'une fonction saut et d'une fonction singulière. En supposant la partie singulière nulle et en intégrant par parties, on obtient

$$L = (r_0 \Phi(x(T)) + p(T)x(T)) + \int_0^T (pf\,dt + x\,dp) + \int_0^T c(x)d\nu^\star$$
$$+ \sum (p(t_i^+) - p(t_i))x(t_i),$$

et en considérant des variations en x et en u, on obtient

$$\delta L = \left(r_0 \frac{\partial \Phi}{\partial x} - p(T) \right) \delta x(T) + \left(\int_0^T \left(p\frac{\partial f}{\partial x}dt + dp + \frac{\partial c}{\partial x}d\nu^\star \right) \right) \delta x$$
$$+ \left(\int_0^T p\frac{\partial f}{\partial u}dt \right) \delta u.$$

Cela conduit à choisir formellement p pour annuler les termes en δx et l'on obtient

$$p(T) = r_0 \frac{\partial \Phi}{\partial x}(x(T)), \tag{7.38}$$

et

$$dp = -p\frac{\partial f}{\partial x}dt - \frac{\partial c}{\partial x}d\nu^\star. \tag{7.39}$$

La condition de stationnarité donne

$$p\frac{\partial f}{\partial u} = 0 \quad \text{p.p. sur } [0, T]. \tag{7.40}$$

Considérons la condition

$$\int_0^T c(x(t))d\nu^\star(t) = 0, \tag{7.41}$$

où $x(t)$ est un arc optimal. Sans nuire à la généralité, on peut supposer que x est formé de 2 arcs intérieurs au domaine et un arc frontière, où les temps d'entrée et de sortie sont notés respectivement t_1 et t_2. Alors

$$\int_0^{t_1} c d\nu^\star + \int_{t_1}^{t_2} c d\nu^\star + \int_{t_2}^{T} c d\nu^\star = 0$$

où $c = 0$ sur le bord et $c < 0$ à l'intérieur. Par ailleurs $d\nu^\star \geqslant 0$. On en déduit que $\nu^\star$ est constant sur $[0, t_1]$ et $[t_2, T]$.

Lemme 51. *Sous nos conditions de régularité, on a, formellement, le long d'un arc frontière*

$$\frac{d\nu^\star}{dt} = \frac{p(t)\psi(t)}{\left(c^{(p)}\right)_u},$$

où $\psi(t)$ est une fonction lisse.

Preuve. On a $p f_u = 0$ et en dérivant formellement, il vient

$$\frac{d}{dt}(p f_u) = p \dot{f}_u + \dot{p} f_u = 0,$$

où $\dot{p} = -p f_x - \dfrac{d\nu^\star}{dt} c_x$, soit

$$p \dot{f}_u - p f_x f_u - \frac{d\nu^\star}{dt} c_x f_u = 0.$$

Or $\dot{c} = c_x f$ et si la contrainte est d'ordre 1 on a $(\dot{c}) = c_x f_u \neq 0$ le long de l'arc frontière. Sous nos hypothèses, on a donc

$$\frac{d\nu^\star}{dt} = \frac{p(t)\psi(t)}{(\dot{c})_u}.$$

Le cas d'ordre supérieur se traite de façon similaire, d'où le résultat.

On peut donc poser $\eta = \dfrac{d\nu^\star}{dt}$ où η est nulle à l'intérieur du domaine et continue sur le bord.

Par ailleurs on peut calculer le saut lors de la jonction avec l'arc frontière ou le départ de l'arc frontière,

$$dp = p f_x dt - d\nu^\star c_x,$$

et en t_1

$$p(t_1^+) - p(t_1^-) = -\int_{t_1^-}^{t_1^+} d\nu^\star c_x$$

$$= -(\eta(t_1^+) - \eta(t_1^-)) c_x(t_1).$$

Posons $\nu(t_1) = \eta(t_1^+) - \eta(t_1^-) \geqslant 0$. Il vient

$$p(t_1^+) = p(t_1^-) - \nu(t_1) c_x(t_1). \tag{7.42}$$

On peut aussi montrer la condition

$$p(t_1^+) f = p(t_1^-) f. \tag{7.43}$$

On a donc montré les conditions nécessaires de [39].

Théorème 48. *Les conditions nécessaires d'optimalité sont*

$$\dot{p} = -pf_x - \eta c_x, \; p(T) = \Phi_x(T), \; pf_u = 0,$$

où $\eta(t)$ est une fonction nulle si $c < 0$ et continue, positive sur un arc frontière. De plus, on a les conditions de saut

$$p(t_i^+) = p(t_i^-) - \nu(t_i)c_x(t_i),$$

où $\nu(t_i) \geqslant 0$ lors de l'entrée ou la sortie avec l'arc frontière, la fonction pf restant continue.

Remarque 28.   1. On a montré formellement les conditions. Le problème technique, dans la pratique, est de justifier rigoureusement l'existence d'une mesure $d\nu^\star$ dont la composante singulière est nulle.
   2. On peut aussi montrer des conditions nécessaires analogues avec des conditions finales imposées.

7.2.3 Le cas affine et le principe du maximum de Maurer

Préliminaires

Dans cette section on se propose de calculer un contrôle $u(t)$ scalaire et continu par morceaux qui minimise un coût de la forme

$$J(u) = \Phi(x(T)),$$

sous les conditions

$$\dot{x} = f(x, u) = X(x) + uY(x), \; x(0) = x_0, \; \psi(x(T)) = 0,$$

avec une contrainte sur le contrôle $|u(t)| \leqslant 1$, une contrainte scalaire sur l'état $c(x) \leqslant 0$, et où tous les objets sont supposés lisses. L'ordre de la contrainte est le premier entier m tel que u apparaisse explicitement dans la $m^{\text{ème}}$ dérivée. Les contraintes

$$\dot{c} = \ldots = c^{(m-1)} = 0$$

sont dites secondaires, et on a

$$c^{(m)}(x) = a(x) + ub(x), \; b \neq 0.$$

Soit γ_b un arc frontière non réduit à un point, et soit u_b le contrôle frontière associé

$$u_b = -\frac{a(x)}{b(x)}.$$

Hypothèses. Soit $t \to \gamma_b(t)$, $t \in [0, \bar{T}]$, un arc frontière associé à u_b. On introduit les hypothèses suivantes :

- (C_1) Le long de γ_b, $b_{|\gamma_b} = L_Y L_X^{m-1} c_{|\gamma_b} \neq 0$ où m est l'ordre de la contrainte.
- (C_2) $|u_b| \leqslant 1$ sur $[0, \bar{T}]$, i.e. le contrôle frontière est admissible.
- (C_3) $|u_b| < 1$ sur $[0, \bar{T}]$, i.e. le contrôle frontière est admissible et non saturant.

Formulation des conditions nécessaires

Supposons que $t \mapsto x(t)$, $t \in [0, T]$, est une solution optimale lisse par morceaux qui entre en contact avec la frontière $c = 0$ aux instants t_{2i-1}, $i = 1, \ldots, M$, et qui quitte la frontière aux instants t_{2i}, $i = 1, \ldots, M$. Supposons de plus que le long d'un arc frontière les hypothèses (C_1) et (C_2) sont satisfaites en un point de contact ou de jonction. Introduisons le Hamiltonien

$$H(x, p, u, \eta) = \langle p, X + uY \rangle + \eta c,$$

où p est le vecteur adjoint et η le multiplicateur de Lagrange de la contrainte. Les conditions nécessaires sont les suivantes.

1. Il existe $t \mapsto \eta(t)$ et des réels $\eta_0 \geqslant 0$, $\tau \in \mathbb{R}^n$, tels que le vecteur adjoint vérifie

$$\dot{p} = -p\left(\frac{\partial X}{\partial x} + u\frac{\partial Y}{\partial x}\right) - \eta\frac{\partial c}{\partial q} \quad \text{p.p.,} \tag{7.44}$$

$$p(T) = \eta_0 \frac{\partial \Phi}{\partial x}(x(T)) + \tau\frac{\partial \Psi}{\partial x}(x(T)). \tag{7.45}$$

2. L'application $t \to \eta(t)$ est continue à l'intérieur d'un arc frontière et vérifie

$$\eta(t) c(x(t)) = 0, \ \forall t \in [0, T].$$

3. Lors d'un contact ou d'une jonction au temps t_i avec la frontière on a

$$H(t_i^+) = H(t_i^-),$$

$$p(t_i^+) = p(t_i^-) - \nu_i \frac{\partial c}{\partial x}(x(t_i)), \ \nu_i \geqslant 0.$$

4. Le contrôle optimal $u(t)$ minimise presque partout le Hamiltonien

$$H(x(t), p(t), u(t), \eta(t)) = \min_{|v| \leqslant 1} H(x(t), p(t), v, \eta(t)).$$

Application au problème du temps minimal

Dans le problème du temps minimal, le temps de transfert T n'est pas fixé. On reparamètrise les trajectoires sur $[0, 1]$ en posant $s = t/T$ et $z = T$. Le problème est alors de minimiser $t(1)$ pour le système étendu

$$\frac{dx}{ds} = (X + uY)z, \ \frac{dt}{ds} = z, \ \frac{dz}{ds} = 0.$$

Les conditions de transversalité impliquent

$$p_t \geqslant 0 \text{ pour } s = 1 \text{ et } p_z = 0 \text{ pour } s = 0, 1,$$

et le système adjoint se décompose en

$$\frac{dp}{ds} = -p\left(\frac{\partial X}{\partial x} + u\frac{\partial Y}{\partial x}\right) - \eta\frac{\partial c}{\partial x},$$

$$\frac{dp_t}{ds} = 0, \ \frac{dp_z}{ds} = -p(X + uY) - p_t,$$

et de plus

$$M = \min_{|v| \leqslant 1} H = 0.$$

En reparamétrisant par t et en remplaçant M par M/z on obtient le résultat suivant.

Proposition 74. *Les conditions nécessaires d'optimalité pour le problème du temps minimal sont*

$$\dot{x} = X + uY \quad p.p.,$$

$$\dot{p} = -p\left(\frac{\partial X}{\partial x} + u\frac{\partial Y}{\partial x}\right) - \eta\frac{\partial c}{\partial x} \quad p.p.,$$

$$u\langle p, Y\rangle = \min_{|v| \leqslant 1}\langle p, X + uY\rangle + p_t = 0 \quad p.p., \ p \neq 0.$$

Lors d'un contact ou d'une jonction avec la frontière, on a

$$p(t_i^+) = p(t_i^-) - \nu_i\frac{\partial c}{\partial x}, \ \nu_i \geqslant 0,$$

et $p_t \geqslant 0$, $\eta \geqslant 0$, $\eta = 0$, quand $c < 0$ et η est C^0 sur le bord $c = 0$.

Définition 85. *Une extrémale est une solution des conditions nécessaires précédentes. elle est dite exceptionnelle si $p_t = 0$. dans le cas non exceptionnelle, on peut normaliser p_t à $1/2$. Une extrémale est dite bang-bang si elle correspond à un contrôle continu par morceaux $u(t) = -signe\langle p(t), Y(x(t))\rangle$. Une extrémale du problème non contraint est dite singulière si $\langle p(t), Y(x(t))\rangle = 0$. On note $\Phi(t) = \langle p(t), Y(x(t))\rangle$ la fonction de commutation. La surface de commutation est le lieu Σ formé des points où le contrôle optimal est discontinu.*

Calcul des multiplicateurs

On peut calculer les multiplicateurs associés à la contrainte. On présente ces conditions quand les ordres sont $m = 1, 2$, le calcul étant lié à l'action de l'algèbre de Lie engendrée par (X, Y) agissant sur la fonction de contrainte c.

Lemme 52. *Supposons que l'ordre de la contrainte est $m = 1$.*

1. *Le long de la frontière, on a*

$$\eta = \frac{\langle p, [Y, X](x) \rangle}{(Y.c)(x)}.$$

2. *Supposons le contrôle discontinu lors du contact ou de l'entrée d'un arc bang-bang avec la frontière. Alors le multiplicateur associé vérifie $\nu_i = 0$, le vecteur adjoint restant continu.*

Preuve. A l'intérieur de la frontière, on a $|u_b| < 1$, et la condition de maximisation de H impose $\Phi = \langle p, Y \rangle = 0$. En dérivant, on obtient

$$0 = \dot{\Phi} = \langle p, [Y, X](x) \rangle - \eta(Y.c)(x),$$

et $L_Y c \neq 0$ car l'arc frontière est d'ordre 1. D'où 1).

Prouvons 2). Posons $a = L_X c$ et $b = L_Y c$. On a $\dot{c} = a + ub$. Soit Q le point de contact d'un arc bang $t \mapsto x(t)$ avec la frontière au temps t_i. Soit $\varepsilon > 0$ petit. On a

$$c(x(t_i - \varepsilon)) < 0, \;\; c(x(t_i - \varepsilon)) < 0.$$

En passant à la limite avec $\varepsilon \to 0$, on obtient

$$(a + bu)(t_i^-) \geqslant 0, \;\; (a + bu)(t_i^+) \geqslant 0.$$

En faisant la différence, il vient

$$b(x(t_i))(u(t_i^-) - u(t_i^+)) \geqslant 0.$$

Supposons par exemple que $b(x(t_i)) > 0$. Donc $u(t_i^-) - u(t_i^+) > 0$ car le contrôle est discontinu. D'après le principe du maximum on doit avoir

$$\Phi(t_i^+) = \Phi(t_i^-) - \nu_i b(x(t_i)),$$

et l'on en déduit $\nu_i b(x(t_i)) \leqslant 0$. Par ailleurs on doit avoir $\nu_i \geqslant 0$. Donc si $\nu_i > 0$ on doit avoir $b(x(t_i)) \leqslant 0$, ce qui contredit l'hypothèse. Le cas $b(x(t_i)) < 0$ est semblable.
La discussion est similaire lors de la jonction avec un arc frontière.

Lemme 53. *Supposons que l'ordre de la contrainte est $m = 2$.*

1. *Le long d'un arc frontière, on a*

$$\eta = \frac{\langle p, [[Y, X], X](x) \rangle + u_b \langle p, [[Y, X], Y](x) \rangle}{([Y, X].c)(x)}.$$

2. *En un point de contact, d'entrée, ou de sortie, on a*

$$\Phi(t_i^+) = \Phi(t_i^-).$$

3. En un point d'entrée, on a

$$\nu_i = \frac{\dot{\Phi}(t_i^-)}{([Y,X].c)(x(t_i))},$$

et en un point de sortie,

$$\nu_i = -\frac{\dot{\Phi}(t_i^+)}{([Y,X].c)(x(t_i))}.$$

Preuve. Prouvons 1). Le long de la frontière, on a $\Phi = \langle p, Y \rangle = 0$, et en dérivant, il vient

$$0 = \dot{\Phi} = \langle p, [Y,X](x) \rangle,$$
$$0 = \ddot{\Phi} = \langle p, [[Y,X],X](x) \rangle + u_b \langle p, [[Y,X],Y](x) \rangle - \eta([Y,X].)c(x).$$

Prouvons 2). On a

$$\Phi(t_i^+) = \Phi(t_i^-) - \nu_i(Y.c)(x),$$

et $Y.c = 0$. D'où le résultat.

Prouvons 3). Lors de la jonction avec la frontière on a

$$0 = \dot{\Phi}(t_i^+) = \langle p(t_i^+), [Y,X](x(t_i)) \rangle$$
$$= \langle p(t_i^-) - \nu_i \frac{\partial c}{\partial x}, [Y,X](x(t_i)) \rangle$$
$$= \dot{\Phi}(t_i^+) - \nu_i([Y,X].c)(x(t_i))$$

et de même en un point de sortie.

7.2.4 Classification locale des synthèses temps minimales pour les problèmes avec contraintes

L'objectif de cette section est de présenter les techniques et des résultats partiels de classification des synthèses optimales pour des systèmes en dimension 2 et 3, avec contraintes sur l'état. Elles fournissent des conditions nécessaires et suffisantes d'optimalité, à comparer avec les conditions nécessaires du principe du maximum.

Préliminaires

On considère un problème de la forme $\dot{x} = X(x) + uY(x)$, $|u| \leqslant 1$, $x(0) = x_0$ fixé et on note $x(t, x_0, u)$ la solution issue de x_0 en $t = 0$. Soit $A^+(x_0)$ l'ensemble des états accessibles en temps petit, $\cup_{t \text{ assez petit}} x(t, x_0, u)$. Le système étendu associé au problème du temps minimal est le système

$$\dot{x} = X + uY, \quad \dot{x}^0 = 1, \quad x^0(0) = 1.$$

Notons $\tilde{x} = (x, x^0)$ et $\tilde{A}^+(\tilde{x}_0)$ l'ensemble des états accessibles en temps petit pour le système étendu, avec $\tilde{x}_0 = (x_0, 0)$. On note $\tilde{B}(\tilde{x}_0)$ sa frontière,
qui contient à la fois les trajectoires temps minimales et temps maximales,
paramétrées par le principe du maximum. Soit $T > 0$, on note $B(x_0, T)$ les
extrémités des trajectoires temps minimales à T fixé. Le lieu de coupure $C(x_0)$
est le lieu des points x_1 pour lesquels il existe deux trajectoires minimisantes
issues de x_0. Considérons le système avec la contrainte $c(x) \leqslant 0$, on définit
de façon similaire les états accessibles, leurs frontières et le lieu de coupure.
Ils sont notés avec l'indice b. Un programme de recherche important est de
calculer $C_b(x_0)$ et de stratifier $B_b(q_0, T)$. On se limite ici à quelques cas en
dimension 2 et 3, applicables à notre étude.

Le cas plan

Soit $w = (x, y) \in \mathbb{R}^2$. On note $\omega = p\,dw$ la forme horloge définie sur le lieu des
points où X et Y sont indépendants par $\omega(X) = 1$, $\omega(Y) = 0$. Les trajectoires
singulières sont localisées sur le lieu

$$S = \{w \in \mathbb{R}^2 \mid \det(Y(w), [Y, X](w)) = 0\},$$

et le contrôle singulier est solution de

$$\langle p, [[Y, X], X](w)\rangle + u_s\langle p, [[Y, X], Y](w)\rangle = 0.$$

La 2-forme $d\omega$ s'annule précisément sur S.

Soit w_0 un point de la frontière $c = 0$, identifié à 0. Le problème est de
déterminer le statut d'optimalité locale d'un arc frontière $t \mapsto \gamma_b(t)$ associé
à un contrôle u_b et de calculer les synthèses optimales au voisinage de 0. La
première étape est de construire une forme normale en supposant la contrainte
d'ordre 1.

Lemme 54. *Supposons que*

1. $X(w_0)$, $Y(w_0)$ soient indépendants ;
2. la contrainte soit d'ordre 1, c'est-à-dire $Yc(w_0) \neq 0$.

*Alors, en changeant si nécessaire u en $-u$, il existe un difféomorphisme
local préservant $w_0 = 0$ tel que le système contraint s'écrive*

$$\dot{x} = 1 + ya(w),$$
$$\dot{y} = b(w) + u, \quad y \leqslant 0.$$

Preuve. En utilisant un système de coordonnées locales préservant 0, on peut
identifier Y à $\frac{\partial}{\partial y}$ et l'arc frontière γ_b à $t \mapsto (t, 0)$. Le domaine admissible est
soit $y \leqslant 0$, soit $y \geqslant 0$. En changeant si nécessaire u en $-u$, on peut l'identifier
à $y \leqslant 0$.

Le cas générique A_1

Faisons de plus les hypothèses suivantes :

1. $Y(0)$ et $[X,Y](0)$ sont indépendants ;
2. l'arc frontière est admissible et non saturant en 0.

Avec ces hypothèses, dans la forme normale on a $a(0) \neq 0$, $|b(0)| < 1$. Pour analyser la synthèse optimale au voisinage de 0, on pose $a = a(0)$, $b = b(0)$, et le modèle local est

$$\dot{x} = 1 + ay,$$
$$\dot{y} = b + u, \quad y \leqslant 0.$$

La forme horloge est $\omega = \dfrac{dx}{1 + ay}$ et $d\omega = \dfrac{a}{(1 + ay)^2} dx \wedge dy$.

Synthèses locales

Considérons tout d'abord le cas non contraint. Si $a > 0$, $d\omega > 0$ et chaque trajectoire optimale est de la forme $\gamma_+\gamma_-$, une trajectoire de la forme $\gamma_-\gamma_+$ étant temps maximale, où $\gamma_+\gamma_-$ désigne un arc γ_+ associé à $u = +1$ suivi d'un arc γ_- associé à $u = -1$. Si $a < 0$, $d\omega < 0$ et chaque trajectoire optimale est de la forme $\gamma_-\gamma_+$, une trajectoire de la forme $\gamma_+\gamma_-$ étant temps maximale.

Pour le cas contraint, le même raisonnement utilisant ω montre que l'arc frontière est temps minimal si et seulement si $a > 0$. On a donc prouvé le résultat suivant.

Proposition 75. *Dans le cas A_1 :*

1. *pour le problème non contraint : si $a > 0$ un arc $\gamma_+\gamma_-$ est temps minimal et un arc $\gamma_-\gamma_+$ est temps maximal et inversement si $a < 0$;*
2. *pour le problème contraint, un arc frontière est optimal si et seulement si $a > 0$ et dans ce cas une politique optimale est de la forme $\gamma_+\gamma_b\gamma_-$. Si $a < 0$, chaque politique optimale est de la forme $\gamma_-\gamma_+$.*

Lien avec le principe du minimum

Le long de la frontière, $\eta = \dfrac{\langle p, [Y,X](w) \rangle}{(Y.c)(w)}$ et $\langle p, Y(w) \rangle = 0$. En notant $p = (p_x, p_y)$, on obtient $\eta = -ap_x$ et p_x est orienté avec la convention $\langle p, X + uY \rangle + p_t = 0$, $p_t \geqslant 0$. Donc $p_x < 0$ et signe(η) = signe(a), et la condition nécessaire est violée si $a < 0$.

Le cas singulier B_1

Si Y et $[X, Y]$ sont dépendants en 0, alors $a(0) = 0$. Supposons que le lieu $S = \{w \in \mathbb{R}^2 \mid \det(Y(w), [X, Y](w)) = 0\}$ est une courbe simple. Avec nos normalisations la pente de S en 0 est un invariant. En approchant S par une droite les équations deviennent

$$\dot{x} = 1 + y(ay + bx),$$
$$\dot{y} = c + u, \quad y \leqslant 0,$$

où S est identifiée à $2ay + bx = 0$. On suppose $a \neq 0$. Considérons tout d'abord le système sans contrainte et $u \in \mathbb{R}$. L'arc singulier peut être temps minimal où temps maximal et les deux cas sont distingués par la condition de Legendre-Clebsch :

- si $a < 0$ alors l'arc singulier est temps minimal ;
- si $a > 0$ alors l'arc singulier est temps maximal.

Le contrôle singulier est solution de $b(1 + y(ay + bx)) + 2a(c + u_s) = 0$ et sa valeur en 0 est $u_s = -c - b/2a$. La contrainte $|u_s| \leqslant 1$ impose donc la condition $|c + b/2a| \leqslant 1$. La forme horloge est

$$\omega = \frac{dx}{ay^2 + bxy}, \text{ et } d\omega = \frac{2ay + bx}{(ay^2 + bxy)^2} dx \wedge dy,$$

et signe$(d\omega) = $ signe$(2ay + bx)$. On suppose l'arc frontière admissible et non saturant, $|c| < 1$. On a trois situations à distinguer pour le problème non contraint, correspondant au comportement des extrémales bang-bang, au voisinage de la surface de commutation. En dérivant $\Phi = \langle p, Y(w) \rangle$, on a en effet

$$\dot{\Phi} = \langle p, [Y, X](w) \rangle,$$
$$\ddot{\Phi} = \langle p, [[Y, X], X](w) \rangle + u \langle p, [[Y, X], Y](w) \rangle,$$

avec $u = \pm 1$, $u(t) = -$signe$\langle p, Y(w) \rangle$, et p est orienté avec la convention $\langle p, X + uY \rangle \leqslant 0$. Les trois cas sont :

- Cas hyperbolique : $\ddot{\Phi}_+ < 0$, $\ddot{\Phi}_- > 0$ pour $\langle p, Y \rangle = \langle p, [Y, X] \rangle = 0$ où $\ddot{\Phi}_+$ et $\ddot{\Phi}_-$ désignent les dérivées de Φ avec $u = +1$ et $u = -1$ respectivement.
- Cas elliptique : $\ddot{\Phi}_+ > 0$, $\ddot{\Phi}_- < 0$ pour $\langle p, Y \rangle = \langle p, [Y, X] \rangle = 0$.
- Cas parabolique : $\ddot{\Phi}_+$ et $\ddot{\Phi}_-$ ont le même signe pour $\langle p, Y \rangle = \langle p, [Y, X] \rangle = 0$.

Dans le cas hyperbolique, l'arc singulier est admissible, non saturant et temps minimal et la synthèse optimale est de la forme $\gamma_\pm \gamma_s \gamma_\pm$.

Dans le cas elliptique l'arc singulier est admissible, non saturant et la synthèse optimale est bang-bang avec au plus une commutation.

Dans le cas parabolique l'arc singulier n'est pas admissible et la synthèse optimale est bang-bang, avec au plus deux commutations.

On va analyser le cas contraint, en se limitant à la situation hyperbolique.

Cas hyperbolique

$a < 0$, $|c+b/2a| < 1$, $|c| < 1$ et $b \neq 0$. On a deux cas $b > 0$ et $b < 0$. Considérons par exemple le premier cas. Pour le problème contraint, on utilise la forme horloge et l'on en déduit que l'arc frontière est optimal si $x \geqslant 0$ et non optimal si $x < 0$. Dans ce cas une trajectoire joignant deux points de la frontière est de la forme $\gamma_- \gamma_s \gamma_b$. Chaque courbe optimale, au voisinage de 0, a au plus 3 commutations et la synthèse optimale est de la forme $\gamma_\pm \gamma_s \gamma_b \gamma_\pm$.

Proposition 76. *Sous nos hypothèses, dans le cas hyperbolique,*

1. *si $b > 0$, un arc frontière est optimal si et seulement si $x \geqslant 0$, et la synthèse optimale est de la forme $\gamma_\pm \gamma_s \gamma_b \gamma_\pm$;*
2. *si $b < 0$, un arc frontière est optimal si et seulement si $x \leqslant 0$, et la synthèse optimale est de la forme $\gamma_\pm \gamma_b \gamma_s \gamma_\pm$.*

Le cas de dimension 3

Supposons le système en dimension 3 et notons $w = (x, y, z)$ les coordonnées. Un premier résultat standard et important est le suivant.

Proposition 77. *Supposons que X, Y et $[Y, X]$ sont indépendants en w_0, alors l'ensemble des états accessibles $A^+(w_0)$ en temps petit est homéomorphe à un cône convexe d'intérieur non vide et dont la frontière est formée de deux surfaces, S_1 et S_2 formées des extrémités respectives d'arcs de la forme $\gamma_- \gamma_+$ et $\gamma_+ \gamma_-$. De plus chaque point de l'intérieur est accessible avec un arc $\gamma_- \gamma_+ \gamma_+$ et un arc $\gamma_+ \gamma_- \gamma_+$.*

Pour construire la synthèse optimale on doit analyser la frontière de cet ensemble d'état accessible, en considérant le système étendu. On considère tout d'abord le cas non contraint. En dérivant la fonction de commutation $\Phi(t) = \langle p(t), Y(w(t)) \rangle$, on obtient

$$\dot{\Phi}(t) = \langle p(t), [Y, X](w(t)) \rangle,$$
$$\ddot{\Phi}(t) = \langle p(t), [[Y, X], X + uY](w(t)) \rangle,$$

et si $\langle p, [[Y, X], Y](w) \rangle$ ne s'annule pas on peut calculer le contrôle singulier en résolvant $\ddot{\Phi} = 0$. On obtient

$$u_s = -\frac{\langle p, [[Y, X], X](w) \rangle}{\langle p, [[Y, X], Y](w) \rangle}.$$

Supposons Y et $[X, Y]$ indépendants. En utilisant l'homogénéité et les relations $\langle p, Y \rangle = \langle p, [Y, X] \rangle = 0$, on peut éliminer p . Introduisons $D = \det(Y, [Y, X], [[Y, X], Y])$ et $D' = \det(Y, [Y, X], [[Y, X], X])$. Le contrôle singulier est donné par $D'(w) + u_s D(w) = 0$ et par chaque point générique passe une direction singulière. La condition de Legendre-Clebsch permet de distinguer entre les directions rapides et lentes. On a deux cas dans le cas non exceptionnel où X, Y et $[X, Y]$ sont indépendants.

- Cas 1 : si X, $[[Y,X],Y]$ pointent dans des directions opposées par rapport au plan engendré par Y et $[X,Y]$, alors l'arc singulier est localement temps minimal avec $u \in \mathbb{R}$.
- Cas 2 : dans le cas contraire, l'arc singulier est localement temps maximal.

Prenons maintenant en compte la contrainte $|u_s| \leqslant 1$. L'arc singulier est strictement admissible si $|u_s| < 1$, saturant si $|u_s| = 1$ en w_0 et non admissible si $|u_s| > 1$. On a trois cas génériques. Supposons X, Y et $[X,Y]$ indépendants et p orienté ave la convention du principe du maximum $\langle p, X+uY \rangle \leqslant 0$. Soit t un instant de commutation d'une extrémale bang-bang, $\Phi(t) = \langle p(t), Y(w(t)) \rangle = 0$. Il est dit d'ordre 1 si $\dot{\Phi}(t) = \langle p(t), [Y,X](w(t)) \rangle \neq 0$ et d'ordre 2 si $\dot{\Phi}(t) = 0$ mais $\ddot{\Phi}(t) = \langle p(t), [[Y,X], X + uY](w(t)) \rangle \neq 0$ pour $u = \pm 1$. La classification des extrémales au voisinage d'un point d'ordre 2 est similaire au cas plan et on a 3 cas :

- Cas parabolique : $\ddot{\Phi}_{\pm}$ ont le même signe.
- Cas elliptique : $\ddot{\Phi}_{+} > 0$ et $\ddot{\Phi}_{-} < 0$.
- Cas hyperbolique : $\ddot{\Phi}_{+} < 0$ et $\ddot{\Phi}_{-} > 0$.

Dans les cas parabolique et hyperbolique, la synthèse locale est déduite en utilisant la classification des extrémales et la condition de Legendre-Clebsch.

Proposition 78. • *Dans le cas hyperbolique, chaque politique optimale est de la forme $\gamma_{\pm}\gamma_s\gamma_{\pm}$.*
- *Dans le cas parabolique, chaque politique optimale est bang-bang avec au plus deux commutations, une politique parmi $\gamma_+\gamma_-\gamma_+$ et $\gamma_-\gamma_+\gamma_-$ étant temps minimale et l'autre temps maximale.*

L'ensemble $B(w_0, T)$ décrivant la synthèse optimale en un temps T est homéomorphe à un disque fermé, dont la frontière est formée d'extrémités d'arc $\gamma_-\gamma_+$ et $\gamma_+\gamma_-$ dont l'intérieur est donné par les extrémités des extrémales de la proposition précédente.

Dans le cas elliptique la situation est plus complexe. Chaque politique optimale est bang-bang, avec au plus deux commutations, mais l'extrémalité n'est pas suffisante pour construire la politique optimale car il existe un lieu de coupure $C(w_0)$ formé de points où deux trajectoires $\gamma_+\gamma_-\gamma_+$ et $\gamma_-\gamma_+\gamma_-$ ayant le même temps se recoupent.

On va analyser le cas contraint. Si la contrainte est d'ordre 1, la situation est semblable au cas plan. On va donc considérer le cas d'ordre 2 et pour des raisons de simplicité et d'application au problème de rentrée atmosphérique, on se restreint au cas parabolique.

Le cas parabolique contraint en dimension 3

Forme normale et synthèse optimale

Dans le cas parabolique, X, Y et $[X,Y]$ forment un repère et en introduisant

$$[[Y, X], X \pm Y] = a_\pm X + b_\pm Y + c_\pm [Y, X],$$

$a_\pm$ ont le même signe et la synthèse optimale pour le problème non contraint ne dépend que de ce signe.

Si $a_\pm < 0$, la politique temps minimale est $\gamma_- \gamma_+ \gamma_-$ et la politique temps maximale est $\gamma_+ \gamma_- \gamma_+$ et inversement si $a_\pm > 0$. Pour construire la synthèse optimale, on peut utiliser un modèle nilpotent où les crochets de Lie de longueur supérieure à 4 sont nuls. De plus la direction singulière si elle existe n'est pas admissible et on peut donc la faire disparaître en supposant que $[[Y, X], Y] = 0$. On a alors $a_\pm = a$ et cela forme un modèle géométrique. On va maintenant construire une forme normale, en prenant en compte la contrainte sur l'état. Elle est supposée d'ordre 2 et on suppose que les conditions C_1 et C_3 sont vérifiées : le long d'un arc frontière γ_b, $[X, Y].c \neq 0$, et le contrôle frontière est admissible et non saturant.

Lemme 55. *Sous nos hypothèses, un modèle local générique dans le cas parabolique est*

$$\dot{x} = a_1 x + a_3 z,$$
$$\dot{y} = 1 + b_1 x + b_3 z,$$
$$\dot{z} = c + u + c_1 x + c_2 y + c_3 z, \quad |u| \leqslant 1,$$

où $a_3 > 0$, la contrainte est $x \leqslant 0$ et l'arc frontière est identifié à $\gamma_b : t \mapsto (0, t, 0)$. Il est admissible et non saturant si $|c| \leqslant 1$. De plus $a = a_3 b_1 - a_1 b_3 \neq 0$ et $a_3 = [X, Y].c$.

Preuve. Décrivons les normalisations.

Normalisation 1. Puisque $Y(0) \neq 0$, on peut identifier localement Y à $\frac{\partial}{\partial z}$. Les difféomorphismes locaux $\varphi = (\varphi_1, \varphi_2, \varphi_3)$ préservant 0 et Y vérifient $\frac{\partial \varphi_1}{\partial z} = \frac{\partial \varphi_2}{\partial z} = 0$ et $\frac{\partial \varphi_3}{\partial z} = 1$. La contrainte étant d'ordre 2, $Yc = 0$ au voisinage de 0, et le champ Y est tangent à toutes les surfaces $c = \alpha$, α petit, donc $\frac{\partial c}{\partial z} = 0$.

Normalisation 2. Puisque c ne dépend pas de z, en utilisant un difféomorphisme local préservant 0 et Y, on peut identifier la contrainte à $c = x$. Le système se décompose en $\dot{x} = X_1(w)$, $\dot{y} = X_2(w)$, $\dot{z} = X_3(w) + u$ et $x \leqslant 0$. La contrainte $\dot{c} = 0$ est $\dot{x} = 0$ et par hypothèse un arc frontière γ_b est contenu dans $x = \dot{x} = 0$ et passe par 0. Dans le cas parabolique, l'approximation affine est sufisante pour l'analyse et le modèle géométrique est

$$\dot{x} = a_1 x + a_2 y + a_3 z,$$
$$\dot{y} = b_0 + b_1 x + b_2 y + b_3 z,$$
$$\dot{z} = c_0 + c_1 x + c_2 y + c_3 z + u.$$

Normalisation 3. La normalisation finale concerne l'arc frontière. Dans le plan $x = 0$, en faisant une transformation $z = \alpha y + z$, on peut normaliser l'arc frontière à $x = z = 0$. Avec un difféomorphisme $y' = \varphi(y)$ on peut identifier γ_b à $t \mapsto (0, t, 0)$.

On en déduit la forme normale en changeant éventuellement u en $-u$, ce qui a pour effet de permuter les arcs γ_+ et γ_-.

Cette forme normale est utile pour calculer la synthèse optimale locale.

Théorème 49. *Considérons le problème du temps minimal pour un système de la forme $\dot{w} = X(w) + uY(w)$, $w \in \mathbb{R}^3$, $|u| \leqslant 1$, avec la contrainte $c(w) \leqslant 0$. Soit w_0 un point du bord $c = 0$. Supposons que les hypothèses suivantes soient vérifiées :*

1. *X, Y et $[X, Y]$ sont indépendants en w_0 et $[[Y, X], X \pm Y](w_0) = a_\pm X(w_0) + b_\pm Y(w_0) + c_\pm [Y, X](w_0)$ avec $a_\pm < 0$.*
2. *Les contraintes sont d'ordre 2 et les hypothèses C_1 et C_3 sont satisfaites en w_0.*

Alors l'arc frontière passant par w_0 est localement temps minimal si et seulement si l'arc γ_- passant par w_0 est contenu dans le domaine non admissible $c > 0$. Dans ce cas la synthèse temps optimale avec arc frontière est de la forme $\gamma_- \gamma_+^\top \gamma_b \gamma_+^\top \gamma_-$, où $\gamma_+^\top$ sont des arcs tangents à la frontière.

Preuve. Supposons le système normalisé, alors $w_0 = 0$ et l'arc frontière γ_b est identifié à $t \mapsto (0, t, 0)$ et puisque $a_3 > 0$, les arcs associés à $u = \pm 1$ et tangents à γ_b sont contenus dans le domaine $c \leqslant 0$ si $u = -1$ et le domaine $c \geqslant 0$ si $u = +1$. Soit B un point de l'arc frontière voisin de 0, $B = (0, y_0, 0)$. Si $u = \pm 1$, les arcs associés issues de B sont approchés par

$$x(t) = a_3(c_0 + c_2 y_0 + u)t^2/2 + o(t^2),$$
$$z(t) = (c_0 + c_2 y_0 + u)t + o(t).$$

Les projections dans le plan (x, z) des arcs $\gamma_- \gamma_+ \gamma_-$ et $\gamma_+ \gamma_- \gamma_+$ joignant 0 à B sont des boucles notées $\tilde{\gamma}_- \tilde{\gamma}_+ \tilde{\gamma}_-$ et $\tilde{\gamma}_+ \tilde{\gamma}_- \tilde{\gamma}_+$. Puisque $a_3 > 0$, les boucles $\tilde{\gamma}_- \tilde{\gamma}_+ \tilde{\gamma}_-$ et $\tilde{\gamma}_+ \tilde{\gamma}_- \tilde{\gamma}_+$ sont respectivement contenues dans $x \leqslant 0$ et $x \geqslant 0$.

Revenons au système d'origine. L'arc $\gamma_- \gamma_+ \gamma_-$ joignant 0 à B est temps minimal pour le système non contraint et s'il est contenu dans $c \leqslant 0$, il est optimal pour le problème contraint. A l'opposé on peut joindre 0 à B par un arc $\gamma_+ \gamma_- \gamma_+$ dans $c \leqslant 0$, mais cet arc est temps maximal. Dans ce cas l'arc frontière est optimal. On en déduit alors aisément la synthèse optimale.

Lien avec le principe du maximum et interprétation géométrique

Supposons le système normalisé. Alors

$$\eta = \frac{\langle p, [[Y, X], X + u_b Y](w) \rangle}{[Y, X]c(w)} = \frac{\langle p, [[Y, X], X](w) \rangle}{[Y, X]c(w)},$$

et $[Y, X](w) = -a_3 < 0$. Par ailleurs par extrémalité $\langle p, X \rangle < 0$. La condition nécessaire $\eta \geqslant 0$ impose $a \geqslant 0$. Dans ce cas $\gamma_+ \gamma_- \gamma_+$ est la politique optimale du problème non contraint et elle est contenue dans $c \geqslant 0$. Donc la condition $\eta \geqslant 0$ est violée si $a < 0$ et c'est le cas où l'arc frontière est non optimal.

Si on note B_1 et B_2 respectivement les points d'entrée et de sortie avec la frontière, les sauts ν_1 et ν_2 sont calculés avec les arcs joignant la frontière et quittant la frontière.

Pour calculer la politique optimale joignant deux points P et Q de $c < 0$, on doit ajuster les commutations pour arriver sur la frontière et partir de la frontière avec la contrainte $\langle p, Y \rangle = 0$. D'un point de vue pratique, pour calculer l'arc frontière on doit à partir de P viser la frontière, et au départ de la frontière viser Q, en ajustant la commutation avant d'atteindre la frontière et en partant de la frontière. Cela permet de calculer précisément la trajectoire optimale avec un algorithme de tir où les paramètres sont les instants de commutation, le vecteur adjoint étant éliminé.

Connexion de deux contraintes d'ordre 2 dans le cas parabolique

Dans notre application au problème de rentrée, on va devoir analyser le cas où l'on doit connecter deux contraintes d'ordre 2, dans le cas parabolique.

Proposition 79. *Considérons un système $\dot{w} = X + uY$, $|u| \leqslant 1$, $w \in \mathbb{R}^3$, avec deux contraintes distinctes, $c_i(w) \leqslant 0$, $i = 1, 2$. On suppose que les hypothèses du théorème précédent sont vérifiées. Supposons de plus que les arcs frontières sont optimaux. Soit U un voisinage w_0 contenant des arcs frontières γ_b^1 et γ_b^2 et supposons que l'arc γ_b^1 traverse la frontière $c_2 = 0$. Alors il existe un modèle géométrique de la forme*

$$\dot{x} = a_1 x + a_3 z,$$
$$\dot{y} = 1 + b_1 x + b_3 z,$$
$$\dot{z} = c + u + c_1' x + c_2' y + c_3' z,$$

où les arcs contraints sont identifiés à $c_1(w) = x$, $c_2(w) = x + \varepsilon y$, $\varepsilon > 0$ petit. De plus la politique optimale locale avec arc frontière est de la forme $\gamma_+ \gamma_- \gamma_b^1 \gamma_- \gamma_b^2 \gamma_- \gamma_+$, où l'arc intermédiaire $\gamma_-^\top$ est le seul arc tangent aux deux contraintes.

Preuve. La preuve est aisée. On normalise le système au voisinage de la première contrainte et on normalise ensuite c_2. La situation est claire car géométriquement il existe un seul arc $\gamma_-^\top$ tangent aux deux contraintes et qui forme un pont entre les frontières.

7.3 Notes et sources

Le principe du maximum classique a été prouvé par L. Pontriaguine, V. Boltianski, R. Gamkrelidze, et E. Michtchenko, dans les années 50. Leur livre [60] contient une preuve complète. L'approche utilisée est de construire un cône de perturbation, comme dans [46], contrairement à l'approche utilisée par [38], qui est plus fonctionnelle. La preuve présentée dans ce chapitre est principalement inspirée de [1, 46]. Le lemme fondamental 46, qui est un théorème de point fixe, est tiré de [1].

Les travaux de Weierstrass présentés dans ce chapitre sont extraits de l'ouvrage de Bolza [6]. Pour les principes du maximum avec contraintes sur l'état, voir le survey de [34]. Les conditions utilisées dans cette section sont heuristiquement dues à Bryson et Ho [15] et prouvées formellement dans l'article de Jacobson [39] pour le cas d'un système général. La version concernant le cas affine est due à Maurer [49]. Pour un principe du maximum général pour lequel la mesure sur le bord n'est pas décrite, voir [38]. L'approche dite indirecte a été suggérée par Pontriaguine [60] où la dérivée de la contrainte est pénalisée. Des conditions nécessaires rigoureuses sont établies sous des conditions de régularité et la mesure est alors non singulière. Pour la classification des synthèses en petite dimension, voir [10] et pour le problème avec contraintes sur l'état, voir [11].

Le contrôle de l'arc atmosphérique

Dans ce chapitre, on s'intéresse au problème de contrôle optimal d'une navette spatiale en phase de rentrée atmosphérique, où le contrôle est l'angle de gîte, et le coût est le flux thermique total (facteur d'usure de la navette). L'objectif est de déterminer une trajectoire optimale jusqu'à une cible donnée, de stabiliser le système autour de cette trajectoire nominale, en tenant compte du fait que l'engin est de plus soumis à des contraintes sur l'état. Ce problème a été défini et résolu dans une série d'articles [12, 11, 14], en tenant compte des conditions limites du cahier des charges du CNES.

8.1 Modélisation du problème de rentrée atmosphérique

8.1.1 Présentation du projet

Ce projet a été posé par le CNES, et est motivé par l'importance croissante de la théorie du contrôle, et du contrôle optimal, dans les techniques d'aérocapture :

- problèmes de guidage, transferts d'orbites aéroassistés,
- développement de lanceurs de satellites *récupérables* (où l'enjeu financier est très important),
- problèmes de rentrée atmosphérique : c'est l'objet du fameux projet *Mars Sample Return* développé par le CNES, qui consiste à envoyer une navette spatiale habitée vers la planète Mars, dans le but de ramener sur Terre des échantillons martiens.

Le rôle de l'arc atmosphérique est

- de réduire suffisamment l'énergie cinétique, par les forces de frottement dans l'atmosphère,
- d'amener l'engin spatial d'une position initiale précise à une cible donnée,

- de plus, il faut prendre en compte certaines contraintes sur l'état : contrainte sur le flux thermique (non destruction de la navette), sur l'accélération normale (présence humaine dans la navette), et sur la pression dynamique (contrainte structurelle),
- enfin, on cherche de plus à minimiser un critère d'optimisation : le flux thermique total de la navette, représentant un facteur d'usure.

Une trajectoire optimale étant ainsi déterminée, on peut également se poser le problème de *stabiliser* la navette autour de cette trajectoire, de façon à prendre en compte de possibles perturbations.

Le contrôle est la configuration aérodynamique de la navette. La première question qui se pose est la suivante : les forces aérodynamiques peuvent-elles contribuer à freiner la navette de manière adéquate ? En fait si l'altitude est trop élevée (supérieure à 120 km), alors la densité atmosphérique est trop faible, et il est physiquement impossible de générer des forces aérodynamiques suffisammanent intenses. Au contraire, si l'altitude est trop basse (moins de 20 km), la densité atmosphérique est trop grande, et le seul emploi des forces aérodynamiques conduirait à un dépassement du seuil autorisé pour le flux thermique ou la pression dynamique. En effet la rentrée atmosphérique s'effectue à des vitesses très élevées. En revanche si l'altitude est comprise entre 20 et 120 km, on peut trouver un compromis. C'est ce qu'on appelle la *phase atmosphérique*.

Durant cette phase atmosphérique, la navette se comporte comme un *planeur*, les moteurs sont coupés : il n'y a pas de force de poussée. L'engin est donc soumis uniquement à la gravité et aux forces aérodynamiques. Le contrôle est l'angle de gîte cinématique qui représente l'angle entre les ailes et un plan perpendiculaire à la vitesse. Enfin, on choisit comme critère d'optimisation le flux thermique total de la navette.

La modélisation précise du problème a été effectuée dans [14]. Nous la rappelons maintenant.

8.1.2 Modélisation du problème

Pour le problème de rentrée, la planète peut être la Terre ou Mars pour le programme d'exploration. Dans les deux cas les équations sont les mêmes sauf pour les paramètres spécifiques à chaque planète (rayon, masse, vitesse de rotation, densité de l'atmosphère, etc). Dans nos calculs on va supposer que la planète est la Terre. Pour modéliser le problème, on utilise les lois de la mécanique classique, un modèle de densité atmosphérique et un modèle pour les forces s'exerçant sur la navette, la force gravitationnelle et la force aérodynamique qui se décompose en une composante dite de *traînée* et une composante dite de *portance*. Le contrôle est la *gîte cinématique* (l'angle d'attaque est fixé).

On donne un modèle général tenant compte de la rotation (uniforme) de la Terre autour le l'axe $K = NS$, à vitesse angulaire de module Ω. On note

$E = (e_1, e_2, e_3)$ un repère galiléen dont l'origine est le centre O de la Terre, $R_1 = (I, J, K)$ un repère d'origine O en rotation à la vitesse Ω autour de l'axe K, et I l'intersection avec le méridien de Greenwich.

Soit R le rayon de la Terre et G le centre de masse de la navette. On note $R_1' = (e_r, e_l, e_L)$ le repère associé aux coordonnées sphériques de $G = (r, l, L)$, $r \geqslant R$ étant la distance OG, l la longitude et L la latitude, voir figure 8.1, (i).

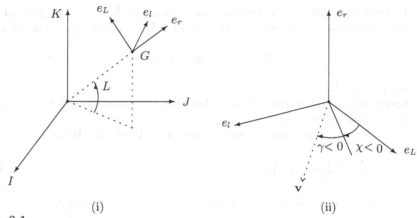

(i)   (ii)

Fig. 8.1.

Le système de coordonnées sphériques présente une singularité au pôle Nord et au pôle Sud. Pour écrire la dynamique sous forme plus simple on introduit le repère mobile $R_2 = (i, j, k)$ dont l'origine est G de la manière suivante. Soit $\zeta : t \mapsto (x(t), y(t), z(t))$ la trajectoire de G mesurée dans le repère R_1 et $\mathbf{v}$ la vitesse relative $\mathbf{v} = \dot{x}I + \dot{y}J + \dot{z}K$. Pour définir i on pose : $\mathbf{v} = |v|i$. Le vecteur j est un vecteur unitaire du plan (i, e_r) perpendiculaire à i et orienté par $j.e_r > 0$. On pose $k = i \wedge j$. La direction de la vitesse est paramétrisée dans le repère $R_1' = (e_r, e_l, e_L)$ par deux angles, voir figure 8.1, (ii) :

- la pente γ, aussi appelée *angle de vol*, qui représente l'angle entre le plan horizontal et un plan contenant le vecteur vitesse,
- l'azimut χ, qui est l'angle entre la projection de $\mathbf{v}$ dans un plan horizontal et le vecteur e_L, voir Fig. 8.1.

L'équation fondamentale de la mécanique, qui est une équation différentielle du second ordre sur $\mathbb{R}^3$, se traduit par un système dans les coordonnées $(r, l, L, v, \gamma, \chi)$.

Par ailleurs on fait les hypothèses suivantes, le long de l'arc atmosphérique :

Hypothèse 1 : la navette est un planeur, c'est-à-dire que *la poussée de la navette est nulle.*

Hypothèse 2 : on suppose que la vitesse de l'atmosphère est la vitesse de la Terre. La vitesse relative de la navette par rapport à la Terre est donc la vitesse relative **v**.

8.1.3 Les forces

Les forces agissant sur la navette sont de deux types :

* **force de gravité :** pour simplifier on suppose que la Terre est sphérique et que la force de gravité est orientée selon e_r. Dans le repère R_2 elle s'écrit :

$$\mathbf{P} = -mg(i \sin \gamma + j \cos \gamma),$$

où $g = g_0/r^2$.

* **force aérodynamique :** la force fluide due à l'atmosphère est une force **F** qui se décompose en :
  - une composante dite de *traînée* opposée à la vitesse de la forme :

$$\mathbf{D} = \left(\frac{1}{2}\rho S C_D v^2\right)i, \tag{8.1}$$

  - une force dite de *portance* perpendiculaire à **v** donnée par :

$$\mathbf{L} = \frac{1}{2}\rho S C_L v^2 (j \cos \mu + k \sin \mu), \tag{8.2}$$

  où μ est l'angle de gîte cinématique, $\rho = \rho(r)$ est la densité de l'atmosphère, et C_D, C_L sont respectivement les coefficients de traînée et de portance.

Hypothèse 3 : les coefficients C_D et C_L dépendent de l'angle d'attaque α qui est l'angle entre l'axe du planeur et le vecteur vitesse. C'est a priori un contrôle mais on suppose que durant l'arc atmosphérique il est fixé.

Notre seul contrôle est donc l'angle de gîte μ dont l'effet est double : modifier l'altitude mais aussi tourner à droite ou à gauche.

On choisit pour la densité atmosphérique un modèle exponentiel :

$$\rho(r) = \rho_0 e^{-\beta r}, \tag{8.3}$$

et par ailleurs on suppose que

$$g(r) = \frac{g_0}{r^2}. \tag{8.4}$$

Le repère n'étant pas absolu, la navette est également soumise à la force de Coriolis $2m\,\overrightarrow{\Omega} \wedge \dot{q}$ et à la force d'entraînement $m\,\overrightarrow{\Omega} \wedge (\overrightarrow{\Omega} \wedge q)$.

8.1.4 Les équations du système

Finalement, l'arc atmosphérique est décrit par le système suivant :

$$\frac{dr}{dt} = v \sin \gamma$$

$$\frac{dv}{dt} = -g \sin \gamma - \frac{1}{2} \rho \frac{SC_D}{m} v^2 + \Omega^2 r \cos L (\sin \gamma \cos L - \cos \gamma \sin L \cos \chi)$$

$$\frac{d\gamma}{dt} = \cos \gamma \left(-\frac{g}{v} + \frac{v}{r} \right) + \frac{1}{2} \rho \frac{SC_L}{m} v \cos \mu + 2\Omega \cos L \sin \chi$$

$$\qquad + \Omega^2 \frac{r}{v} \cos L (\cos \gamma \cos L + \sin \gamma \sin L \cos \chi)$$

$$\frac{dL}{dt} = \frac{v}{r} \cos \gamma \cos \chi \qquad\qquad\qquad\qquad\qquad\qquad (8.5)$$

$$\frac{dl}{dt} = \frac{v}{r} \frac{\cos \gamma \sin \chi}{\cos L}$$

$$\frac{d\chi}{dt} = \frac{1}{2} \rho \frac{SC_L}{m} \frac{v}{\cos \gamma} \sin \mu + \frac{v}{r} \cos \gamma \tan L \sin \chi$$

$$\qquad + 2\Omega (\sin L - \tan \gamma \cos L \cos \chi) + \Omega^2 \frac{r}{v} \frac{\sin L \cos L \sin \chi}{\cos \gamma}$$

où l'état est $q = (r, v, \gamma, l, L, \chi)$ et le contrôle est l'angle de gîte μ.

Dans la suite on pose $r = r_T + h$, où r_T est le rayon de la Terre, et h est l'altitude de la navette.

8.1.5 Coordonnées Kepleriennes

En supposant la Terre fixe (i.e. $\Omega = 0$) et que le système n'est soumis qu'à la force de gravitation, les trajectoires ont les propriétés suivantes :

Propriété 1 : Elles sont planes.
Propriété 2 : Si l'énergie est strictement négative, ce sont des ellipses dont le centre de la Terre est un foyer.

Ces propriétés sont la conséquence de l'existence d'intégrales premières qui sont :

- le moment cinétique $M = mx \wedge \dot{x}$, où x est la position et $\dot{x}$ la vitesse, la conservation du moment cinétique impliquant que le mouvement est dans un plan normal à M.
- l'énergie totale $E = \frac{m\dot{x}^2}{2} - \frac{g_0}{r}$.
- l'intégrale de Laplace, due à la nature spécifique du potentiel, $L = \dot{x} \wedge M - g_0 e_r$.

Le mouvement Keplerien est donc caractérisé par la normale au plan de l'ellipse $\frac{x \wedge \dot{x}}{|x \wedge \dot{x}|}$, l'angle ω du péricentre, la longueur du grand axe et l'excentricité de l'ellipse, voir figure 8.2, (i).

La position du satellite sur l'ellipse est caractérisée par un angle θ que l'on remplace en général par l'anomalie excentrique φ, voir figure 8.2, (ii).

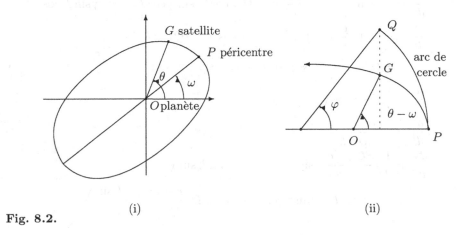

Fig. 8.2.   (i)   (ii)

On rappelle les relations

$$a = \frac{g_0}{2|E|}, \quad e = \sqrt{1 + 2\frac{EM^2}{mg_0^2}}.$$

L'angle ω caractérisant le péricentre est plus complexe à calculer. Pour un mouvement général dans un champ central l'angle entre deux passages par un péricentre n'est pas en général constant et dans le problème de Kepler on doit pour le caractériser utiliser l'intégrale première de Laplace.

Notons $r_0 = |\overrightarrow{OG_0}|$ la position initiale, $\mathbf{v}_0$ la vitesse initiale, α_0 l'angle entre $\overrightarrow{OG_0}$ et $\mathbf{v}_0$, soit $C = r_0 v_0 \sin \alpha_0$, $\mathbf{j}_0$ vecteur unité perpendiculaire à $\overrightarrow{OP_0}$ dans le plan du mouvement, et $\mathbf{H}$ le vecteur défini par l'égalité

$$\mathbf{v}_0 = -\frac{g_0}{C}(\mathbf{j}_0 + \mathbf{H}).$$

L'angle ω est défini par la propriété que l'angle entre $\mathbf{H}$ et $\overrightarrow{OP}$ est égal à $\pi/2$.

L'évolution sur la trajectoire elliptique est donnée par l'équation de Kepler

$$\varphi - e \sin \varphi = \frac{2\pi}{T}(t - t_P),$$

où t_P est l'instant de passage au péricentre, et $T = 2\pi a^{3/2}\sqrt{\frac{m}{g_0}}$ est la période de révolution. Définissons

$$\psi = (\varphi - e\sin\varphi)\frac{T}{2\pi}.$$

Alors $\dot{\psi} = 1$, et on obtient la proposition suivante.

Proposition 80. *Dans les coordonnées* $q = \left(\frac{M}{|M|}, a, e, \omega, \psi\right)$, *l'équation de Kepler est linéaire,* $K = \frac{\partial}{\partial\psi}$.

La dérive du système décrivant la navette est donc linéarisée dans un tel système de coordonnées. On appelle ellipse *osculatrice* à une trajectoire du système en un point q_1 l'ellipse du système libre passant par q_1. Le système de coordonnées Keplerien est bien adapté pour étudier l'action de la traînée qui est colinéaire à **v** et le plan contenant l'ellipse osculatrice est dans ce cas fixe et coïncide avec le plan osculateur contenant la vitesse et l'accélération. Par contre la force de portance est perpendiculaire à **v**. Un choix de coordonnées canoniques pour étudier le système est délicat.

8.1.6 Le problème de contrôle optimal

Le problème est d'amener l'engin spatial d'une variété initiale M_0 à une variété finale M_1, où le temps terminal t_f est libre, et les conditions aux limites sont données dans le tableau 8.1.

	Conditions initiales	Conditions finales
altitude (h)	119.82 km	15 km
vitesse (v)	7404.95 m/s	445 m/s
angle de vol (γ)	−1.84 deg	libre
latitude (L)	0	10.99 deg
longitude (l)	libre ou fixée à 116.59 deg	166.48 deg
azimut (χ)	libre	libre

Tableau 8.1. Conditions aux limites

La navette est, au cours de la phase de rentrée atmosphérique, soumise à trois contraintes :

- Contrainte sur le *flux thermique*

$$\varphi = C_q\sqrt{\rho}v^3 \leqslant \varphi^{max}, \tag{8.6}$$

- Contrainte sur *l'accélération normale*

$$\gamma_n = \gamma_{n0}(\alpha)\rho v^2 \leqslant \gamma_n^{max}, \tag{8.7}$$

- Contrainte sur la *pression dynamique*

$$\frac{1}{2}\rho v^2 \leqslant P^{max}. \tag{8.8}$$

Elles sont représentées sur la figure 8.3 dans le domaine de vol, en fonction de l'accélération $d = \frac{1}{2}\frac{SC_D}{m}\rho v^2$ et de v.

Le problème de contrôle optimal est de minimiser le flux thermique total

$$C(\mu) = \int_0^{t_f} C_q\sqrt{\rho}v^3 dt. \tag{8.9}$$

Remarque 29. Concernant ce critère d'optimisation, plusieurs choix sont en fait possibles et les critères à prendre en compte sont le facteur d'usure lié à l'intégrale du flux thermique et le confort de vol lié à l'intégrale de l'accélération normale. On choisit le premier critère, le temps final t_f étant libre.

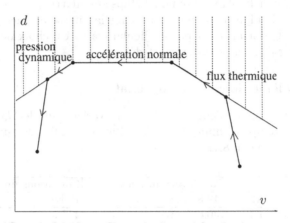

Fig. 8.3. Contraintes sur l'état, et stratégie de Harpold/Graves

8.1.7 Stratégie d'Harpold et Graves

Si on fait l'approximation $\dot{v} \simeq -d$, le coût peut être écrit

$$C(\mu) = K \int_{v_0}^{v_f} \frac{v^2}{\sqrt{d}} dv, \ K > 0,$$

et la stratégie optimale consiste alors à maximiser l'accélération d pendant toute la durée du vol. C'est la politique décrite dans [33], qui réduit le problème à trouver une trajectoire suivant le bord du domaine d'états autorisés, dans l'ordre suivant : flux thermique maximal, puis accélération normale maximale, puis pression dynamique maximale, voir Fig. 8.3.

Cependant cette méthode *n'est pas optimale* pour notre critère, et notre but est tout d'abord de chercher une trajectoire optimale, puis de la stabiliser.

8.1.8 Données numériques

● Données générales :

Rayon de la Terre : $r_T = 6378139$ m.

Vitesse de rotation de la Terre : $\Omega = 7.292115853608596.10^{-5}$ rad.s^{-1}.

Modèle de gravité : $g(r) = \dfrac{g_0}{r^2}$ avec $g_0 = 3.9800047.10^{14}$ m^3.s^{-2}.

- Modèle de densité atmosphérique :

$$\rho(r) = \rho_0 \exp\left(-\frac{1}{h_s}(r - r_T)\right)$$

avec $\rho_0 = 1.225$ kg.m^{-3} et $h_s = 7143$ m.

- Modèle de vitesse du son : $v_{\text{son}}(r) = \displaystyle\sum_{i=0}^{5} a_i r^i$, avec

$$a_5 = -1.880235969632294.10^{-22}, \quad a_4 = 6.074073670669046.10^{-15},$$

$$a_3 = -7.848681398343154.10^{-8}, \quad a_2 = 5.070751841994340.10^{-1},$$

$$a_1 = -1.637974278710277.10^{6}, \quad a_0 = 2.116366606415128.10^{12}.$$

- Nombre de Mach : $Mach(v, r) = v/v_{\text{son}}(r)$.
- Données sur la navette :

  Masse: $m = 7169.602$ kg.

  Surface de référence : $S = 15.05$ m^2.

  Coefficient de traînée : $k = \dfrac{1}{2}\dfrac{SC_D}{m}$.

  Coefficient de portance : $k' = \dfrac{1}{2}\dfrac{SC_L}{m}$.

- Coefficients aérodynamiques :

Table de $C_D(Mach, incidence)$

	0.00	10.00	15.00	20.00	25.00	30.00	35.00	40.00	45.00	50.00	55.00 deg
0.00	0.231	0.231	0.269	0.326	0.404	0.500	0.613	0.738	0.868	0.994	1.245
2.00	0.231	0.231	0.269	0.326	0.404	0.500	0.613	0.738	0.868	0.994	1.245
2.30	0.199	0.199	0.236	0.292	0.366	0.458	0.566	0.688	0.818	0.948	1.220
2.96	0.159	0.159	0.195	0.248	0.318	0.405	0.509	0.628	0.757	0.892	1.019
3.95	0.133	0.133	0.169	0.220	0.288	0.373	0.475	0.592	0.721	0.857	0.990
4.62	0.125	0.125	0.160	0.211	0.279	0.363	0.465	0.581	0.710	0.846	0.981
10.00	0.105	0.105	0.148	0.200	0.269	0.355	0.458	0.576	0.704	0.838	0.968
20.00	0.101	0.101	0.144	0.205	0.275	0.363	0.467	0.586	0.714	0.846	0.970
30.00	0.101	0.101	0.144	0.208	0.278	0.367	0.472	0.591	0.719	0.849	0.972
50.00	0.101	0.101	0.144	0.208	0.278	0.367	0.472	0.591	0.719	0.849	0.972
Mach											

Table de $C_L(Mach, incidence)$

	0.00	10.00	15.00	20.00	25.00	30.00	35.00	40.00	45.00	50.00	55.00 deg
0.00	0.000	0.185	0.291	0.394	0.491	0.578	0.649	0.700	0.729	0.734	0.756
2.00	0.000	0.185	0.291	0.394	0.491	0.578	0.649	0.700	0.729	0.734	0.756
2.30	0.000	0.172	0.269	0.363	0.454	0.535	0.604	0.657	0.689	0.698	0.723
2.96	0.000	0.154	0.238	0.322	0.404	0.481	0.549	0.603	0.639	0.655	0.649
3.95	0.000	0.139	0.215	0.292	0.370	0.445	0.513	0.569	0.609	0.628	0.626
4.62	0.000	0.133	0.206	0.281	0.358	0.433	0.502	0.559	0.600	0.620	0.618
10.00	0.000	0.103	0.184	0.259	0.337	0.414	0.487	0.547	0.591	0.612	0.609
20.00	0.000	0.091	0.172	0.257	0.336	0.416	0.490	0.552	0.596	0.616	0.612
30.00	0.000	0.087	0.169	0.258	0.338	0.418	0.493	0.555	0.598	0.619	0.613
50.00	0.000	0.087	0.169	0.258	0.338	0.418	0.493	0.555	0.598	0.619	0.613
Mach											

- Profil d'incidence imposé : Si le nombre de Mach est plus grand que 10 alors l'incidence est égale à 40. Si le nombre de Mach est compris entre 2 et

10 alors l'incidence est une fonction linéaire du nombre de Mach, entre les valeurs 12 et 40. Si le nombre de Mach est plus petit que 2 alors l'incidence est égale à 12 (voir figure 8.4).

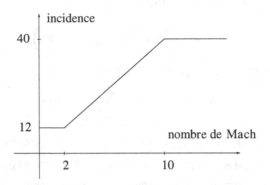

Fig. 8.4. Profil d'incidence imposé en fonction du nombre de Mach

- Contraintes sur l'état :
  Contrainte sur le flux thermique $\varphi = C_q \sqrt{\rho} v^3 \leqslant \varphi^{\max}$, où

$$C_q = 1.705.10^{-4} \text{ S.I.} \quad \text{et} \quad \varphi^{\max} = 717300 \text{ W.m}^{-2}.$$

Contrainte sur l'accélération normale

$$\gamma_n = \frac{S}{2m} \rho v^2 C_D \sqrt{1 + \left(\frac{C_L}{C_D}\right)^2} \leqslant \gamma_n^{\max} = 29.34 \text{ m.s}^{-2}.$$

Contrainte sur la pression dynamique $P = \frac{1}{2}\rho v^2 \leqslant P^{\max} = 25000$ kPa.
- Conditions initiale et terminale : voir tableau 8.1.

8.1.9 La notion de trajectoire équilibrée

C'est un concept important dans la littérature spatiale que l'on peut traduire ainsi. Considérons l'équation d'évolution de la pente, où le terme en Ω est négligé,

$$\frac{d\gamma}{dt} = \cos\gamma\left(-\frac{g}{v} + \frac{v}{r}\right) + \frac{1}{2}\rho\frac{SC_L}{m}v\cos\mu.$$

Le domaine de vol équilibré est l'ensemble des conditions initiales tel que $0 \in [\dot\gamma_{u_1=-1}, \dot\gamma_{u_1=+1}]$ avec $u_1 = \cos\mu$. Avec $\cos\gamma \sim 1$ et en négligeant le terme en $\frac{v}{r}$ on obtient la condition

$$\frac{1}{2}\rho\frac{SC_L}{m} > \frac{g}{v^2} \tag{8.10}$$

(voir figure 8.5).

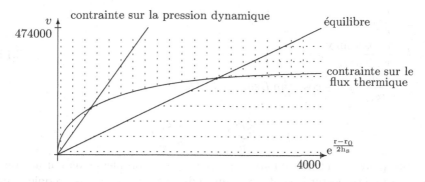

Fig. 8.5.

Cette condition n'est pas toujours réalisée, en particulier en début de trajectoire, car il faut que la vitesse soit assez petite pour que la trajectoire soit elliptique : $E = \frac{1}{2}mv^2 - \frac{g_0}{r} < 0$. Par ailleurs le domaine de vol équilibré dépend de la densité de l'atmosphère (faible en début de trajectoire) et inversement proportionnelle à la masse. C'est une condition de contrôlabilité cruciale qui signifie que la portance peut équilibrer le terme de gravité.

On peut observer que pour $\mu = k\pi$ la portance est contenue dans le plan de l'ellipse osculatrice et le mouvement est plan.

8.1.10 Réduction du problème, modèle simplifié en dimension trois

Remarquons que le système (8.5) décrivant l'arc atmosphérique est de la forme

$$\dot{q} = X(q) + u_1 Y_1(q) + u_2 Y_2(q),$$

avec $u_1 = \cos\mu$, $u_2 = \sin\mu$ et $q = (r, v, \gamma, L, l, \chi)$. Posons $q_1 = (r, v, \gamma)$ et $q_2 = (L, l, \chi)$. Alors on peut décomposer le système de la manière suivante :

$$\dot{q}_1 = f_1(q_1, u_1) + O(\Omega), \quad \dot{q}_2 = f_2(q, u_2).$$

Plus précisément, le premier sous-système, qui représente le *mouvement longitudinal* de la navette, s'écrit

$$
\begin{aligned}
\dot{r} &= v\sin\gamma, \\
\dot{v} &= -g\sin\gamma - k\rho v^2 + o(\Omega), \\
\dot{\gamma} &= \cos\gamma\left(-\frac{g}{v} + \frac{v}{r}\right) + k'\rho v u_1 + O(\Omega),
\end{aligned}
\tag{8.11}
$$

et le second sous-système, qui représente le *mouvement latéral*, est

$$\dot{L} = \frac{v}{r} \cos \gamma \cos \chi,$$

$$\dot{l} = \frac{v}{r} \frac{\cos \gamma \sin \chi}{\cos L}, \qquad (8.12)$$

$$\dot{\chi} = \frac{k' \rho v}{\cos \gamma} u_2 + \frac{v}{r} \cos \gamma \tan L \sin \chi + O(\Omega),$$

avec

$$k = \frac{1}{2} \frac{SC_D}{m}, \ k' = \frac{1}{2} \frac{SC_L}{m}.$$

De plus, pour le contrôle de l'arc atmosphérique, le problème majeur au cours du vol est de respecter la contrainte sur le flux thermique, et ceci requiert une analyse fine du mouvement longitudinal de l'engin.

Ces remarques nous amènent à construire un modèle simplifié en dimension 3 du problème de rentrée atmosphérique. En effet, en négligeant la vitesse de rotation de la planète, ou bien en supposant la force de Coriolis constante, le système décrivant l'évolution de la navette se décompose en

$$\dot{q}_1 = f_1(q_1, u_1), \ \dot{q}_2 = f_2(q, u_2).$$

Dans les coordonnées $q_1 = (r, v, \gamma)$, où le contrôle est $u_1 = \cos \mu$, et où on suppose la force de Coriolis constante, ce modèle simplifié s'écrit

$$\dot{r} = v \sin \gamma,$$

$$\dot{v} = -g \sin \gamma - k \rho v^2, \qquad (8.13)$$

$$\dot{\gamma} = \cos \gamma \left(-\frac{g}{v} + \frac{v}{r} \right) + k' \rho v u_1 + 2\Omega,$$

où le contrôle u_1 vérifie la contrainte $|u_1| \leqslant 1$. Pour ce modèle simplifié, on ne prend en compte que la contrainte sur le flux thermique

$$\varphi = C_q \sqrt{\rho} v^3 \leqslant \varphi^{max}.$$

Dans la section suivante, nous analysons en détails ce sous-problème.

8.2 Contrôle optimal et stabilisation sur le modèle simplifié en dimension trois

Dans cette section on résout théoriquement puis numériquement le problème de contrôle optimal pour le système simplifié en dimension trois, d'abord en ne tenant pas compte de la contrainte sur le flux thermique, puis en la prenant en compte.

8.2.1 Le problème sans contrainte

Rappels sur le principe du maximum

Rappelons un énoncé de ce théorème fondamental adapté à notre problème.

Théorème 50. *Considérons le système de contrôle dans $\mathbb{R}^n$*

$$\dot{x}(t) = f(x(t), u(t)), \tag{8.14}$$

où $f : \mathbb{R}^n \times \mathbb{R}^m \longrightarrow \mathbb{R}^n$ est de classe C^1 et où les contrôles sont des applications mesurables et bornées définies sur des intervalles $[0, t(u)]$ de $\mathbb{R}^+$ et à valeurs dans $U \subset \mathbb{R}^m$. Soient M_0 et M_1 deux sous-ensembles de $\mathbb{R}^n$. On note $\mathcal{U}$ l'ensemble des contrôles admissibles dont les trajectoires associées relient un point initial de M_0 à un point final de M_1. Pour un tel contrôle on définit le coût

$$C(u) = \int_0^{t(u)} f^0(x(t), u(t))dt,$$

où $f^0 : \mathbb{R}^n \times \mathbb{R}^m \longrightarrow \mathbb{R}$ est lisse et $x(\cdot)$ est la trajectoire solution de (8.14) associée au contrôle u (problème de contrôle optimal à temps final non fixé).

Si le contrôle $u \in \mathcal{U}$ est optimal sur $[0, t_*]$, alors il existe une application non triviale $(p(\cdot), p^0) : [0, t_*] \longrightarrow \mathbb{R}^n \times \mathbb{R}$ absolument continue appelée vecteur adjoint, où p^0 est une constante négative ou nulle, telle que la trajectoire optimale x associée au contrôle u vérifie presque partout sur $[0, t_*]$ le système

$$\dot{x} = \frac{\partial H}{\partial p}(x, p, p^0, u), \quad \dot{p} = -\frac{\partial H}{\partial x}(x, p, p^0, u), \tag{8.15}$$

où $H(x, p, p^0, u) = \langle p, f(x, u) \rangle + p^0 f^0(x, u)$ est le Hamiltonien du système, et on a la condition de maximisation presque partout sur $[0, t_*]$

$$H(x(t), p(t), p^0, u(t)) = M(x(t), p(t), p^0) \tag{8.16}$$

où $M(x(t), p(t), p^0) = \max_{u \in \mathcal{U}} H(x(t), p(t), p^0, u)$. De plus on a, pour tout $t \in [0, t_*]$,

$$M(x(t), p(t), p^0, u(t)) = 0. \tag{8.17}$$

Si M_0 et M_1 (ou juste l'un des deux ensembles) sont des variétés de $\mathbb{R}^n$ ayant des espaces tangents en $x(0) \in M_0$ et $x(t_*) \in M_1$, alors le vecteur adjoint peut être choisi de manière à satisfaire les conditions de transversalité aux deux extrémités

$$p(0) \perp T_{x(0)} M_0 \quad et \quad p(t_*) \perp T_{x(t_*)} M_1.$$

Remarque 30. L'application du principe du maximum permet de ramener un problème de contrôle optimal à un problème aux valeurs limites, qui se résout ensuite numériquement avec une *méthode de tir* (cf [66]), ce que nous ferons plus loin.

Application au problème de la navette

Le système simplifié (8.13) en dimension trois peut s'écrire comme un *système de contrôle affine mono-entrée*

$$\dot{x}(t) = X(x(t)) + u(t)Y(x(t)), \quad |u(t)| \leqslant 1, \tag{8.18}$$

où $x = (r, v, \gamma)$, et

$$X = v \sin \gamma \frac{\partial}{\partial r} - (g \sin \gamma + k\rho v^2)\frac{\partial}{\partial v} + \cos \gamma \left(-\frac{g}{v} + \frac{v}{r}\right)\frac{\partial}{\partial \gamma},$$

$$Y = k'\rho v \frac{\partial}{\partial \gamma},$$

Le coût est le flux thermique total

$$C(u) = \int_0^{t_f} \varphi \, dt,$$

avec $\varphi = C_q \sqrt{\rho(r)} v^3$. On suppose de plus que g est constant.

Proposition 81. *Toute trajectoire optimale est bang-bang, i.e. est une succession d'arcs associés au contrôle $u = \pm 1$.*

Preuve. Dans notre cas le Hamiltonien s'écrit

$$H(x, p, p^0, u) = \langle p, X(x) + uY(x)\rangle + p^0 \varphi(x),$$

et la condition de maximisation implique que $u = \text{signe}(\langle p, Y\rangle)$ si $\langle p, Y\rangle \neq 0$. Il suffit donc de montrer que la fonction $t \mapsto \langle p(t), Y(x(t))\rangle$, appelée *fonction de commutation*, ne s'annule sur aucun sous-intervalle, le long d'une extrémale. Supposons le contraire, i.e.

$$\langle p(t), Y(x(t))\rangle = 0,$$

sur un intervalle I. En dérivant deux fois par rapport à t il vient

$$\langle p(t), [X, Y](x(t))\rangle = 0,$$
$$\langle p(t), [X, [X, Y]](x(t))\rangle + u(t)\langle p(t), [Y, [X, Y]](x(t))\rangle = 0,$$

où $[.,.]$ est le crochet de Lie de champs de vecteurs. Par conséquent sur l'intervalle I le vecteur $p(t)$ est orthogonal aux vecteurs $Y(x(t))$, $[X, Y](x(t))$, et $[X, [X, Y]](x(t)) + u(t)[Y, [X, Y]](x(t))$. Or on a le lemme suivant.

Lemme 56. *Pour tout u tel que $|u| \leqslant 1$, on a*

$$\det(Y(x), [X, Y](x), [X, [X, Y]](x) + u[Y, [X, Y]](x)) \neq 0.$$

Preuve (Preuve du lemme.). Le calcul donne

$$[X, Y] = v \cos \gamma \frac{\partial}{\partial r} - g \cos \gamma \frac{\partial}{\partial v}$$

$$[Y, [X, Y]] = v \sin \gamma \frac{\partial}{\partial r} - g \sin \gamma \frac{\partial}{\partial v}$$

et donc $[Y, [X, Y]] \in \mathrm{Vect}(Y, [X, Y])$. Par ailleurs, $\det(Y, [X, Y], [X, [X, Y]])$ n'est jamais nul dans le domaine de vol (où $\cos \gamma \neq 0$).

Il s'ensuit que $p(t) = 0$ sur I. Par ailleurs le Hamiltonien est identiquement nul le long de l'extrémale, et par conséquent, $p^0 \varphi(x(t)) = 0$ sur I. Comme $\varphi \neq 0$, on en déduit $p^0 = 0$. Donc le couple $(p(\cdot), p^0)$ est nul sur I, ce qui est exclu par le principe du maximum.

Le contrôle optimal $u(t)$ est donc *bang-bang*, i.e. c'est une succession d'arcs $u = \pm 1$. Nous avons le résultat suivant, qui découle d'une étude géométrique détaillée dans [11, 14].

Proposition 82. *La trajectoire optimale satisfaisant les conditions initiale et finale (voir tableau 8.1) est constituée des deux arcs consécutifs $u = -1$ puis $u = +1$.*

Pour expliquer ce résultat suffit d'appliquer la proposition 78 du Chap. 7, qui décrit la synthèse temps-minimale locale en dimension 3. Pour cela il faut reparamétriser notre système par le flux, de manière à se ramener à un problème de temps minimal.

On introduit un nouveau paramétrage s du système (8.18) en posant

$$ds = \varphi(q(t))dt. \tag{8.19}$$

En notant $'$ la dérivée par rapport à s, le système (8.18) s'écrit

$$x' = \bar{X}(x) + u\bar{x}(q), \quad |u| \leqslant 1 \tag{8.20}$$

où $\bar{X} = \psi X$, $\bar{Y} = \psi Y$, et $\psi = \frac{1}{\varphi}$. Le problème de contrôle optimal équivaut alors à un problème de *temps minimal*. On établit le lemme suivant à l'aide de Maple.

Lemme 57. *Dans le domaine de vol où $\cos \gamma \neq 0$, on a :*

1. $\bar{X}, \bar{Y}, [\bar{X}, \bar{Y}]$ sont linéairement indépendants.
2. $[\bar{Y}, [\bar{X}, \bar{Y}]] \in \mathrm{Vect}\{\bar{Y}, [\bar{X}, \bar{Y}]\}$.
3. $[\bar{X}, [\bar{X}, \bar{Y}]](x) = a(x)\bar{X}(x) + b(x)\bar{Y}(x) + c(x)[\bar{X}, \bar{Y}](x)$ avec $a < 0$.

Avec les résultats du Chap. 8, la proposition s'ensuit.

Simulations numériques

La trajectoire optimale est donc de la forme $\gamma_- \gamma_+$, où γ_- (resp. γ_+) représente un arc solution du système (8.13) associé au contrôle $u = -1$ (resp. $u = +1$). Il s'agit donc de déterminer numériquement le temps de commutation t_c, i.e. le temps auquel le contrôle $u(t)$ passe de la valeur -1 à la valeur $+1$. Pour cela, on peut procéder par *dichotomie*, de la manière suivante. Etant donné un temps de commutation t_c, on intègre le système en (r, v, γ), jusqu'à ce que la vitesse v atteigne la valeur requise, soit 445 m/s. On effectue alors une dichotomie sur t_c de manière à ajuster l'altitude finale $r(t_f) = r_T + h(t_f)$ à la valeur souhaitée, soit 15 km.

Remarque 31. Il s'agit d'un cas particulier de méthode de tir, qui se ramène ici pour le problème simplifié à une dichotomie. Dans le cas général traité plus loin, la mise en oeuvre d'une méthode de tir (multiple) est nécessaire.

Les résultats obtenus sont tracés sur les figures 8.6 et 8.7. On se rend compte que cette stratégie ne permet pas de respecter la contrainte sur le flux thermique, et n'est donc pas adaptée au problème. La prise en compte de cette contrainte sur l'état est donc bien indispensable.

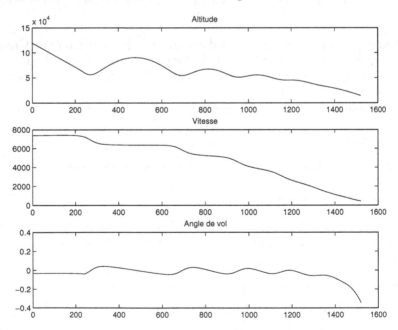

Fig. 8.6. Coordonnées d'état pour le problème sans contrainte

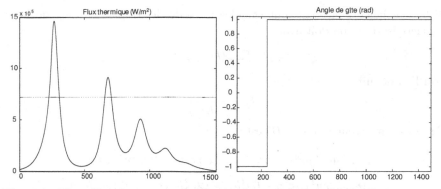

Fig. 8.7. Flux thermique, et angle de gîte (contrôle), pour le problème sans contrainte

8.2.2 Le problème avec contrainte sur l'état

On tient maintenant compte de la contrainte sur le flux thermique.

Lemme 58. *En supposant que C_D et C_L sont constants, la contrainte sur le flux thermique est d'ordre deux, et l'hypothèse C_1, à savoir "YXc ne s'annule pas sur la frontière" (voir Chap. 8), est satisfaite dans le domaine de vol.*

Dans la partie du domaine de vol où l'arc frontière est admissible et non saturant (hypothèse C_3), l'arc γ_- viole la contrainte au voisinage de la frontière. On déduit donc du théorème 49 du Chap. 7 le résultat suivant.

Proposition 83. *[12, 11] La trajectoire optimale satisfaisant les conditions initiale et finale requises est de la forme $\gamma_-\gamma_+^T\gamma_b\gamma_+^T$, i.e. elle est constituée des quatre arcs consécutifs : $u = -1$, $u = +1$, un arc frontière correspondant à un flux thermique maximal, puis $u = +1$.*

Comme pour le problème sans contrainte, on a trois temps de commutation à calculer numériquement :

- le temps de commutation t_1 de -1 à $+1$,
- le temps de commutation t_2 de $+1$ à u_s, où u_s est l'expression du contrôle permettant un flux thermique maximal,
- le temps de commutation t_3 de u_s à $+1$.

Calcul du contrôle iso-flux u_s

Le long d'un arc frontière restant à flux thermique maximal, on doit avoir $\varphi = \varphi^{max}$. Par dérivation, on obtient

$$\dot{\varphi} = \varphi(-\frac{1}{2}\frac{v}{h_s}\sin\gamma - \frac{3g_0}{r^2 v}\sin\gamma - 3k\rho v),$$
$$\ddot{\varphi} = A + Bu,$$

où les coefficients A et B sont calculés à l'aide de Maple. Le long de l'arc frontière iso-flux, on doit avoir

$$\varphi(t) = \varphi^{max}, \ \dot{\varphi}(t) = \ddot{\varphi}(t) = 0,$$

d'où l'on déduit

$$u_s(t) = -\frac{A(t)}{B(t)}.$$

L'expression obtenue pour $u_s(t)$ est

$$\begin{aligned}
u_s = \Big(\ & g_0 r^2 v^2 + 7k\rho v^4 r^4 sin\gamma - r^3 v^4 \cos^2\gamma - 2\Omega r^4 v^3 \cos\gamma \\
& - 18 g_0 h_s r v^2 \cos^2\gamma - 6 g_0^2 h_s + 12 g_0^2 h_s \cos^2\gamma + 12 g_0 h_s r v^2 \\
& - 12\Omega g_0 h_s r^2 v \cos\gamma + 6k^2 h_s \rho^2 r^4 v^4 \Big) \\
& \Big/ (k' r^2 v^2 \rho (r^2 v^2 + 6 g_0 h_s) \cos\gamma).
\end{aligned}$$

Remarque 32. Les simulations à venir nous permettront de vérifier *a posteriori* que ce contrôle u_s est bien admissible, i.e. vérifie la contrainte $|u_s| \leqslant 1$, pendant la phase iso-flux.

Simulations numériques

Le temps de commutation t_1 est calculé de la manière suivante. On intègre le système (8.13) jusqu'à ce que $\dot{\varphi} = 0$. On calcule alors t_1 par dichotomie de façon à ajuster φ à sa valeur maximale φ^{max} en ce temps d'arrêt. On détermine ainsi numériquement le premier temps de commutation $t_1 = 153.5$. Le temps de sortie de la phase iso-flux est déterminé de manière complètement analogue. Finalement, on arrive aux résultats représentés sur les figures 8.8 et 8.9.

On a donc ainsi déterminé numériquement une trajectoire optimale satisfaisant les conditions aux limites souhaitées, et respectant la contrainte sur le flux thermique.

Remarque 33. Pour le modèle non simplifié en dimension 6, ce n'est pas le cas : les contraintes sur le facteur de charge et sur la pression dynamique ne sont pas respectées, et il faut envisager une phase iso-accélération normale, voir section suivante.

8.2.3 Stabilisation autour de la trajectoire nominale

On se propose maintenant de stabiliser le système simplifié autour de la trajectoire construite dans le paragraphe précédent, de façon à prendre en compte d'éventuelles perturbations, dues aux erreurs de modèles, aux perturbations atmosphériques, etc. Pour cela, on utilise la *théorie linéaire-quadratique*, qui permet d'exprimer le contrôle sous forme de boucle fermée, au voisinage de la trajectoire nominale, de façon à la rendre stable.

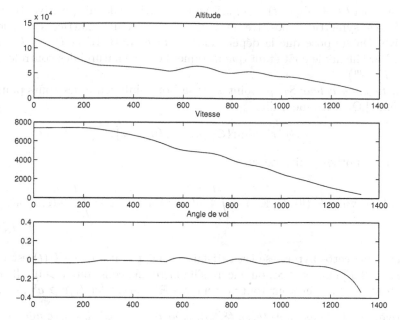

Fig. 8.8. Coordonnées d'état pour le problème avec contrainte

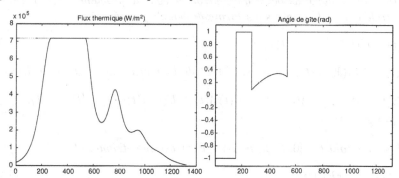

Fig. 8.9. Flux thermique, et angle de gîte (contrôle), pour le problème avec contrainte

Rappels sur l'équation de Riccati et sur les problèmes de régulateurs

Soit $T > 0$ fixé, et soit $x \in \mathbb{R}^n$. Considérons le problème LQ de trouver une trajectoire solution de

$$\dot{x}(t) = A(t)x(t) + B(t)u(t), \ x(0) = x, \tag{8.21}$$

minimisant le coût quadratique

$$C_T(u) = {}^t x(T)Qx(T) + \int_0^T \left({}^t x(t)W(t)x(t) + {}^t u(t)U(t)u(t) \right) dt, \tag{8.22}$$

où, pour tout $t \in [0, T]$, $U(t) \in \mathcal{M}_m(\mathbb{R})$ est symétrique définie positive, $W(t) \in \mathcal{M}_n(\mathbb{R})$ est symétrique positive, et $Q \in \mathcal{M}_n(\mathbb{R})$ est une matrice symétrique positive. On suppose que la dépendance en t de A, B, W et U est L^∞ sur $[0, T]$. Par ailleurs le coût étant quadratique, l'espace naturel des contrôles est $L^2([0, T], \mathbb{R}^m)$.

La *fonction valeur* S_T au point x est la borne inférieure des coûts pour le problème LQ. Autrement dit,

$$S_T(x) = \inf\{C_T(u) \mid x_u(0) = x\}.$$

On fait l'hypothèse suivante sur U :

$$\exists \alpha > 0, \ \forall u \in L^2([0, T], \mathbb{R}^m) \quad \int_0^T {}^t u(t) U(t) u(t) dt \geqslant \alpha \int_0^T {}^t u(t) u(t) dt. \tag{8.23}$$

Par exemple cette hypothèse est satisfaite si l'application $t \mapsto U(t)$ est continue sur $[0, T]$ et $T < +\infty$, ou encore s'il existe une constante $c > 0$ telle que pour tout $t \in [0, T]$ et pour tout vecteur $v \in \mathbb{R}^m$ on ait ${}^t v U(t) v \geqslant c^t v v$.

Théorème 51. *Sous l'hypothèse (8.23), pour tout $x \in \mathbb{R}^n$ il existe une unique trajectoire optimale x associée au contrôle u pour le problème (8.21), (8.22). Le contrôle optimal se met sous forme de boucle fermée*

$$u(t) = U(t)^{-1}\, {}^t B(t) E(t) x(t), \tag{8.24}$$

où $E(t) \in \mathcal{M}_n(\mathbb{R})$ est solution sur $[0, T]$ de l'équation matricielle de Riccati

$$\begin{aligned} \dot{E}(t) &= W(t) - {}^t A(t) E(t) - E(t) A(t) - E(t) B(t) U(t)^{-1}\, {}^t B(t) E(t), \\ E(T) &= -Q. \end{aligned} \tag{8.25}$$

De plus pour tout $t \in [0, T]$ la matrice $E(t)$ est symétrique, et

$$S_T(x) = -{}^t x E(0) x. \tag{8.26}$$

Remarque 34. En particulier le théorème affirme que le contrôle optimal u se met sous forme de *boucle fermée*

$$u(t) = K(t) x(t),$$

où $K(t) = U(t)^{-1}\, {}^t B(t) E(t)$. Cette forme se prête bien aux problèmes de stabilisation, comme nous le verrons plus loin.

Remarque 35. Il est clair d'après l'expression (8.26) du coût minimal que la matrice $E(0)$ est symétrique négative. Si la matrice Q est symétrique définie positive, ou bien si pour tout $t \in [0, T]$ la matrice $W(t)$ est symétrique définie positive, on montre que la matrice $E(0)$ est de plus symétrique définie négative.

Remarque 36. Pour l'implémentation numérique de l'équation de Riccati, on utilise une représentation linéaire de cette équation de Riccati, voir par exemple [43].

Appliquons maintenant la théorie LQ précédente au problème du régulateur d'état (ou "problème d'asservissement", ou "problème de poursuite", en anglais "tracking problem"). Considérons le système de contrôle linéaire perturbé

$$\dot{x}(t) = A(t)x(t) + B(t)u(t) + r(t), \ x(0) = x_0, \tag{8.27}$$

et soit $\xi(t)$ une certaine trajectoire de $\mathbb{R}^n$ sur $[0,T]$, partant d'un point ξ_0 (et qui n'est pas forcément solution du système (8.27)). Le but est de déterminer un contrôle tel que la trajectoire associée, solution de (8.27), suive le mieux possible la trajectoire de référence $\xi(t)$. La théorie LQ permet d'établir le résultat suivant.

Proposition 84. *Soit ξ une trajectoire de $\mathbb{R}^n$ sur $[0,T]$, et considérons le problème de poursuite pour le système de contrôle*

$$\dot{x}(t) = A(t)x(t) + B(t)u(t) + r(t), \ x(0) = x_0,$$

où l'on veut minimiser le coût

$$C(u) = {}^t(x(T) - \xi(T))Q(x(T) - \xi(T)) +$$
$$\int_0^T \left({}^tx(t) - \xi(t)W(t)(x(t) - \xi(t)) + {}^tu(t)U(t)u(t) \right) \, dt.$$

Alors il existe un unique contrôle optimal, qui s'écrit

$$u(t) = U(t)^{-1}\,{}^tB(t)E(t)(x(t) - \xi(t)) + U(t)^{-1}\,{}^tB(t)h(t),$$

où $E(t) \in \mathcal{M}_n(\mathbb{R})$ et $h(t) \in \mathbb{R}^n$ sont solutions sur $[0,T]$ de

$$\dot{E} = W - {}^tAE - EA - EBU^{-1}\,{}^tBE, \qquad E(T) = -Q,$$
$$\dot{h} = -{}^tAh - E(A\xi - \dot{\xi} + r) - EBU^{-1}\,{}^tBh, \ h(T) = 0,$$

et de plus $E(t)$ est symétrique. Par ailleurs le coût minimal est alors égal à

$$- {}^t(x(0) - \xi(0))E(0)(x(0) - \xi(0)) - 2\,{}^th(0)(x(0) - \xi(0))$$
$$- \int_0^T \left(2\,{}^t(A(t)\xi(t) - \dot{\xi}(t) + r(t))h(t) + {}^th(t)B(t)U(t)^{-1}\,{}^tB(t)h(t) \right) dt.$$

Remarque 37. Notons que le contrôle optimal s'écrit bien sous forme de boucle fermée

$$u(t) = K(t)(x(t) - \xi(t)) + H(t).$$

Considérons maintenant le système de contrôle non linéaire dans $\mathbb{R}^n$

$$\dot{x}(t) = f(x(t), u(t)),$$

où $f : \mathbb{R}^n \times \mathbb{R}^m \to \mathbb{R}^n$ est C^1, et les contrôles admissibles u sont à valeurs dans $\Omega \subset \mathbb{R}^m$. Soit $(x_e(\cdot), u_e(\cdot))$ une trajectoire solution sur $[0, T]$, telle que pour tout $t \in [0, T]$ on ait $u(t) \in \overset{\circ}{\Omega}$.

Supposons maintenant que le système soit légèrement perturbé, ou bien que l'on parte d'une condition initiale proche de $x_e(0)$, et que l'on veuille suivre le plus possible la trajectoire nominale $x_e(\cdot)$. Posons alors $y(\cdot) = x(\cdot) - x_e(\cdot)$ et $v(\cdot) = u(\cdot) - u_e(\cdot)$. Au premier ordre, $y(\cdot)$ est solution du système linéarisé

$$\dot{y}(t) = A(t)y(t) + B(t)v(t),$$

où

$$A(t) = \frac{\partial f}{\partial x}(x_e(t), u_e(t)), \ B(t) = \frac{\partial f}{\partial u}(x_e(t), u_e(t)).$$

Le but est alors de rendre l'erreur $y(\cdot)$ la plus petite possible, ce qui nous amène à considérer, pour ce système linéaire, un coût quadratique du type précédent, où les matrices de pondération Q, W, U sont à choisir en fonction des données du problème. Il s'agit, au premier ordre, d'un problème de poursuite avec $\xi = x_e$. En particulier on a $h = 0$ pour ce problème.

C'est cette stratégie que l'on adopte pour stabiliser la navette vers sa trajectoire de référence.

Application au problème de stabilisation de la navette

Pour tenir compte de la contrainte sur le contrôle, il faut d'abord modifier la trajectoire nominale $x_e(\cdot)$ obtenue précédemment de façon à ce qu'elle respecte la nouvelle contrainte sur le contrôle $|u_e| \leqslant 1 - \varepsilon$, où ε est un petit paramètre. On choisit par exemple $\varepsilon = 0.05$. On trouve alors de nouveaux temps de commutation, qui sont

$$t_1 = 143.59, \ t_2 = 272.05, \ t_3 = 613.37.$$

Les simulations sont effectuées en prenant des conditions initiales proches, mais différentes, de celles du tableau 8.1. Le choix des *poids* est important. On obtient des poids adaptés par tâtonnements, et en tenant compte de l'ordre respectif des variables du système. Ici on a pris

$$W = \begin{pmatrix} 10^{-6} & 0 & 0 \\ 0 & 10^{-2} & 0 \\ 0 & 0 & 10 \end{pmatrix}, \quad Q = \begin{pmatrix} 10^{-6} & 0 & 0 \\ 0 & 0 & 0 \\ 0 & 0 & 0 \end{pmatrix} \quad \text{et} \quad U = 10^{10}.$$

Bien entendu d'autres choix sont possibles. Ici notre choix de Q force l'altitude finale à être proche de l'altitude souhaitée. En revanche on laisse plus de liberté à la vitesse finale et à l'angle de vol final.

La trajectoire $x(\cdot)$ part d'un point $x(0)$ différent de $x_e(0)$. On a pris les données numériques suivantes :

- écart sur l'altitude initiale : 1500 m,
- écart sur la vitesse initiale : 40 m/s,
- écart sur l'angle de vol initial :−0.004 rad, soit −0.2292 deg.

Les résultats numériques obtenus sont assez satisfaisants : l'altitude finale obtenue est 15359 km, et la vitesse finale est 458 m/s. L'écart par rapport aux données souhaitées (altitude 15 km, vitesse 440 m/s) est donc assez faible.

Notons que l'écart sur l'angle de vol initial que nous avons pris ici est assez important. Cette pente initiale est en effet un paramètre très sensible dans les équations : si à l'entrée de la phase atmosphérique l'angle de vol est trop faible, alors la navette va rebondir sur l'atmosphère (phénomène bien connu, dit de rebond), et si au contraire il est trop important il sera impossible de redresser l'engin, qui va s'écraser au sol.

Les figures suivantes sont le résultat des simulations numériques. La figure 8.10 représente l'écart entre l'état nominal et l'état réel, et la figure 8.11 l'écart entre le contrôle nominal et le contrôle réel (contrôle bouclé, ou contrôle feedback). La figure 8.12 représente l'état, et la figure 8.13 le flux thermique. On constate que la contrainte sur le flux thermique est à peu près respectée. On peut conclure que la procédure de stabilisation ainsi réalisée est satisfaisante.

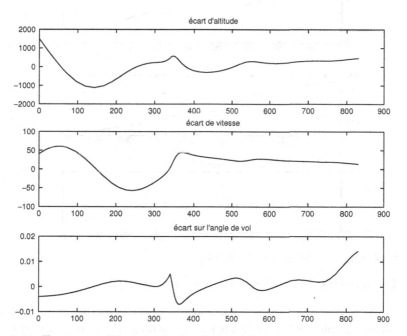

Fig. 8.10. Ecart entre l'état nominal et l'état réel

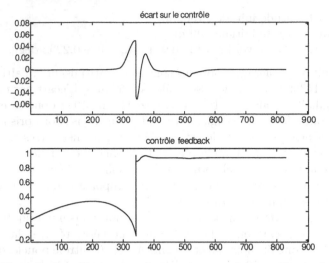

Fig. 8.11. Contrôle bouclé, et correction par rapport au contrôle nominal

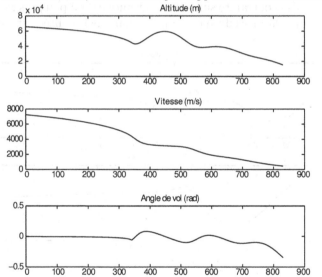

Fig. 8.12. Etat avec le contrôle feedback

8.3 Contrôle optimal du problème complet

Dans cette section nous effectuons le contrôle optimal de l'arc atmosphérique du système complet (8.5), en dimension six, soumis aux trois contraintes sur l'état : flux thermique, accélération normale, et pression dynamique.

8.3.1 Extrémales du problème non contraint

Considérons tout d'abord le problème sans contrainte sur l'état. Le Hamiltonien du système s'écrit

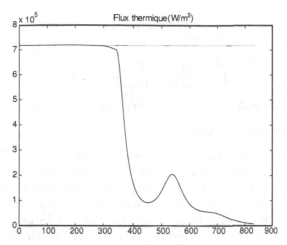

Fig. 8.13. Flux thermique avec le contrôle feedback

$$H(q,p,u) = \langle p, X(q) \rangle + u_1 \langle p, Y_1(q) \rangle + u_2 \langle p, Y_2(q) \rangle + p^0\varphi,$$

où $u = (u_1, u_2)$, $u_1 = \cos\mu$, $u_2 = \sin\mu$ et $p = (p_r, p_v, p_\gamma, p_L, p_l, p_\chi)$ est le vecteur adjoint.

En paramétrisant les trajectoires par $ds = \varphi(q)dt$, on se ramène à un problème de temps minimal. Les contrôles vérifient la contrainte non convexe $u_1^2 + u_2^2 = 1$, que l'on convexifie selon $u_1^2 + u_2^2 \leqslant 1$ de manière à assurer l'existence de solutions optimales. D'après le principe du maximum, les contrôles extrémaux sont donnés, en dehors de la surface $\Sigma : \langle p, Y_1 \rangle = \langle p, Y_2 \rangle = 0$, par

$$
\begin{aligned}
u_1 = \cos\mu &= \frac{\langle p, Y_1 \rangle}{\sqrt{\langle p, Y_1 \rangle^2 + \langle p, Y_2 \rangle^2}} = \frac{\cos\gamma\, p_\gamma}{\sqrt{\cos^2\gamma\, p_\gamma^2 + p_\chi^2}}, \\
u_2 = \sin\mu &= \frac{\langle p, Y_2 \rangle}{\sqrt{\langle p, Y_1 \rangle^2 + \langle p, Y_2 \rangle^2}} = \frac{p_\chi}{\sqrt{\cos^2\gamma\, p_\gamma^2 + p_\chi^2}}
\end{aligned}
\tag{8.28}
$$

Les extrémales correspondantes sont dites *régulières*, et celles qui sont contenues dans la surface Σ sont dites *singulières*.

Remarque 38. Supposons que Ω soit négligeable. Si on impose $u_2 = 0$, on obtient un système de contrôle affine mono-entrée étudié dont la projection sur l'espace (r, v, γ) a été étudiée dans la section précédente. Dans ce cas, la force de portance est tangente au plan de la trajectoire du système libre, et l'algèbre de Lie engendrée par X, Y_1 est de dimension $\leqslant 4$. Les relations

$$\frac{d\chi}{dt} = \frac{v}{r}\cos\gamma\sin\chi\tan L, \quad \frac{dL}{dt} = \frac{v}{r}\cos\gamma\cos\chi,$$

conduisent à la réduction cruciale

$$\frac{d\chi}{dL} = \tan\chi\tan L,$$

et la relation

$$\int_{\chi(0)}^{\chi} \frac{d\chi}{\tan\chi} = \int_{L(0)}^{L} \tan L \, dL.$$

En particulier l'évolution $L \mapsto \chi(L)$ ne dépend pas du contrôle.

Calcul des extrémales singulières

Calculons les extrémales contenues dans la surface Σ, i.e. telles que $p_\gamma = p_\chi = 0$. Elles se projettent sur les trajectoires singulières du système affine $\dot{q} = X(q) + u_1 Y_1(q) + u_2 Y_2(q)$. Les trajectoires singulières (singularités de l'application entrée-sortie) étant feedback invariantes (voir [10]), on peut remplacer Y_1 par le champ de vecteurs constant $\partial/\partial\gamma$, et Y_2 par $\partial/\partial\chi$. Dans ce cas, $[Y_1, Y_2] = 0$, et on peut considérer γ et χ comme des contrôles. Des calculs formels sur les crochets de Lie conduisent au résultat suivant (pour plus de détails, voir [14]).

Lemme 59. *Les trajectoires singulières du système bi-entrée $\dot{q} = X(q) + u_1 Y_1(q) + u_2 Y_2(q)$ vérifient $\chi = k\pi$, $k \in \mathbb{Z}$.*

Les simulations numériques montrent que cette situation n'arrive jamais, en fait on verra que $\chi(t) \in]0, \pi/2]$ dans le domaine de vol.

Calcul des extrémales régulières

Les contrôles extrémaux sont alors donnés par les formules (8.28). Le calcul du système extrémal est compliqué en raison du nombre de termes, et a été réalisé avec Maple. Le Hamiltonien est $H = \langle p, X + u_1 Y_1 + u_2 Y_2 \rangle + p^0 \varphi$ où $p^0 \leqslant 0$.

$$\frac{dr}{dt} = v\sin\gamma$$

$$\frac{dv}{dt} = -\frac{g_0\sin\gamma}{r^2} - k\,\rho\,v^2 + \Omega^2\,r\,\cos L\,(\sin\gamma\cos L - \cos\gamma\sin L\cos\chi)$$

$$\frac{d\gamma}{dt} = \left(-\frac{g_0}{r^2\,v} + \frac{v}{r}\right)\cos\gamma + k'\,\rho\,v\,\cos\mu + 2\,\Omega\,\cos L\,\sin\chi$$
$$\quad + \frac{\Omega^2\,r}{v}\,\cos L\,(\cos\gamma\cos L + \sin\gamma\sin L\cos\chi)$$

$$\frac{dL}{dt} = \frac{v}{r}\,\cos\gamma\,\cos\chi$$

$$\frac{dl}{dt} = \frac{v}{r}\,\frac{\cos\gamma\,\sin\chi}{\cos L}$$

$$\frac{d\chi}{dt} = \frac{k'\,\rho\,v}{\cos\gamma}\,\sin\mu + \frac{v}{r}\,\cos\gamma\,\tan L\,\sin\chi + 2\,\Omega\,(\sin L - \tan\gamma\cos L\cos\chi)$$
$$\quad + \Omega^2\,\frac{r}{v}\,\frac{\sin L\,\cos L\,\sin\chi}{\cos\gamma}$$

$$\frac{dp_r}{dt} = -p_v \left(2 \frac{g_0 \sin \gamma}{r^3} + \frac{k \rho v^2}{h_s} + \Omega^2 \cos L \left(\sin \gamma \cos L \right. \right.$$
$$\left. \left. - \cos \gamma \sin L \cos \chi \right) \right)$$
$$- p_\gamma \left(\left(2 \frac{g_0}{r^3 v} - \frac{v}{r^2} \right) \cos \gamma - \frac{k' \rho v}{h_s} \cos \mu \right.$$
$$\left. + \frac{\Omega^2}{v} \cos L \left(\cos \gamma \cos L + \sin \gamma \sin L \cos \chi \right) \right)$$
$$+ p_L \frac{v}{r^2} \cos \gamma \cos \chi + p_l \frac{v}{r^2} \frac{\cos \gamma \sin \chi}{\cos L}$$
$$- p_\chi \left(- \frac{k' \rho v}{h_s \cos \gamma} \sin \mu - \frac{v}{r^2} \cos \gamma \tan L \sin \chi \right.$$
$$\left. + \frac{\Omega^2}{v} \frac{\sin L \cos L \sin \chi}{\cos \gamma} \right)$$
$$+ p^0 \frac{C_q \sqrt{\rho} v^3}{2 h_s}$$

$$\frac{dp_v}{dt} = -p_r \sin \gamma + 2 p_v k \rho v - p_\gamma \left(\left(\frac{g_0}{r^2 v^2} + \frac{1}{r} \right) \cos \gamma + k' \rho \cos \mu \right.$$
$$\left. - \frac{\Omega^2 r}{v^2} \cos L \left(\cos \gamma \cos L + \sin \gamma \sin L \cos \chi \right) \right) - p_L \frac{\cos \gamma \cos \chi}{r}$$
$$- p_l \frac{\cos \gamma \sin \chi}{r \cos L}$$
$$- p_\chi \left(\frac{k' \rho}{\cos \gamma} \sin \mu + \frac{\cos \gamma \tan L \sin \chi}{r} - \frac{\Omega^2 r}{v^2} \frac{\sin L \cos L \sin \chi}{\cos \gamma} \right)$$
$$- 3 p^0 C_q \sqrt{\rho} v^2$$

$$\frac{dp_\gamma}{dt} = -p_r v \cos \gamma - p_v \left(- \frac{g_0}{r^2} \cos \gamma + \Omega^2 r \cos L \left(\cos \gamma \cos L \right. \right.$$
$$\left. \left. + \sin \gamma \sin L \cos \chi \right) \right)$$
$$- p_\gamma \left(\left(\frac{g_0}{r^2 v} - \frac{v}{r} \right) \sin \gamma + \frac{\Omega^2 r}{v} \cos L \left(- \sin \gamma \cos L \right. \right.$$
$$\left. \left. + \cos \gamma \sin L \cos \chi \right) \right)$$
$$+ p_L \frac{v}{r} \sin \gamma \cos \chi + p_l \frac{v}{r} \frac{\sin \gamma \sin \chi}{\cos L}$$
$$- p_\chi \left(k' \rho v \frac{\sin \gamma}{\cos^2 \gamma} \sin \mu - \frac{v}{r} \sin \gamma \tan L \sin \chi \right.$$
$$\left. - 2 \Omega \left(1 + \tan^2 \gamma \right) \cos L \cos \chi + \frac{\Omega^2 r}{v} \frac{\sin L \cos L \sin \chi \sin \gamma}{\cos^2 \gamma} \right)$$

$$\frac{dp_L}{dt} = -p_v\Big(-\Omega^2 r \sin L\,(\sin\gamma\cos L - \cos\gamma\sin L\cos\chi)$$

$$+ \Omega^2 r \cos L\,(-\sin\gamma\sin L - \cos\gamma\cos L\cos\chi)\Big)$$

$$-p_\gamma\Big(-2\,\Omega\sin L\sin\chi - \frac{\Omega^2 r}{v}\sin L\,(\cos\gamma\cos L$$

$$+\sin\gamma\sin L\cos\chi)$$

$$+\frac{\Omega^2 r}{v}\cos L\,(-\cos\gamma\sin L + \sin\gamma\cos L\cos\chi)\Big)$$

$$-p_l\frac{v}{r}\frac{\cos\gamma\sin\chi\sin L}{\cos^2 L}$$

$$-p_\chi\Big(\frac{v}{r}\cos\gamma\,(1+\tan^2 L)\sin\chi + 2\,\Omega\,(\cos L + \tan\gamma\sin L\cos\chi)$$

$$+\frac{\Omega^2 r}{v}\frac{\cos^2 L\sin\chi}{\cos\gamma} - \frac{\Omega^2 r}{v}\frac{\sin^2 L\sin\chi}{\cos\gamma}\Big)$$

$$\frac{dp_l}{dt} = 0$$

$$\frac{dp_\chi}{dt} = -p_v\,\Omega^2 r\cos L\cos\gamma\sin L\sin\chi$$

$$-p_\gamma\Big(2\,\Omega\cos L\cos\chi - \frac{\Omega^2 r}{v}\cos L\sin L\sin\gamma\sin\chi\Big)$$

$$+p_L\frac{v}{r}\cos\gamma\sin\chi - p_l\frac{v}{r}\frac{\cos\gamma\cos\chi}{\cos L}$$

$$-p_\chi\Big(\frac{v}{r}\cos\gamma\tan L\cos\chi + 2\,\Omega\tan\gamma\cos L\sin\chi$$

$$+\frac{\Omega^2 r}{v}\frac{\sin L\cos L\cos\chi}{\cos\gamma}\Big)$$

Remarque 39. L'analyse du flot extrémal, initialisée dans [14], est complexe. Ceci est dû d'une part aux singularités méromorphes en $p_\gamma = p_\chi = 0$, d'autre part à l'existence d'extrémales singulières. Heureusement, dans notre problème, on n'a pas besoin de connaître une classification des extrémales, car les conditions limites conduisent via les conditions de transversalité à des simplifications et réductions notables.

8.3.2 Construction d'une trajectoire quasi-optimale

On prend maintenant en compte les trois contraintes sur l'état. Les simulations numériques montrent que la contrainte sur le flux thermique concerne les vitesses élevées, celle sur l'accélération normale concerne les vitesses moyennes, et celle sur la pression dynamique concerne les basses vitesses. Donc, si la trajectoire contient des arcs frontières, cela doit être dans l'ordre suivant : flux thermique, accélération normale, pression dynamique. Par ailleurs l'étude faite sur le système simplifié en dimension trois montre qu'un arc frontière iso-flux est inévitable ; en fait cet arc représente le moment stratégique du vol, et aussi le plus dangereux.

Début de la trajectoire

Pour construire le début de la trajectoire, faisons deux remarques préliminaires.

1. Observation numérique : la force de Coriolis. Selon les données numériques du tableau 8.1, les valeurs initiale et finale $r(0)$, $v(0)$, $\gamma(0)$, $L(0)$, $r(t_f)$, $v(t_f)$, $L(t_f)$, $l(t_f)$ sont fixées, et par ailleurs $l(0)$ est libre ou fixée, et $\chi(0)$, $\gamma(t_f)$, $\chi(t_f)$ sont libres.

Numériquement on observe le phénomène suivant. Si $\Omega = 0$, alors pour tout contrôle $\mu(t)$, la trajectoire associée partant de $(r(0), v(0), \gamma(0))$ viole la contrainte sur le flux thermique en un temps t_f tel que $r(t_f) \leqslant r_T + 40000$.

Par conséquent, la force de Coriolis ne peut pas être négligée au début de la trajectoire. Elle est en fait utilisée pour permettre à la navette de joindre un arc frontière iso-flux. Cela peut se comprendre en analysant l'équation

$$\dot{\gamma} = \left(-\frac{g}{v} + \frac{v}{r}\right) \cos\gamma + k'\rho v \cos\mu + F_c + F_e,$$

où

$$F_c = 2\Omega \cos L \sin\chi$$

est la composante de Coriolis, et

$$F_e = \Omega^2 \frac{r}{v} \cos L(\cos\gamma\cos L + \sin\gamma\sin L\cos\chi)$$

est la composante centripète. Au début de la phase de rentrée atmosphérique, la force de portance est très peu intense, et F_c compense le terme gravitationnel $-g/v$. En particulier, au début de la trajectoire il faut que $F_c + F_e > 0$. Concrètement, la force de Coriolis aide la navette à se redresser de manière à respecter la contrainte sur le flux thermique. Par ailleurs il est facile de voir que F_c est maximale lorsque $L = 0$ et $\chi = \pi/2$. Ceci est confirmé par les simulations numériques, qui montrent que les trajectoires respectant la contrainte sur le flux thermique doivent être telles que $\chi(0)$ est proche de $\pi/2$ (notons par ailleurs que la donnée $L(0) = 0$ est imposée).

2. Une extrémale particulière. Sans avoir à négliger Ω, on observe que les trajectoires telles que $\chi(0) = \pm\pi/2$ et $L(0) = 0$, associées à un contrôle tel que $\sin\mu = 0$, vérifient $\chi(t) = \pm\pi/2$ et $L(t) = 0$ pour tout t. En fait on peut montrer que ces trajectoires sont des projections d'extrémales pour le problème (auxiliaire) de maximiser la longitude finale (voir [12]).

Ces deux remarques préliminaires montrent que, au début de la phase atmosphérique, on peut considérer avec une bonne approximation que la trajectoire se projette sur la trajectoire optimale du système simplifié en dimension trois, étudié à la section précédente. On est donc amené à choisir le contrôle $\mu = \pi$, puis $\mu = 0$, l'instant de commutation étant un paramètre permettant de régler l'entrée dans l'arc iso-flux.

Seconde partie de la trajectoire

En fait la rotation de la Terre n'est non-négligeable qu'au début de la trajectoire, mais à partir du moment où on a rejoint la phase iso-flux on constate numériquement que les forces de Coriolis et centripète sont négligeables par rapport aux forces de frottement et de gravitation. On peut donc désormais supposer que $\Omega = 0$. L'avantage est que le sous-système longitudinal étudié précédemment est autonome.

Concernant les contraintes sur l'état, on vérifie numériquement que les deux contraintes sur le flux thermique et sur l'accélération normale sont actives, mais que si on cherche à saturer la contrainte sur la pression dynamique alors le point final désiré n'est plus accessible. Ainsi, les conditions aux limites impliquent que la contrainte sur la pression dynamique n'est pas active au cours vu vol.

Par ailleurs, d'après la proposition 79 du Chap. 7 on a le résultat suivant.

Lemme 60. *Considérons le système $\dot{x} = X + uY$, où $x \in \mathbb{R}^3$ et $|u| \leqslant 1$ décrivant le mouvement longitudinal soumis aux deux contraintes $c_i(x) \leqslant 0, i = 1, 2$, sur le flux thermique et l'accélération normale. Soit x_0 un point tel que $c_1(x_0) = c_2(x_0) = 0$. Alors, dans un voisinage de x_0, la politique optimale est de la forme $\gamma_- \gamma_+^T \gamma_{flux} \gamma_+^B \gamma_{acc} \gamma_+^T \gamma_-$, où γ_{flux}, γ_{acc} sont des arcs frontières, et γ_+^B est le seul arc intermédiaire entre les deux contraintes, tangent aux deux surfaces $c_1 = 0$ et $c_2 = 0$.*

A ce point de l'étude, il faut distinguer deux problèmes, car dans les conditions limites la longitude initiale peut être fixée ou non.

Problème 1 : longitude initiale libre

Dans ce cas, la longitude l n'apparaissant pas dans le second membre du système, on se ramène à un système de dimension 5. Le lemme précédent décrit la politique optimale locale du sous-système cinématique (mouvement longitudinal) pour des conditions aux limites *fixées* sur (r, v, γ). L'angle final $\gamma(t_f)$ étant libre, on en déduit (condition de transversalité) $p_\gamma(t_f) = 0$, et il faut retirer une commutation dans la politique précédente. Autrement dit, la politique optimale locale est dans ce cas de la forme $\gamma_- \gamma_+^T \gamma_{flux} \gamma_+^B \gamma_{acc} \gamma_+^T$. Ceci est en fait valable pour le système entier puisque d'après la remarque 38, le paramètre $\chi(0)$ (proche de $\pi/2$) permet d'ajuster la valeur finale $L(t_f)$ de la latitude. De plus ce résultat est global, car on vérifie numériquement que cette extrémale ainsi construite est la seule à satisfaire les conditions aux limites désirées.

Problème 2 : longitude initiale fixée

Remarquons tout d'abord que, dans le problème 1, on obtient numériquement $l(t_f) - l(0) \simeq 40$ deg. Pour le problème 2 où la longitude initiale est imposée, cette différence doit être de l'ordre de 50 deg. Par conséquent la stratégie consiste, par rapport au problème précédent, à augmenter la longitude initiale dont l'évolution est décrite par

$$l = \frac{v}{r} \frac{\cos \gamma \sin \chi}{\cos L},$$

avec L proche de 0. On peut alors vérifier que $l(t)$ est forcément, pour ces conditions aux limites, une fonction strictement croissante (cela est dû au fait que $\chi(t) \in]0, \pi/2[$ au cours du vol). On peut donc reparamétriser le système par la longitude :

$$\frac{dr}{dl} = r \frac{\tan \gamma \cos L}{\sin \chi}$$

$$\frac{dv}{dl} = -k\rho \, r \frac{v}{\cos \gamma} \frac{\cos L}{\sin \chi} - \frac{gr \cos L \tan \gamma}{v \sin \chi}$$

$$\frac{dL}{dl} = \frac{\cos L}{\tan \chi}$$

$$\frac{d\chi}{dl} = \frac{k'\rho \, r}{\cos^2 \gamma} \frac{\cos L}{\sin \chi} \sin \mu + \sin L$$

On a de plus déjà remarqué que si $\sin \mu = 0$ alors $\tan \chi \tan L \, dL = d\chi$. Par conséquent on s'est ramené au problème d'atteindre de manière optimale le point $(r(l_f), v(l_f), L(l_f))$, où l_f est fixé. Comme précédemment, $\chi(0)$ permet de régler $L(l_f)$. Un arc final γ_- est donc requis pour atteindre le point terminal.

Par ailleurs numériquement on constate que dans ce cas la contrainte sur l'accélération normale n'est plus active. On en déduit que dans ce cas la politique optimale est donnée, en approximation, par $\gamma_- \gamma_+^T \gamma_{flux} \gamma_+^T \gamma_-$.

Résumons ces résultats dans une proposition.

Proposition 85. *La trajectoire optimale de l'arc atmosphérique satisfaisant les conditions aux limites du tableau 8.1 est, en approximation, de la forme :*

- $\gamma_- \gamma_+ \gamma_{flux} \gamma_+ \gamma_{acc} \gamma_+^T$ *pour le problème 1 (longitude initiale libre)*,
- $\gamma_- \gamma_+ \gamma_{flux} \gamma_+ \gamma_-$ *pour le problème 2 (longitude initiale fixée)*,

où γ_+ (resp. γ_-) est un arc associé au contrôle $\mu = 0$ (resp. $\mu = \pi$), et γ_{flux} (resp. γ_{acc}) est un arc frontière pour la contrainte sur le flux thermique (resp. sur l'accélération normale), voir figures 8.14 et 8.15.

Ce résultat est une approximation qui consiste à écrire $\sin \mu \approx 0$ en dehors des arcs frontières. Or, une simulation numérique du flot extrémal complet

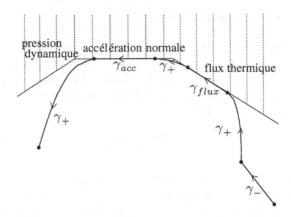

Fig. 8.14. Trajectoire quasi-optimale du problème 1

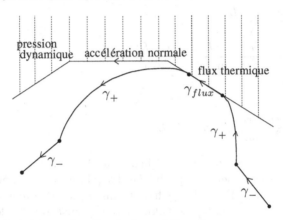

Fig. 8.15. Trajectoire quasi-optimale du problème 2

montre que cette approximation est très bonne, car $|p_\chi/p_\gamma|$ reste très petit (de l'ordre de 10^{-3}) sauf pendant des temps très courts (lorque p_γ s'annule).

L'expression des contrôles frontières est calculée, comme dans la section précédente, à l'aide de Maple (pour le détail des calculs, voir [12]). Les simulations numériques sont effectuées dans le chapitre suivant, à l'aide d'une méthode de *tir multiple*.

8.4 Notes et sources

Pour le modèle, voir [24]. Les résultats de nos recherches sont présentés dans [14, 11, 12].

9

Méthodes numériques en contrôle optimal

9.1 Introduction

Le but de ce chapitre est de présenter des *méthodes numériques indirectes* en contrôle optimal, utilisées dans nos études pour calculer numériquement les solutions optimales. Par opposition aux *méthodes directes*, qui consistent à discrétiser totalement le problème de contrôle optimal et se ramènent à un *problème d'optimisation non linéaire avec contraintes*, les méthodes indirectes sont fondées sur le principe du maximum, et nécessitent une étude théorique préalable, à savoir une analyse géométrique préliminaire du flot extrémal. L'application du principe du maximum réduit le problème à un *problème aux valeurs limites*, que l'on résout numériquement avec une *méthode de tir* (fondée sur une méthode de Newton).

Etant donné le contexte de cet ouvrage, on se limite aux méthodes indirectes. L'objectif est de fournir des algorithmes facilement implémentables, qui permettent de calculer des trajectoires optimales pour la topologie C^0, sous des conditions génériques, qui intègrent le calcul des extrémales solutions du principe du maximum et la vérification des conditions suffisantes d'optimalité du second ordre.

L'organisation de ce chapitre est la suivante.

Nous rappelons tout d'abord une version générale du principe du maximum, puis expliquons le principe de la méthode de tir simple et de tir multiple. Ces méthodes sont illustrées par deux applications non triviales : le transfert orbital, et le problème de rentrée atmosphérique. Nous expliquons ensuite la méthode de continuation, essentielle lors de la mise en oeuvre de la méthode de tir.

La section suivante est consacrée aux méthodes du second ordre. Le principe du maximum donne en effet une condition nécessaire d'optimalité du premier ordre, mais réciproquement la projection d'une extrémale n'est pas nécessairement optimale. Nous rappelons la théorie des points conjugués, et donnons des algorithmes de calculs.

9.2 Méthodes du premier ordre : tir simple, tir multiple

9.2.1 Préliminaires

Rappelons le principe du maximum, le temps final étant libre.

Principe du maximum sans contrainte sur l'état

Considérons le système de contrôle dans $\mathbb{R}^n$

$$\dot{x}(t) = f(x(t), u(t)), \tag{9.1}$$

où $f : \mathbb{R}^n \times \mathbb{R}^m \longrightarrow \mathbb{R}^n$ est lisse et où les contrôles sont des applications mesurables et bornées définies sur des intervalles $[0, t(u)]$ de $\mathbb{R}^+$ et à valeurs dans $U \subset \mathbb{R}^m$. Soient M_0 et M_1 deux sous-ensembles de $\mathbb{R}^n$. On note $\mathcal{U}$ l'ensemble des contrôles admissibles dont les trajectoires associées relient un point initial de M_0 à un point final de M_1. Pour un tel contrôle on définit le coût

$$C(u) = \int_0^{t(u)} f^0(x(t), u(t)) dt,$$

où $f^0 : \mathbb{R}^n \times \mathbb{R}^m \longrightarrow \mathbb{R}$ est C^1 et $x(\cdot)$ est la trajectoire solution de (9.1) associée au contrôle u (problème de contrôle optimal à temps final non fixé).

Si le contrôle $u \in \mathcal{U}$ est optimal sur $[0, t_*]$, alors il existe une application non triviale $(p(\cdot), p^0) : [0, t_*] \longrightarrow \mathbb{R}^n \times \mathbb{R}$ absolument continue appelée vecteur adjoint, où p^0 est une constante négative ou nulle, telle que la trajectoire optimale x associée au contrôle u vérifie presque partout sur $[0, t_*]$ le système

$$\dot{x} = \frac{\partial H}{\partial p}(x, p, p^0, u), \quad \dot{p} = -\frac{\partial H}{\partial x}(x, p, p^0, u), \tag{9.2}$$

où $H(x, p, p^0, u) = \langle p, f(x, u) \rangle + p^0 f^0(x, u)$ est le Hamiltonien du système, et on a la condition de maximisation presque partout sur $[0, t_*]$

$$H(x(t), p(t), p^0, u(t)) = M(x(t), p(t), p^0), \tag{9.3}$$

où $M(x(t), p(t), p^0) = \max_{v \in U} H(x(t), p(t), p^0, v)$. De plus on a pour tout $t \in [0, t_*]$

$$M(x(t), p(t), p^0) = 0. \tag{9.4}$$

Si M_0 et M_1 (ou juste l'un des deux ensembles) sont des sous-variétés régulières de $\mathbb{R}^n$ ayant des espaces tangents en $x(0) \in M_0$ et $x(t_*) \in M_1$, alors le vecteur adjoint peut être choisi de manière à satisfaire les conditions de transversalité aux deux extrémités

$$p(0) \perp T_{x(0)} M_0 \quad \text{et} \quad p(t_*) \perp T_{x(t_*)} M_1.$$

Définition 86. *On appelle extrémale un quadruplet $(x(\cdot), p(\cdot), p^0, u(\cdot))$ solution de (9.2) et (9.3). Si de plus les conditions de transversalité sont satisfaites, on dit que l'extrémale est une BC-extrémale.*

Principe du maximum avec contraintes sur l'état

Considérons le cas plus général où il existe des contraintes sur l'état de la forme $c_i(x) \leqslant 0$, $i = 1, \ldots, k$, et où les $c_i : \mathbb{R}^n \to \mathbb{R}$ sont lisses. Alors le vecteur adjoint $p(\cdot)$ n'est pas nécessairement continu, et $p(\cdot)$ est solution de l'équation intégrale

$$p(t) = p(t_*) + \int_t^{t_*} \frac{\partial H}{\partial x} dt - \sum_{i=1}^k \int_t^{t_*} \frac{\partial c_i}{\partial x} d\mu_i,$$

où les μ_i sont des mesures positives ou nulles dont le support est contenu dans $\{t \in [0, t_*] \mid c_i(x(t)) = 0\}$.

9.2.2 Méthode de tir simple

Le principe du maximum donne une condition nécessaire d'optimalité et affirme que toute trajectoire optimale est la projection d'une extrémale. Si l'on est capable, à partir de la condition de maximum, d'exprimer le contrôle extrémal en fonction de $(x(t), p(t))$, alors le système extrémal est un système différentiel de la forme $\dot{z}(t) = F(t, z(t))$, où $z(t) = (x(t), p(t))$, et les conditions initiales, finales, et les conditions de transversalité, se mettent sous la forme $R(z(0), z(t_*)) = 0$. Finalement, on obtient le *problème aux valeurs limites*

$$\begin{cases} \dot{z}(t) = F(t, z(t)), \\ R(z(0), z(t_*)) = 0. \end{cases} \tag{9.5}$$

Remarque 40. Dans le cas non contraint, ce problème est bien posé car le nombre d'équations est égal au nombre d'inconnues. En revanche, dans le cas contraint, il existe une indétermination due à l'existence d'une mesure. Par ailleurs, si le temps final est libre, l'annulation du Hamiltonien fournit une équation supplémentaire.

Définition 87. *Notons $z(t, z_0)$ la solution du problème de Cauchy*

$$\dot{z}(t) = F(t, z(t)), \; z(0) = z_0,$$

et définissons la fonction de tir

$$G(t_*, z_0) = R(z_0, z(t_*, z_0)). \tag{9.6}$$

Le problème (9.5) aux valeurs limites est alors équivalent à

$$G(t_*, z_0) = 0,$$

i.e. il s'agit de *déterminer un zéro de la fonction de tir G.*
Ceci peut se résoudre par une méthode de Newton.

Remarque 41. Si la condition de maximisation (9.3) permet de déterminer localement le contrôle comme une fonction $u(x, p)$ lisse, alors la fonction de tir G est lisse, ce qui assure la validité de la méthode. De plus, pour appliquer une méthode de Newton il faut que G soit localement une immersion, ce qui est lié à l'existence de temps conjugués, voir plus loin.

Remarque 42. Rappelons brièvement le principe des méthodes de Newton. Il s'agit de résoudre numériquement $G(z) = 0$, où $G : \mathbb{R}^p \to \mathbb{R}^p$ est une fonction de classe C^1. L'idée de base est la suivante. Si z_k est proche d'un zéro z de G, alors

$$0 = G(z) = G(z_k) + dG(z_k).(z - z_k) + o(z - z_k).$$

On est alors amené à considérer la suite définie par récurrence

$$z_{k+1} = z_k - (dG(z_k))^{-1}.G(z_k),$$

un point initial $z_0 \in \mathbb{R}^p$ étant choisi, et on espère que z_k converge vers le zéro z. Ceci suppose donc le calcul de l'inverse de la matrice jacobienne de G, ce qui doit être évité numériquement. Il s'agit alors, à chaque étape, de résoudre l'équation

$$G(z_k) + dG(z_k).d_k = 0,$$

où d_k est appelé *direction de descente*, et on pose $z_{k+1} = z_k + d_k$.

Si la fonction est de classe C^2, l'algorithme de Newton converge, et la convergence est quadratique, voir par exemple [66]. Il existe de nombreuses variantes de la méthode Newton : méthode de descente, de quasi-Newton, de Newton quadratique, de Broyden, ... Cette méthode permet, en général, une détermination très précise d'un zéro. Son inconvénient principal est la petitesse du domaine de convergence. Pour faire converger la méthode, il faut que le point initial z_0 soit suffisamment proche de la solution recherchée z. Ceci suppose donc que pour déterminer le zéro z il faut avoir au préalable une idée approximative de la valeur de z.

Du point de vue du contrôle optimal, cela signifie que, pour appliquer une méthode de tir, il faut avoir une idée *a priori* de la trajectoire optimale cherchée. Ceci peut sembler paradoxal, mais il existe des moyens de se donner une approximation, même grossière, de cette trajectoire optimale. Il s'agit là en tout cas d'une caractéristique majeure des méthodes de tir : elles sont très précises mais requièrent une connaissance a priori (plus ou moins grossière) de la trajectoire optimale cherchée.

9.2.3 Méthode de tir multiple

Dans le cas du contrôle optimal, le système extrémal, qui est Hamiltonien, est toujours instable, ce qui peut créer des problèmes numériques dans l'application de la méthode de tir simple si le temps d'intégration est grand. Ceci justifie l'introduction de la méthode de tir multiple.

Par rapport à la méthode de tir simple, la méthode de tir multiple découpe l'intervalle $[0, t_f]$ en N intervalles $[t_i, t_{i+1}]$, et se donne comme inconnues les valeurs $z(t_i)$ au début de chaque sous-intervalle. Il faut prendre en compte des conditions de recollement en chaque temps t_i (conditions de continuité). L'intérêt est d'améliorer la stabilité de la méthode. Une référence classique pour l'algorithme de tir multiple est [66].

De manière plus précise, considérons un problème de contrôle optimal général. L'application du principe du maximum réduit le problème à un *problème aux valeurs limites* du type

$$\dot{z}(t) = F(t, z(t)) = \begin{cases} F_0(t, z(t)) & \text{si } t_0 \leqslant t < t_1 \\ F_1(t, z(t)) & \text{si } t_1 \leqslant t < t_2 \\ \;\;\vdots \\ F_s(t, z(t)) & \text{si } t_s \leqslant t \leqslant t_f \end{cases} \tag{9.7}$$

où $z = (x, p) \in \mathbb{R}^{2n}$ (p est le vecteur adjoint), et $t_1, t_2, \ldots, t_s \in [t_0, t_f]$ peuvent être des *temps de commutation*; dans le cas où le problème inclut des contraintes sur l'état, ils peuvent être des *temps de jonction* avec un arc frontière, ou bien des *temps de contact* avec la frontière. On a de plus des conditions de continuité sur l'état et le vecteur adjoint aux points de commutation. Dans le cas de contraintes sur l'état, on a des conditions de saut sur le vecteur adjoint, et des conditions sur la contrainte c en des points de jonction ou de contact, voir à ce sujet [39, 49, 15, 51, 11, 12]. De plus on a des conditions aux limites sur l'état, le vecteur adjoint (conditions de transversalité), et sur le Hamiltonien si le temps final est libre.

Remarque 43. A priori le temps final t_f est inconnu. Par ailleurs dans la méthode de tir multiple le nombre s de commutations doit être fixé ; on le détermine lorsque c'est possible par une analyse géométrique du problème.

La méthode de tir multiple consiste à subdiviser l'intervalle $[t_0, t_f]$ en N sous-intervalles, la valeur de $z(t)$ au début de chaque sous-intervalle étant inconnue. Plus précisément, soit $t_0 < \sigma_1 < \cdots < \sigma_k < t_f$ une subdivision *fixée* de l'intervalle $[t_0, t_f]$. En tout point σ_j la fonction z est *continue*. On peut considérer σ_j comme un point de commutation fixe, en lequel on a

$$\begin{cases} z(\sigma_j^+) = z(\sigma_j^-), \\ \sigma_j = \sigma_j^* \;\; \text{fixé.} \end{cases}$$

On définit maintenant les *nœuds*

$$\{\tau_1, \ldots, \tau_m\} = \{t_0, t_f\} \cup \{\sigma_1, \ldots, \sigma_k\} \cup \{t_1, \ldots, t_s\}. \tag{9.8}$$

Finalement on est conduit au *problème aux valeurs limites*

- $\dot{z}(t) = F(t, z(t)) = \begin{cases} F_1(t, z(t)) & \text{si } \tau_1 \leqslant t < \tau_2 \\ F_2(t, z(t)) & \text{si } \tau_2 \leqslant t < \tau_3 \\ \vdots \\ F_{m-1}(t, z(t)) & \text{si } \tau_{m-1} \leqslant t \leqslant \tau_m \end{cases}$ (9.9)

- $\forall j \in \{2, \ldots, m-1\}$ $r_j(\tau_j, z(\tau_j^-), z(\tau_j^+)) = 0$

- $r_m(\tau_m, z(\tau_1), z(\tau_m)) = 0$

où $\tau_1 = t_0$ est fixé, $\tau_m = t_f$, et les r_j représentent les conditions intérieures ou limites précédentes.

Remarque 44. On améliore la stabilité de la méthode en augmentant le nombre de noeuds. C'est là en effet le principe de la méthode de tir multiple, par opposition à la méthode de tir simple où les erreurs par rapport à la condition initiale évoluent exponentiellement en fonction de t_f-t_0, voir [66]. Bien sûr dans la méthode de tir multiple il y a beaucoup plus d'inconnues que dans la méthode de tir simple, mais éventuellement l'intégration du système (9.7) peut se paralléliser.

Posons $z_j^+ = z(\tau_j^+)$, et soit $z(t, \tau_{j-1}, z_{j-1}^+)$ la solution du problème de Cauchy

$$\dot{z}(t) = F(t, z(t)), \ z(\tau_{j-1}) = z_{j-1}^+.$$

On a

$$z(\tau_j^-) = z(\tau_j^-, \tau_{j-1}, z_{j-1}^+).$$

Les conditions intérieures et frontières s'écrivent

$$\forall j \in \{2, \ldots, m-1\} \quad r_j(\tau_j, z(\tau_j^-, \tau_{j-1}, z_{j-1}^+), z_j^+) = 0,$$
$$r_m(\tau_m, z_1^+, z(\tau_m^-, \tau_{m-1}, z_{m-1}^+)) = 0.$$ (9.10)

Posons maintenant

$$Z = (z_1^+, \tau_m, z_2^+, \tau_2, \ldots, z_{m-1}^+, \tau_{m-1})^T \in \mathbb{R}^{(2n+1)(m-1)}$$

(où $z \in \mathbb{R}^{2n}$). Alors les conditions (9.10) sont vérifiées si

$$G(Z) = \begin{pmatrix} r_m(\tau_m, z_1^+, z(\tau_m^-, \tau_{m-1}, z_{m-1}^+)) \\ r_2(\tau_2, z(\tau_2^-, \tau_1, z_1^+), z_2^+) \\ \vdots \\ r_{m-1}(\tau_m, z(\tau_{m-1}^-, \tau_{m-2}, z_{m-2}^+), z_{m-1}^+) \end{pmatrix} = 0.$$ (9.11)

On s'est donc ramené à déterminer un zéro de la fonction G, qui est définie sur un espace vectoriel dont la dimension est proportionnelle au nombre de points de commutation et de points de la subdivision. L'équation $G = 0$ peut alors être résolue itérativement par une méthode de type Newton.

9.2.4 Quelques remarques

Si la dynamique du système de contrôle est compliquée, le calcul du système extrémal, notamment des équations adjointes, peut être effectué avec un logiciel de calcul formel comme *Maple*, et donc ne pose pas de problème particulier.

Les méthodes indirectes fournissent une extrême précision numérique. De plus, la méthode de tir multiple est, par construction, parallélisable, et son implémentation peut donc être envisagée sur un réseau d'ordinateurs montés en parallèle.

En revanche,

- les méthodes indirectes calculent les contrôles optimaux sous forme de boucle ouverte ;
- elles sont fondées sur le principe du maximum qui est une condition nécessaire d'optimalité seulement, et donc il faut être capable de vérifier a posteriori l'optimalité de la trajectoire calculée ;
- la structure des commutations doit être connue à l'avance (par exemple par une étude géométrique du problème). De même, il n'est pas facile d'introduire des contraintes sur l'état.
- Deuxièmement, il faut être capable de deviner de bonnes conditions initiales pour l'état et le vecteur adjoint, pour espérer faire converger la méthode de tir. En effet le domaine de convergence de la méthode de Newton peut être assez petit en fonction du problème de contrôle optimal.

Il faut être capable de vérifier, a posteriori, que l'on a bien obtenu la trajectoire optimale. Les méthodes indirectes sont fondées sur le principe du maximum qui donne une condition nécessaire d'optimalité locale. Une fois ces trajectoires déterminées, la théorie des points conjugués (voir plus loin) permet d'établir qu'une extrémale est localement optimale avant son premier temps conjugué. L'optimalité globale est beaucoup plus difficile à établir en général, et sur des exemples spécifiques on l'établit numériquement.

Pour pallier l'inconvénient majeur des méthodes indirectes, à savoir la sensibilité extrême par rapport à la condition initiale, on propose plusieurs solutions.

Une première solution raisonnable consiste à combiner les deux approches : méthodes directes et indirectes. Quand on aborde un problème de contrôle optimal, on peut d'abord essayer de mettre en oeuvre une méthode directe. On peut ainsi espérer obtenir une idée assez précise de la structure des commutations, ainsi qu'une bonne approximation de la trajectoire optimale, et du vecteur adjoint associé. Si on souhaite plus de précision numérique, on met alors en oeuvre une méthode de tir, en espérant que le résultat fourni par la méthode directe donne une approximation suffisante de la trajectoire optimale cherchée, fournissant ainsi un point de départ appartenant au domaine de convergence de la méthode de tir. En combinant ainsi les deux approches (méthodes directes puis indirectes), on peut bénéficier de l'excellente précision numérique fournie par la méthode de tir tout en réduisant considérablement le désavantage dû à la petitesse de son domaine de convergence.

En appliquant d'abord une méthode directe, on peut obtenir une approximation de l'état adjoint. En effet, on a vu qu'une méthode directe consiste à résoudre numériquement un problème de programmation non linéaire avec contraintes. Les multiplicateurs de Lagrange associés au Lagrangien de ce problème de programmation non linéaire donnent une approximation de l'état adjoint (on a déjà vu que le vecteur adjoint n'est rien d'autre qu'un multiplicateur de Lagrange). A ce sujet, voir [15, 70, 28].

Une deuxième solution consiste à utiliser une méthode d'homotopie (ou méthode de continuation).

9.2.5 Méthode de continuation

Le principe de la méthode

Il s'agit de construire une famille de problèmes de contrôle optimal $(\mathcal{P}_\alpha)_{\alpha \in [0,1]}$ dépendant d'un paramètre $\alpha \in [0, 1]$, où le problème initial correspond à $\mathcal{P}_0$. On doit s'arranger pour que le problème $\mathcal{P}_1$ soit plus simple à résoudre que $\mathcal{P}_0$. Une telle famille ne peut être construite que si l'on possède une bonne intuition et une bonne connaissance de la physique du problème. Par la méthode de tir, chaque problème de contrôle optimal $\mathcal{P}_\alpha$ se ramène à la détermination d'un zéro d'une fonction. On obtient donc une famille à un paramètre d'équations non linéaires

$$G_\alpha(Z) = 0, \ \alpha \in [0, 1].$$

Supposons avoir résolu numériquement le problème $\mathcal{P}_1$, et considérons une subdivision $0 = \alpha_0 < \alpha_1 < \cdots < \alpha_p = 1$ de l'intervalle $[0, 1]$. La solution de $\mathcal{P}_1$ peut alors être utilisée comme point de départ de la méthode de tir appliquée au problème $\mathcal{P}_{\alpha_{p-1}}$. Puis, par une procédure inductive finie, la solution du problème $\mathcal{P}_{\alpha_{i+1}}$ constitue une condition initiale pour appliquer la méthode de tir au problème $\mathcal{P}_{\alpha_i}$. Bien entendu il faut choisir judicieusement la subdivision (α_i), et éventuellement la raffiner.

Pour faciliter l'intuition, il est important que le paramètre α soit un paramètre naturel du problème. Par exemple si le problème de contrôle optimal comporte une contrainte forte sur l'état, du type $c(x) \leqslant 1$, une méthode d'homotopie peut consister à relaxer cette contrainte, en résolvant d'abord des problèmes où $c(x) \leqslant A$, avec $A > 0$ grand. Cela revient donc à résoudre une série de problèmes de contrôle optimal où l'on introduit petit à petit la contrainte sur l'état. Mathématiquement, pour pouvoir espérer la convergence de la méthode en passant d'un pas à un autre, il faut que la chaîne de problèmes de contrôle optimal introduite dépende continûment du paramètre α.

On peut généraliser cette approche par homotopie :

* chaque problème $\mathcal{P}_\alpha$ peut lui-même être résolu par homotopie, i.e. par la résolution de sous-problèmes (ce peut être le cas si par exemple le problème

de contrôle optimal initial comporte plusieurs contraintes sur l'état forte-
ment actives) ;

- la classe de problèmes considérés peut dépendre de plusieurs paramètres.
dans ce cas il faut choisir un chemin dans l'espace des paramètres, reliant
le problème initial au problème plus simple à résoudre.

Validité de la méthode

La justification de la méthode repose sur le résultat suivant, voir [71].

Théorème 52. *Soit B la boule unité de $\mathbb{R}^n$, et soit $F : B \to B$ une application de classe C^2. Pour $a \in B$ et $\lambda \in [0,1]$, on pose $\rho_a(\lambda, x) =
\lambda(x - F(x)) + (1 - \lambda)(x - a)$. Supposons que pour chaque point fixe de F,
la matrice Jacobienne de l'application $x \mapsto x - F(x)$ est non singulière. Alors
pour presque tout point a appartenant à l'intérieur de B, l'ensemble des zéros
de ρ_a consiste en un nombre fini de courbes C^1, disjointes et de longueur finie,
de la forme :*

1. *une courbe fermée de $[0,1] \times B$;*
2. *un arc d'extrémités appartenant à $\{1\} \times B$;*
3. *une courbe joignant $(0, a)$ à $(1, \bar{x})$, où $\bar{x} \in B$ est un point fixe de F (voir
   figure 9.1).*

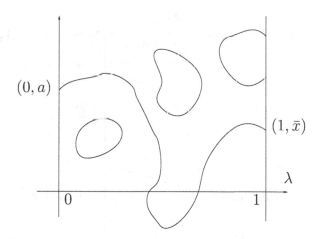

Fig. 9.1.

L'algorithme consiste donc à suivre la courbe de zéros de ρ_a, en appliquant
une méthode de Newton. Une approche plus fine consiste à paramétrer la
courbe des zéros par la longueur d'arc, $s \mapsto \rho_a(\lambda(s), \rho(s))$, ce qui revient à
résoudre le problème de Cauchy

$$\frac{d}{ds}\rho_a(\lambda(s), x(s)) = 0, \ x(0) = a, \ \lambda(0) = 0,$$

avec $\dot{\lambda}(s)^2 + \dot{x}(s)^2 = 1$.

La difficulté de l'utilisation de cette méthode est liée à la complexité du lieu des zéros en fonction du point initial a. Une analyse préliminaire du flot extrémal du problème de contrôle optimal est donc nécessaire pour estimer cette complexité.

Description algorithmique

Considérons la famille de problèmes $\mathcal{P}_\alpha$, $\alpha \in [0, 1]$,

$$(\mathcal{P}_\alpha) \qquad\qquad y' = f(x, y, \alpha), \ \ r(y(a), y(b), \alpha) = 0.$$

Le problème consiste à déterminer la solution $y(\alpha, x)$, pour $\alpha = 1$, en supposant que la solution pour $\alpha = 0$ soit simple à déterminer.

Considérons une subdivision de l'intervalle $[0, 1]$

$$0 = \alpha_0 < \alpha_1 < \cdots < \alpha_n = 1,$$

et notons $y(\alpha_i, x)$ la solution obtenue pour chaque α_i. Au rang i, la solution $y(\alpha_i, x)$ sert de donnée initiale dans la méthode de Newton pour déterminer au rang $i + 1$ la solution $y(\alpha_{i+1}, x)$ (voir figure 9.2).

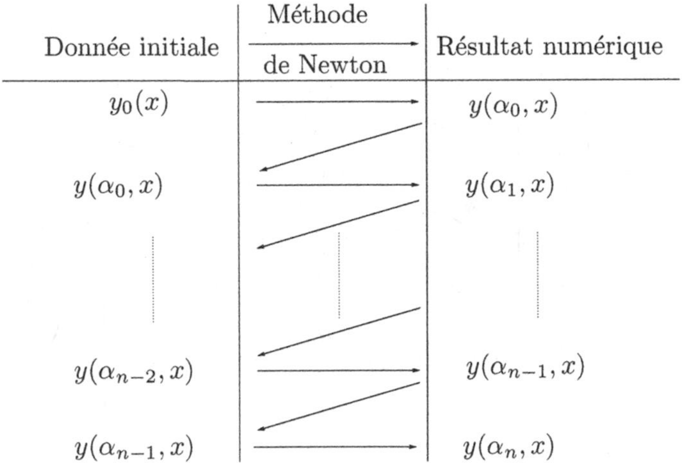

Donnée initiale	Méthode de Newton	Résultat numérique
$y_0(x)$		$y(\alpha_0, x)$
$y(\alpha_0, x)$		$y(\alpha_1, x)$
$\vdots$		$\vdots$
$y(\alpha_{n-2}, x)$		$y(\alpha_{n-1}, x)$
$y(\alpha_{n-1}, x)$		$y(\alpha_n, x)$

Fig. 9.2.

Finalement, $y(\alpha_n, x)$ constitue la solution désirée, du problème de départ.

Remarque 45. Pour que la méthode fonctionne, il faut que les pas de la subdivision $\alpha_{i+1} - \alpha_i$ soient assez petits.

Remarque 46. L'introduction de paramètres artificiels, sans rapport avec la physique du problème, du type

$$f(x, y, \alpha) = \alpha f(x, y) + (1 - \alpha)g(x, y),$$

où $f(x, y)$ est la dynamique du système de départ, et $g(x, y)$ est une dynamique "simple" choisie au hasard, ne marche pas en général, voir [26] pour plus de détails et d'autres commentaires.

9.2.6 Application au problème du transfert orbital plan

On reprend ici les notations du Chap. 6. On se restreint aux extrémales d'ordre 0, évitant ainsi la Π-singularité (néanmoins, une méthode à pas adaptatifs permet de gérer ce problème). Les extrémales sont donc solutions d'un champ lisse $\mathbf{H}_0$. Dans ce problème de transfert orbital plan, l'utilisation d'une méthode de tir simple, couplée à une méthode de continuation, s'avère plus judicieuse qu'une méthode de tir multiple. Pratiquement, le paramètre physique de continuation est la poussée maximale F_{max}, dont le champ $\mathbf{H}_0$ dépend de façon lisse d'après le principe du maximum. L'homotopie choisie permet d'initialiser facilement l'état adjoint à l'instant initial, l'application $F_{max} \mapsto p(0, F_{max})$ étant suffisamment régulière. En revanche, elle ne permet pas cette initialisation à d'éventuels autres instants de tir ; en effet lorsque F_{max} diminue, le temps final t_f augmente. Cela justifie la pertinence de l'utilisation du tir simple. La méthode de continuation consiste à suivre la solution optimale, d'une grande valeur de F_{max}, jusqu'à une petite valeur, correspondant à une poussée faible : par exemple, on passe de 60 N à 0.3 N, sachant que dans le cas d'une poussée forte (60 N), la méthode de tir simple converge sans difficulté.

Numériquement, on constate (voir [16]) que

$$t_f F_{max} \simeq C \text{ Cste.}$$

Cette information supplémentaire permet, dans l'application de la méthode de continuation, de rester sur la branche du lieu des zéros qui conduit à la solution optimale.

Notons que le choix des coordonnées est crucial. Ici, on travaille avec les coordonnées orbitales, qui permettent de séparer les variables lentes de la variable rapide l.

Les données initiales et terminales sont

$$
\begin{aligned}
P^0 &= 11.625 \text{ km} & P^f &= 42.165 \text{ km} \\
e_1^0 &= 0.75 & e_1^f &= 0 \\
e_2^0 &= 0 & e_2^f &= 0 \\
h_1^0 &= 0.0612 & h_1^f &= 0 \\
h_2^0 &= 0 & h_2^f &= 0 \\
l^0 &= 0 & l^f &\text{ libre} \\
m^0 &= 1500 \text{ kg} & \mu^0 &= 5.1658620912 \; 10^9 \; m^3 h^{-2}
\end{aligned}
$$

L'état et les contrôles obtenus pour les poussées successives

$$F_{max} = 60, \ 9, \ 0.5, \ 0.3,$$

sont représentés sur les figures 9.3, 9.4, 9.5, et 9.6, voir aussi [16].

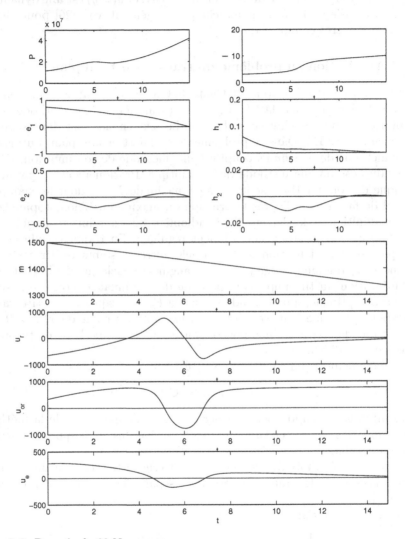

Fig. 9.3. Poussée de 60 N

Algorithme

Ci-dessous, on décrit un algorithme pour les simulations numériques. La programmation peut être effectuée avec un logiciel de calcul numérique comme

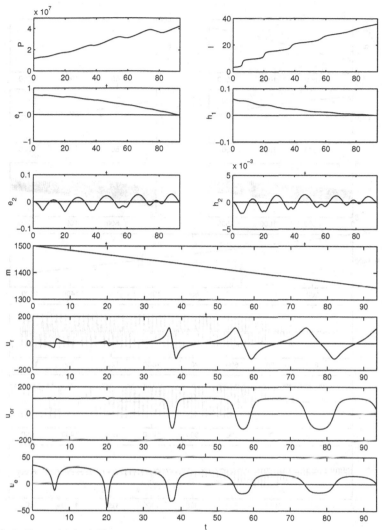

Fig. 9.4. Poussée de 9 N

Matlab qui contient de nombreuses routines standards. Par exemple, on peut utiliser la routine d'intégration numérique d'équations différentielles ordinaires *ode113.m*, qui met en œuvre la méthode d'Adams-Moulton (méthode multi-pas à ordre variable). Par ailleurs, une routine implémentant la méthode de Newton est *fsolve.m*. Enfin, le système extrémal peut être calculé à l'aide d'un logiciel de calcul formel comme *Maple*.

```
% Initialisation des variables :
    m^0 = 1500;  μ^0 = 5.1658620912e9;
% Initialisation des conditions initiales et finales :
```

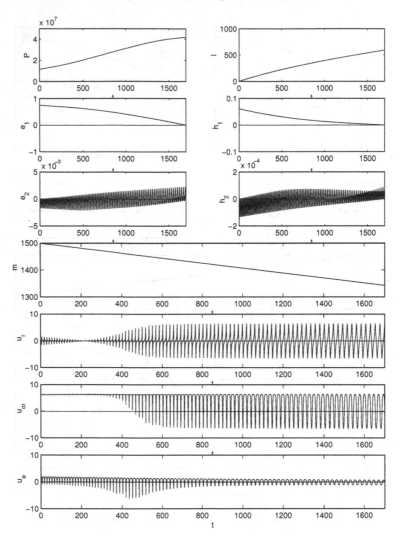

Fig. 9.5. Poussée de 0.5 N

$P^0 = 11.625e6$; $e_1^0 = 0.75$; $e_2^0 = 0$; $h_1^0 = 0.0612$; $h_2^0 = 0$; $l^0 = 0$;
% Initialisation de la poussée à 60 N :
  $F_{max} = 60$;
% Initialisation du vecteur adjoint $p(0)$ au temps 0 :
  $p_0 = [\ 1\ 1\ 1\ 1\ 1\ 1\ ]$;

% Méthode d'homotopie : on diminue petit à petit la valeur de F_{max} :
While $F_{max} > 0.3$
    $F_{max} = F_{max} - step$;
    % Initialisation de t_f :

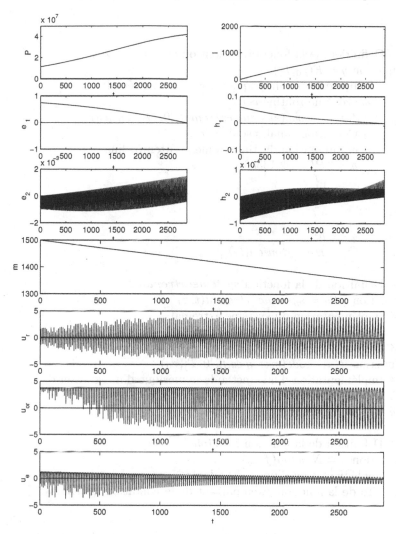

Fig. 9.6. Poussée de 0.3 N

$t_f = C/F_{max}$;
% Calcul du nouveau p_0, correspondant à F_{max}, et tel
% que les conditions finales soient vérifiées :
    $[p_0, t_f] = Newton(F, [p_0, t_f])$;
% En cas d'échec, diminuer la valeur du pas :
    If echec
        step = step/2 ;
        $F_{max} = F_{max} + step$;
    end

end

% Définition de la fonction F dont on cherche un zéro :
function $y = F(p_0, t_f)$
    % Intégration numérique du système extrémal,
    % avec une routine *ode* :
    $[t, x, p] = ode(systemeextremal, [0, t_f], [x_0, p_0])$;
    % Conditions finales souhaitées,
    % et annulation du Hamiltonien au temps final :
    $y = [\ P^f - 42.165e6$
        e_1^f
        e_2^f
        h_1^f
        h_2^f
        $Hamiltonien(t_f)\ ]$;

% Définition de la fonction *systemeextremal* :
function $zdot = systemeextremal(t, z)$
% Implémentation du système extrémal.

% Définition de la fonction *ode* :
function $[t, z] = ode(systemediff, [0, T], z_0)$
% Implémentation d'une méthode numérique d'intégration du
% système différentiel *systemediff* sur l'intervalle de temps
% $[0, T]$, avec la condition initiale $z(0) = z_0$.

% Définition de la fonction *Newton* :
function $z = Newton(f, z_0)$
% Implémentation d'une méthode de Newton, déterminant un
% zéro de la fonction f, en partant de la condition initiale z_0.

Remarque 47. On a utilisé une méthode de tir simple car le temps de transfert est assez court. Il n'y a pas de phénomène d'instabilité exponentielle.

En revanche, sur l'exemple suivant (rentrée atmosphérique), le système est raide. Par exemple, la densité atmosphérique passe de 10^{-12} en début de vol à 1 en fin de vol. Il y a donc, lors de l'intégration numérique, de fortes instabilités exponentielles. Pour les compenser, l'emploi d'une méthode de tir multiple est inévitable.

9.2.7 Application au problème de rentrée atmosphérique

On se replace dans le contexte du Chap. 8, et on distingue entre les deux problèmes : longitude initiale libre, et longitude initiale fixée.

Problème 1: longitude initiale libre

Les temps de commutation et les valeurs initiales de la longitude et de l'azimut sont calculés avec la méthode de tir multiple. Plus précisément :

- Le premier temps de commutation, de γ_- à γ_+, permet d'ajuster l'entrée dans la phase iso-flux, qui est caractérisée par $\varphi = \varphi^{\max}, \dot{\varphi} = 0$.
- Le troisième temps de commutation, de γ_{flux} à γ_+, est utilisé pour régler l'entrée dans la phase iso-accélération normale.
- Le cinquième temps de commutation, de γ_{acc} à γ_+, permet d'ajuster la vitesse finale $v(t_f)$.
- L'azimut initial $\chi(0)$ sert à régler la latitude finale $L(t_f)$.

Par ailleurs le temps final est déterminé par l'altitude finale.

Les résultats numériques sont représentés sur les figures 9.7 et 9.8.

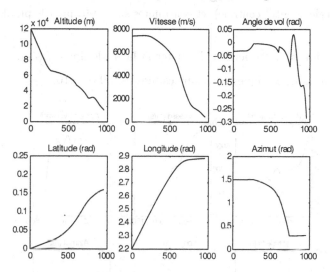

Fig. 9.7. Coordonnées d'état pour le problème 1

Problème 2: longitude initiale fixée

Les temps de commutation et la valeur initiale de l'azimut sont calculés avec la méthode de tir multiple. Plus précisément :

- Le premier temps de commutation, de γ_- à γ_+, permet d'ajuster l'entrée dans la phase iso-flux.
- Le troisième temps de commutation, de γ_{flux} à γ_+, permet de régler la vitesse finale $v(t_f)$.
- Le quatrième temps de commutation, de γ_+ à γ_-, est utilisé pour régler la longitude finale $l(t_f)$.

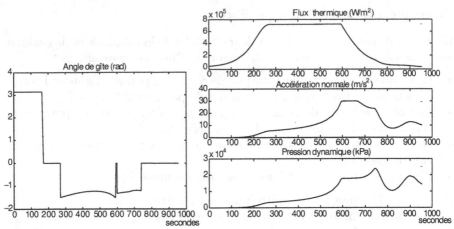

Fig. 9.8. Angle de gîte (contrôle), et contraintes sur l'état, pour le problème 1

- L'azimut initial $\chi(0)$ permet d'ajuster la latitude finale $L(t_f)$.

  Les résultats numériques sont sur les figures 9.9 et 9.10.

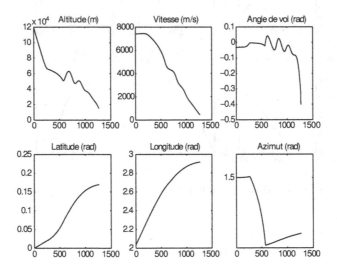

Fig. 9.9. Coordonnées d'état pour le problème 2

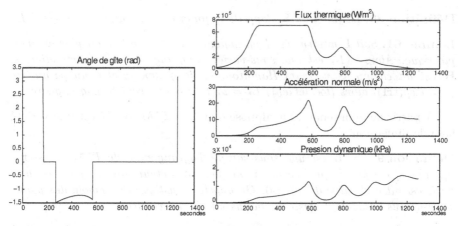

Fig. 9.10. Angle de gîte (contrôle) et contraintes sur l'état pour le problème 2

9.3 Méthodes du second ordre : théorie des points conjugués

9.3.1 Rappels sur les variétés Lagrangiennes - Equation de Jacobi

Définition 88. *Soit* (N, ω) *une variété symplectique de dimension* $2n$. *Une sous-variété régulière* L *de* N *est dite isotrope si son espace tangent en tout point est isotrope, i.e. la restriction de* $\omega(x)$ *à* $T_x L \times T_x L$ *est nulle, pour tout* $x \in L$. *Si de plus* L *est de dimension* n, *alors* L *est dite Lagrangienne.*

Exemple canonique

Soient (x, p) des coordonnées de Darboux sur $N = \mathbb{R}^{2n}$. Soit $S : x \mapsto S(x)$ une fonction lisse sur $\mathbb{R}^n$, et soit

$$L = \left\{ \left(x, p = \frac{\partial S}{\partial x}(x) \right) \mid x \in \mathbb{R}^n \right\}.$$

Alors L est une sous-variété Lagrangienne de N. En effet,

$$\sum_{i=1}^{n} dp_i \wedge dx_i = \sum_{i=1}^{n} d\frac{\partial S}{\partial x_i} \wedge dx_i = \sum_{i,j=1}^{n} \frac{\partial^2 S}{\partial x_i \partial x_j} dx_j \wedge dx_i = 0.$$

Plus généralement, on a

Proposition 86. *Soit* L *une variété Lagrangienne de dimension* n. *Alors il existe des coordonnées canoniques* (x, p) *et une fonction lisse* $S(x_I, p_{\bar{I}})$, *où* $I = \{1, \ldots, m\}$, $\bar{I} = \{m+1, \ldots, n\}$, *telles que* L *est définie par les équations*

$$p_I = \frac{\partial S}{\partial x_I}, \quad x_{\bar{I}} = -\frac{\partial S}{\partial p_I}.$$

Définition 89. *La fonction S s'appelle la fonction génératrice associée à L.*

Lemme 61. *Soit L une variété Lagrangienne, et φ un difféomorphisme symplectique. Alors $\varphi(L)$ est une sous-variété Lagrangienne. En particulier, si $\mathbf{H}$ est un champ de vecteurs Hamiltonien, de groupe local à un paramètre $\varphi_t = exp(t\mathbf{H})$, alors (localement) $L_t = \varphi_t(L)$ est une variété Lagrangienne.*

A partir de maintenant, on suppose que $N = T^*M$, où M est une variété lisse de dimension n.

Définition 90. *Si L est une sous-variété Lagrangienne de T^*M, et si π : $(q,p) \mapsto q$ désigne la projection canonique, un vecteur tangent non trivial v de L est dit vertical si $d\pi(v) = 0$. On appelle caustique l'ensemble des points x au-dessus desquels il existe au moins un champ vertical.*

Les exemples suivants montrent l'importance de la notion de variété Lagrangienne en théorie du contrôle optimal.

Exemple 8. Soit $x_0 \in M$. La fibre $L_0 = T_{x_0}^*M$ est une variété Lagrangienne linéaire de T^*M dont tous les vecteurs tangents sont verticaux.
Plus généralement, soit M_0 une sous-variété régulière de M. Alors, l'ensemble $M_0^\perp$ des éléments (x,p) de T^*M vérifiant $x \in M_0$ et $p \perp T_{x_0}M$ est une sous-variété Lagrangienne de T^*M.

Définition 91. *Soit $\mathbf{H}$ un champ de vecteurs Hamiltonien lisse sur T^*M, et soit $z(t) = (x(t), p(t))$ une trajectoire de $\mathbf{H}$ définie sur $[0, T]$. L'équation aux variations*

$$\dot{\delta z}(t) = \frac{\partial \mathbf{H}}{\partial z}(z(t))\delta z(t)$$

s'appelle l'équation de Jacobi. On appelle champ de Jacobi $J(t) = (\delta x(t), \delta p(t))$ une solution non triviale de l'équation de Jacobi. Il est dit vertical à l'instant t si $\delta x(t) = 0$. Un temps t_c est dit conjugué s'il existe un champ de Jacobi vertical aux instants 0 et t_c ; le point $x(t_c)$ est alors dit conjugué à $x(0)$.

Définition 92. *Pour tout $(x_0, p_0) \in T^*M$, on note*

$$z(t, x_0, p_0) = (x(t, x_0, p_0), p(t, x_0, p_0))$$

la trajectoire de $\mathbf{H}$ partant du point (x_0, p_0) au temps $t = 0$. On définit l'application exponentielle par

$$exp_{x_0}(t, p_0) = x(t, x_0, p_0).$$

Proposition 87. *Soient $x_0 \in M$, $L_0 = T_{x_0}^*M$, et L_t l'image de L_0 par le groupe local à un paramètre $exp(t\mathbf{H})$. Alors L_t est une sous-variété Lagrangienne de T^*M, dont l'espace tangent est engendré par les champs de Jacobi partant de L_0, et $x(t_c)$ est un point conjugué à x_0 si et seulement si l'application $exp_{x_0}(t_c, \cdot)$ n'est pas une immersion au point p_0.*

La preuve de la proposition résulte facilement de l'interprétation géométrique de l'équation aux variations.

Une généralisation du concept de point conjugué est la suivante.

Définition 93. *Soit M_1 une sous-variété régulière de M, et*

$$M_1^\perp = \{(x,p) \mid x \in M_1, \ p \perp T_x M_1\}.$$

On dit que T est un temps focal, et que $q(T)$ est un point focal, s'il existe un champ de Jacobi $J(t) = (\delta x(t), \delta p(t))$ tel que $\delta x(0) = 0$ et $J(T)$ est tangent à $M_1^\perp$.

9.3.2 Méthodes de calcul des temps conjugués

Test de verticalité

Soit $z(t) = (x(t), p(t))$ une trajectoire de **H** de référence, et $x_0 = x(0)$. Considérons une base $(e_1, \ldots, e_n)$ de $T_{x_0}^* M$, et notons $J_i(t) = (\delta x_i(t), \delta p_i(t))$, $i = 1, \ldots, n$, les champs de Jacobi correspondants, vérifiant $\delta x_i(0) = 0$ et $\delta p_i(0) = e_i$. Alors le temps t_c est conjugué si et seulement si le rang de

$$d\pi(z(t_c)).(J_1(t_c), \ldots, J_n(t_c)) = (\delta x_1(t_c), \ldots, \delta x_n(t_c))$$

est strictement inférieur à n.

Pour tester un point focal, on procède similairement, mais il faut intégrer le système variationnel en remontant le temps à partir de la variété terminale. Plus précisément, soit $z(t) = (x(t), p(t))$ une trajectoire de **H** de référence, définie sur $[-T, 0]$, et soit $x_0 = x(0)$. Considérons une base $(f_1, \ldots, f_n)$ de $T_{(x_0, p_0)} M_1^\perp$, et notons $\bar{J}_i(t) = (\delta x_i(t), \delta p_i(t))$, $i = 1, \ldots, n$, les champs de Jacobi correspondants, définis sur $[-T, 0]$, vérifiant $\bar{J}_i(0) = f_i$. Alors le temps t_c est focal si et seulement si le rang de

$$d\pi(z(-t_c)).(\bar{J}_1(-t_c), \ldots, \bar{J}_n(-t_c)) = (\delta x_1(-t_c), \ldots, \delta x_n(-t_c))$$

est strictement inférieur à n.

Equation de Riccati

L'équation aux variations est un système linéaire de dimension $2n$, de la forme $\dot{Z}(t) = A(t)Z(t)$, où Z est le vecteur colonne $(\delta x, \delta p)$, et la matrice $A(t)$ est Hamiltonienne. On définit la résolvante $\Phi(t)$ du système par $\dot{\Phi}(t) = A(t)\Phi(t)$, $\Phi(0) = Id$. En décomposant

$$\Phi(t) = \begin{pmatrix} \Phi_1(t) & \Phi_2(t) \\ \Phi_3(t) & \Phi_4(t) \end{pmatrix},$$

l'existence d'un champ de Jacobi vérifiant $\delta x(0) = \delta x(t_c) = 0$ équivaut à la condition

$$\text{rang } \Phi_2(t_c) < n.$$

En introduisant les coordonnées projectives $R(t) = \Phi_4(t)\Phi_2(t)^{-1}$, le test précédent équivaut donc à $\|R(t)\| \to +\infty$ lorsque $t \to t_c$. Cela revient à considérer l'équation de Riccati. En effet, considérons un système linéaire matriciel du type

$$\frac{d}{dt}\begin{pmatrix} X(t) \\ Y(t) \end{pmatrix} = \begin{pmatrix} C(t) & A(t) \\ -D(t) & -B(t) \end{pmatrix}\begin{pmatrix} X(t) \\ Y(t) \end{pmatrix},$$

où $X(t)$ est un bloc $n \times k$, et $Y(t)$ est une matrice $k \times k$ inversible. Alors $W(t) = X(t)Y(t)^{-1}$ est solution de l'équation de type Riccati

$$\dot{W}(t) = A(t) + W(t)B(t) + C(t)W(t) + W(t)D(t)W(t),$$

l'équation présentant des symétries dans le cadre Hamiltonien.

9.3.3 Temps conjugués en contrôle optimal

Le concept géométrique de point conjugué introduit précédemment est l'outil de base pour obtenir des conditions nécessaires et/ou suffisantes d'optimalité du second ordre pour des problèmes de contrôle optimal.

Problème linéaire-quadratique

Soit $T > 0$ fixé, et soient $x_0, x_1 \in \mathbb{R}^n$. Considérons le problème LQ de trouver une trajectoire solution du système linéaire autonome contrôlable

$$\dot{x}(t) = Ax(t) + Bu(t), \ x(0) = x_0, \ x(T) = x_1, \tag{9.12}$$

minimisant le coût quadratique

$$C_T(u) = \int_0^T \left({}^t x(t)Wx(t) + {}^t u(t)Uu(t)\right) dt, \tag{9.13}$$

où $U \in \mathcal{M}_m(\mathbb{R})$ est symétrique définie positive, et $W \in \mathcal{M}_n(\mathbb{R})$ est symétrique.

D'après le principe du maximum, le contrôle extrémal est donné par

$$u(t) = U^{-1}\,{}^t B\,{}^t p(t),$$

où le vecteur adjoint $p(t)$ satisfait

$$\dot{p}(t) = -p(t)A + {}^t x(t)W.$$

Le résultat suivant est standard.

Proposition 88. *Les solutions du principe du maximum sont optimales avant leur premier temps conjugué, donné par l'algorithme précédent.*

Exemple 9. Considérons le système de contrôle $\dot{x} = u$, $x(0) = 0$, et le coût quadratique

$$C_T(u) = \int_0^T (u(t)^2 - x(t)^2)dt.$$

Le Hamiltonien est $H = p_x u - \frac{1}{2}(u^2 - x^2)$, et le contrôle extrémal s'écrit $u = p_x$. Le premier temps conjugué pour la trajectoire $x(t) = 0$, correspondant au contrôle $u = 0$, est $t_c = \pi$.

Cas sous-Riemannien

Dans cette section, on montre comment appliquer la théorie des points conjugués vue précédemment au cas sous-Riemannien, modulo une réduction standard. Considérons donc le problème de contrôle optimal

$$\dot{x} = \sum_{i=1}^m u_i f_i(x), \quad \min_u \int_0^T \Big(\sum_{i=1}^m u_i^2\Big)^{1/2}dt,$$

le coût représentant la longueur d'une courbe tangente à la distribution $D = \text{Vect}(f_1, \ldots, f_m)$, les champs f_i étant choisis orthonormés et fixant ainsi la métrique. La longueur $l(x(\cdot)) = \int_0^T (\sum_{i=1}^m u_i^2)^{1/2}dt$ de la courbe $x(\cdot)$ ne dépend pas de la paramétrisation. Le problème rentre dans la catégorie des problèmes paramétriques du calcul des variations. On peut réduire le problème en fixant la paramétrisation. Un choix est d'imposer $\sum_{i=1}^m u_i^2 = 1$, et alors $l(x(\cdot)) = T$. Le problème est alors de minimiser le temps. On procède ici autrement. D'après le principe de Maupertuis, minimiser la longueur revient à minimiser l'énergie $E(x(\cdot)) = \int_0^T \sum_{i=1}^m u_i^2 dt$, le problème étant alors à temps fixé T. Le principe du maximum dans le cas normal consiste à introduire le Hamiltonien $H = \langle p, \sum_{i=1}^m u_i f_i(x)\rangle - \frac{1}{2}\sum_{i=1}^m u_i^2$. La condition de maximisation $\frac{\partial H}{\partial u} = 0$ conduit à $u_i = \langle p, f_i(x)\rangle$. Le Hamiltonien réduit dans le cas normal s'écrit donc

$$H_r = \frac{1}{2}\sum_{i=1}^m u_i^2 = \frac{1}{2}\sum_{i=1}^m \langle p, f_i(x)\rangle^2.$$

Le contrôle est linéaire en p, et en changeant p en λp, on obtient la trajectoire reparamétrisée. On peut donc normaliser les trajectoires sur le niveau d'énergie $H_r = 1/2$. Les trajectoires extrémales sont solutions de

$$\dot{x} = \frac{\partial H_r}{\partial p}, \quad \dot{p} = -\frac{\partial H_r}{\partial x}. \tag{9.14}$$

L'algorithme des points conjugués décrit précédemment s'applique. Notons $J_i(t) = (\delta x_i(t), \delta p_i(t))$ le champ de Jacobi vérifiant $\delta x_i(0) = 0$ et $\delta p_i(0) = e_i$, où $(e_i)_{1 \leqslant i \leqslant n}$ est la base canonique de $\mathbb{R}^n$. Un temps conjugué correspond alors à l'annulation du déterminant

$$D(t) = \det(\delta x_1(t), \ldots, \delta x_n(t)).$$

Réduction du calcul

On réduit dans le cas paramétrique le calcul, en observant que les extrémales solutions de (9.14) vérifient les relations d'homogénéité

$$x(t, x_0, \lambda p_0) = x(\lambda t, x_0, p_0), \ p(t, x_0, \lambda p_0) = \lambda p(\lambda t, x_0, p_0).$$

Un des champs de Jacobi est alors trivial. Plus précisément, en considérant une courbe dans la fibre $\alpha(\varepsilon) = (x_0, (1 + \varepsilon)p_0)$, si $J(t)$ désigne le champ de Jacobi associé, alors $d\pi(J(t))$ est colinéaire à $\dot{x}(t)$.

L'algorithme de calcul des temps conjugués se réduit alors à tester le rang de $(\delta x_1(t), \ldots, \delta x_{n-1}(t))$, où $J_i(t) = (\delta x_i(t), \delta p_i(t))$ est le champ de Jacobi tel que $\delta x_i(0) = 0$, et $\delta p_i(0) \perp p_0$.

En fixant $H_r = 1/2$, on voit que le domaine de l'application exponentielle, définie par

$$\exp_{x_0}(t, p_0) = x(t, x_0, p_0),$$

est le cylindre $\mathbb{R} \times S^{m-1} \times \mathbb{R}^{n-m}$. Le temps t_c est conjugué si et seulement si l'application $\exp_{x_0}(t_c, \cdot)$ n'est pas une immersion en (t_c, p_0).

Lien avec l'optimalité

Rappelons qu'une extrémale $z(t) = (x(t), p(t))$ solution de (9.14) est dite *stricte* sur $[0, T]$ si la trajectoire $x(\cdot)$ n'admet qu'un seul relèvement extrémal, à scalaire près, sur $[0, T]$. Le résultat suivant résulte de l'interprétation du problème sous-Riemannien comme un problème de temps minimal, et de la section suivante.

Proposition 89. *Soit $z(t) = (x(t), p(t))$ une extrémale stricte sur tout intervalle solution de (9.14). La trajectoire $x(\cdot)$ est localement (au sens de la topologie L^∞ sur le contrôle) optimale jusqu'au premier temps conjugué.*

Exemple 10. Considérons le cas dit de Martinet, avec $n = 3$, $m = 2$, et

$$f_1 = \frac{\partial}{\partial x} + \frac{y^2}{2} \frac{\partial}{\partial z}, \ f_2 = \frac{\partial}{\partial y}.$$

Les simulations sont faites le long de l'extrémale partant du point

$$x(0) = y(0) = z(0) = 0, \ p_x(0) = -0.9, \ p_y(0) = 0.19, \ p_z(0) = 100.$$

Sur la figure 9.11 sont représentés, d'une part, la projection sur le plan (xy) de la trajectoire associée (c'est un élastique d'Euler), d'autre part, le déterminant des champs de Jacobi, qui s'annule à $t_c = 1.112$ environ.

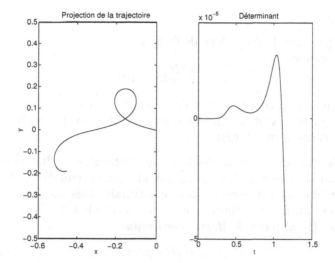

Fig. 9.11. Déterminant, cas de Martinet

Problème du temps minimal

Considérons le problème du temps minimal pour le système de contrôle

$$\dot{x}(t) = f(x(t), u(t)), \ x(0) = x_0, \qquad (9.15)$$

où $f : \mathbb{R}^n \times \mathbb{R}^m \to \mathbb{R}^n$ est une application lisse, $x_0 \in \mathbb{R}^n$, et $u(t) \in \mathbb{R}^m$ (cas sans contrainte sur le contrôle).

Tout contrôle u temps minimal sur $[0, T]$ est alors *singulier*, i.e. c'est une singularité de l'application entrée-sortie E_T en temps T. D'après le principe du maximum, la trajectoire $x(\cdot)$ est projection d'une extrémale $(x(\cdot), p(\cdot))$, solution des équations

$$\dot{x} = \frac{\partial H}{\partial p}(x, p, u), \ \dot{p} = -\frac{\partial H}{\partial x}(x, p, u),$$

et

$$\frac{\partial H}{\partial u}(x, p, u) = 0,$$

où

$$H(x, p, u) = \langle p, f(x, u) \rangle.$$

D'après la condition de maximisation, on peut supposer que $H(x(t), p(t), u(t)) \geqslant 0$ le long de l'extrémale.

Dans cette section, on fait les hypothèses suivantes.

Hypothèses

1. $H(x(t), p(t), u(t)) \neq 0$ le long de l'extrémale.
2. La Hessienne

$$\frac{\partial^2 H}{\partial u^2}(x, p, u)$$

est définie négative (hypothèse de Legendre stricte).
3. La singularité est de codimension un sur tout sous-intervalle (hypothèse de régularité forte, cf [62]).

L'application du théorème des fonctions implicites conduit alors à définir plusieurs familles de contrôles extrémaux $u(x, p)$, chacun d'eux étant utilisés pour construire une partie de la synthèse optimale, dans une direction donnée. C'est l'aspect microlocal. Ainsi, localement, on calcule $u(t) = u(x(t), p(t))$. On définit alors (localement) le *Hamiltonien réduit*

$$H_r(x, p) = H(x, p, u(x, p)).$$

Toute extrémale vérifie

$$\dot{x} = \frac{\partial H_r}{\partial p}(x, p), \quad \dot{p} = -\frac{\partial H_r}{\partial x}(x, p),$$

soit, en notant $z = (x, p)$,

$$\dot{z}(t) = \mathbf{H}_r(z(t)). \tag{9.16}$$

Faisons l'observation suivante.

Lemme 62. *Le contrôle $u(x, p)$ est homogène en p de degré 0, i.e.*

$$u(x, \lambda p) = u(x, p),$$

et les solutions du système réduit vérifient la condition d'homogénéité

$$x(t, x_0, \lambda p_0) = x(t, x_0, p_0), \quad p(t, x_0, \lambda p_0) = \lambda p(t, x_0, p_0).$$

Définition 94. *On définit l'application exponentielle par*

$$exp_{x_0}(t, p_0) = x(t, x_0, p_0),$$

où $(x(t, x_0, p_0), p(t, x_0, p_0))$ est la solution du système (9.16) partant du point (x_0, p_0) en $t = 0$.

Précisons le domaine de cette application. Tout d'abord, le temps t varie dans $\mathbb{R}^+$ (du moins, tant que la solution est bien définie). Ensuite, le vecteur adjoint initial p_0 est défini à scalaire multiplicatif près, sachant que l'on suppose $H_r(x_0, p_0) \neq 0$. On peut donc supposer que $p_0 \in S^{n-1}$. Finalement,

$$\exp_{x_0} : \mathbb{R}^+ \times S^{n-1} \cap \{p_0 \mid H_r(x_0, p_0) \neq 0\} \longrightarrow \mathbb{R}^n.$$

La contribution fondamentale de [2, 13, 62] est la suivante.

Théorème 53. *Sous les hypothèses précédentes, la trajectoire $x(\cdot)$ est locale-ment (au sens de la topologie L^∞ sur le contrôle) temps minimale jusqu'au premier temps conjugué t_c.*

Preuve. La preuve de ce théorème repose sur le fait suivant que l'on va mon-trer : l'application exponentielle n'est pas immersive au temps t si et seulement si la dérivée seconde intrinsèque Q_t de l'application entrée-sortie le long de l'extrémale $(x(\cdot), p(\cdot), u(\cdot))$ admet un noyau non trivial, où Q_t est définie par

$$Q_t(\delta u) = p(t).d^2 E_t(u)_{|\ker dE_t(u) \times \ker dE_t(u)}.(\delta u, \delta u) = 2p(t).\delta_2 x(t),$$

et où $\delta_1 x(\cdot)$, $\delta_2 x(\cdot)$ sont solutions de

$$\dot{\delta_1 x} = \frac{\partial f}{\partial x}(x, u)\delta_1 x + \frac{\partial f}{\partial u}(x, u)\delta u,$$

$$\dot{\delta_2 x} = \frac{\partial f}{\partial x}(x, u)\delta_2 x + \frac{1}{2}\frac{\partial^2 f}{\partial x^2}(x, u).(\delta_1 x, \delta_1 x) + \frac{\partial^2 f}{\partial x \partial u}(x, u).(\delta_1 x, \delta u)$$

$$+ \frac{1}{2}\frac{\partial^2 f}{\partial u^2}(x, u).(\delta u, \delta u),$$

avec $\delta_1 x(0) = \delta_2 x(0) = 0$. En effet, si la forme quadratique Q_t est définie positive, alors on peut montrer, par des arguments du type lemme de Morse, que la trajectoire $x(\cdot)$ est localement isolée en topologie L^∞ (voir [2]).

Montrons donc cette correspondance. On rappelle tout d'abord les no-tations. La trajectoire $x(\cdot)$ est la projection de l'extrémale de référence $(x(\cdot), p(\cdot), u(\cdot))$ solution de

$$\dot{x}(t) = \frac{\partial H_r}{\partial p}(x(t), p(t)), \quad \dot{p}(t) = -\frac{\partial H_r}{\partial x}(x(t), p(t)),$$

où $H_r(x, p) = H(x, p, u(x, p))$, et $u(x, p)$ est solution de

$$\frac{\partial H}{\partial u}(x, p, u(x, p)) = 0. \tag{9.17}$$

En particulier, on a les formules

$$\frac{\partial u}{\partial x} = -\frac{\frac{\partial^2 H}{\partial x \partial u}}{\frac{\partial^2 H}{\partial u^2}}, \quad \frac{\partial u}{\partial p} = -\frac{\frac{\partial^2 H}{\partial p \partial u}}{\frac{\partial^2 H}{\partial u^2}}. \tag{9.18}$$

Rappelons aussi que $\exp_{x_0}(t, p_0) = x(t, x_0, p_0)$, et que

$$\frac{\partial \exp_{x_0}}{\partial p_0}(t, p_0).\delta p_0 = \delta x(t),$$

où $(\delta x(t), \delta p(t))$ est solution du *système variationnel*

$$\dot{\delta x} = \frac{\partial^2 H_r}{\partial x \partial p}(x, p).\delta x + \frac{\partial^2 H_r}{\partial p^2}(x, p).\delta p, \quad \delta x(0) = 0,$$

$$\dot{\delta p} = -\frac{\partial^2 H_r}{\partial x^2}(x, p).\delta x - \frac{\partial^2 H_r}{\partial x \partial p}(x, p).\delta p, \quad \delta p(0) = \delta p_0.$$

(9.19)

Calculons les coefficients du système variationnel. Par dérivation, en tenant compte des formules (9.17) et (9.18), on obtient

$$\frac{\partial^2 H_r}{\partial p^2} = -\frac{\left(\frac{\partial^2 H}{\partial p \partial u}\right)^2}{\frac{\partial^2 H}{\partial u^2}},$$

$$\frac{\partial^2 H_r}{\partial x \partial p} = \frac{\partial^2 H}{\partial x \partial p} - \frac{\frac{\partial^2 H}{\partial p \partial u} \frac{\partial^2 H}{\partial x \partial u}}{\frac{\partial^2 H}{\partial u^2}},$$

$$\frac{\partial^2 H_r}{\partial x^2} = \frac{\partial^2 H}{\partial x^2} - \frac{\left(\frac{\partial^2 H}{\partial x \partial u}\right)^2}{\frac{\partial^2 H}{\partial u^2}}.$$

Donc le système variationnel (9.19) s'écrit

$$\dot{\delta x} = \left(\frac{\frac{\partial^2 H}{\partial p \partial u} \frac{\partial^2 H}{\partial x \partial u}}{\frac{\partial^2 H}{\partial u^2}}\right) \delta x - \left(\frac{\left(\frac{\partial^2 H}{\partial p \partial u}\right)^2}{\frac{\partial^2 H}{\partial u^2}}\right) \delta p,$$

$$\dot{\delta p} = -\left(\frac{\partial^2 H}{\partial x^2} - \frac{\left(\frac{\partial^2 H}{\partial x \partial u}\right)^2}{\frac{\partial^2 H}{\partial u^2}}\right) \delta x - \left(\frac{\partial^2 H}{\partial x \partial p} - \frac{\frac{\partial^2 H}{\partial p \partial u} \frac{\partial^2 H}{\partial x \partial u}}{\frac{\partial^2 H}{\partial u^2}}\right) \delta p.$$

(9.20)

avec $\delta x(0) = 0$ et $\delta p(0) = \delta p_0$.

D'autre part, soit $M(s)$, matrice $n \times n$, la solution du problème de Cauchy

$$\dot{M}(s) = \frac{\partial f}{\partial x}(x(s), u(s))M(s), \quad M(0) = I.$$

Alors,

$$dE_t(u).\delta u = \delta_1 x(t) = M(t) \int_0^t M(s)^{-1} B(s) \delta u(s) ds,$$

et

$$d^2 E_t(u).(\delta u, \delta u) = 2\delta_2 x(t)$$

$$= M(t) \int_0^t M(s)^{-1} \Big(\frac{\partial^2 f}{\partial x^2}.(\delta_1 x, \delta_1 x) + 2\frac{\partial^2 f}{\partial x \partial u}.(\delta_1 x, \delta u)$$

$$+ \frac{\partial^2 f}{\partial u^2}.(\delta u, \delta u)\Big) ds$$

(9.21)

Soit $P(s)$ la solution du problème de Cauchy

$$\dot{P} = -P\frac{\partial f}{\partial x} - p\frac{\partial^2 f}{\partial x^2}.(\delta_1 x, \cdot) - p\frac{\partial^2 f}{\partial x \partial u}.(\cdot, \delta u), \quad P(0) = \delta p_0.$$

Lemme 63. *On a*

$$Q_t(\delta u) = \int_0^t d\left(\frac{\partial H}{\partial u}\right)(x(s), p(s), u(s)).(\delta_1 x(s), P(s), \delta u(s))\,\delta u(s)\,ds.$$

Preuve (Preuve du lemme). Par définition de P, on a

$$\frac{\partial^2 f}{\partial x^2}.(\delta_1 x, \delta_1 x) + 2\frac{\partial^2 f}{\partial x \partial u}.(\delta_1 x, \delta u) = \left(-\dot{P} - P\frac{\partial f}{\partial x}\right)\delta_1 x + p\frac{\partial^2 f}{\partial x \partial u}.(\delta_1 x, \delta u).$$

En remplaçant dans (9.21) et en intégrant par parties, on obtient

$$p(t).d^2 E_t(u).(\delta u, \delta u)$$
$$= -P(t).\delta_1 x(t) + \int_0^t \left(P.\frac{\partial f}{\partial u}\delta u + p.\frac{\partial^2 f}{\partial x \partial u}.(\delta_1 x, \delta u) + p.\frac{\partial^2 f}{\partial u^2}.(\delta u, \delta u)ds\right).$$

Or, d'une part, quand on se restreint à $\ker dE_t(u)$, on a $\delta_1 x(t) = dE_t(u).\delta u = 0$. D'autre part, $\frac{\partial H}{\partial u} = p\frac{\partial f}{\partial u}(x, u)$, donc

$$d\left(\frac{\partial H}{\partial u}\right) = p.\frac{\partial^2 f}{\partial x \partial u}dx + \frac{\partial f}{\partial u}dp + p.\frac{\partial^2 f}{\partial u^2}du,$$

et on en déduit la formule du lemme.

On est maintenant en mesure de prouver le théorème.

Tout d'abord, si $d\exp_{x_0}(t_c, p_0)$ n'est pas immersive, alors il existe une solution $(\delta x(\cdot), \delta p(\cdot))$ du système variationnel telle que $\delta x(t_c) = 0$. Un calcul facile montre alors que

$$d\left(\frac{\partial H}{\partial u}\right)(x, p, u).(\delta x, \delta p, \delta u) = 0,$$

où $\delta u = \frac{\partial u}{\partial x}\delta x + \frac{\partial u}{\partial p}\delta p$, et donc, Q_{t_c} a un noyau non trivial.

Réciproquement, si Q_{t_c} a un noyau non trivial, alors

$$d\left(\frac{\partial H}{\partial u}\right)(x, p, u).(\delta_1 x, P, \delta u) = 0.$$

On en déduit que

$$\delta u = -\frac{\frac{\partial^2 H}{\partial x \partial u}}{\frac{\partial^2 H}{\partial u^2}}\delta_1 x - \frac{\frac{\partial^2 H}{\partial p \partial u}}{\frac{\partial^2 H}{\partial u^2}}P,$$

et en remplaçant dans les équations différentielles de $\delta_1 x$ et P, on obtient que le couple $(\delta_1 x, P)$ vérifie le même problème de Cauchy que le couple $(\delta x, \delta p)$. On en déduit que $\delta x = \delta x_1$, et, en particulier, $\delta x(t_c) = \delta_1 x(t_c) = dE_{t_c}(u).\delta u = 0$. Par conséquent, $d\exp_{x_0}(t_c, p_0)$ n'est pas immersive. Le théorème est prouvé.

Tests de calcul des temps conjugués

On a trois tests équivalents.

- **Test 1.** On se restreint à l'espace vectoriel de dimension $n-1$ des champs de Jacobi $J_i(t) = (\delta x_i(t), \delta p_i(t))$, $i = 1, \ldots, n-1$, verticaux en 0, vérifiant

$$\langle p_0, \delta p_i(0) \rangle = 0. \tag{9.22}$$

  Il s'agit donc de calculer numériquement les champs de Jacobi correspondants, et de déterminer à quel instant le rang

$$\text{rang } d\pi(J_1(t), \ldots, J_{n-1}(t)) = \text{rang } (\delta x_1(t), \ldots, \delta x_{n-1}(t)),$$

  est inférieur ou égal à $n-2$.
- **Test 2.** Une autre possibilité est de calculer numériquement les champs de Jacobi $J_i(t) = (\delta x_i(t), \delta p_i(t))$, $i = 1, \ldots, n$, correspondant aux conditions initiales $\delta p_i(0) = e_i$, $i = 1, \ldots, n$, où $(e_i)_{1 \leqslant i \leqslant n}$ représente la base canonique de $\mathbb{R}^n$, et calculer le rang

$$\text{rang}(\delta x_1(t), \ldots, \delta x_n(t)),$$

  celui-ci devant être égal à $n-1$ en dehors d'un temps conjugué, et étant inférieur ou égal à $n-2$ en un temps conjugué.
- **Test 3.** Par ailleurs, la dérivée de l'application exponentielle par rapport à t est égale à la dynamique f du système. Pour tester les temps conjugués, on peut donc également prendre une base $(\delta p_1, \ldots, \delta p_{n-1})$ vérifiant (9.22), calculer numériquement les champs de Jacobi correspondants $J_i(t) = (\delta x_i(t), \delta p_i(t))$, $i = 1, \ldots, n-1$, et tester l'annulation du determinant

$$\det(\delta x_1(t), \ldots, \delta x_{n-1}(t), f(x(t), u(x(t), p(t)))).$$

En effet, par hypothèse le Hamiltonien est non nul le long de l'extrémale, et donc $\dot{x}(t)$ est transverse à $d\pi(J_1(t), \ldots, J_{n-1}(t))$.

Commentaires sur l'implémentation numérique

L'algorithme précédent est très simple à programmer : il suffit d'intégrer numériquement une équation différentielle (de très nombreuses méthodes efficaces existent), puis de tester la nullité d'un déterminant, ou une chute de rang. Pour calculer numériquement un déterminant ou un rang, de manière efficace, il faut bien entendu passer par une décomposition LU, QR, ou SVD de la matrice. La méthode la plus pratique pour calculer la chute de rang étant la décomposition SVD de la matrice (décomposition aux valeurs singulières), le rang chutant lorsque la dernière valeur singulière s'annule. Ces algorithmes d'intégration numérique et de décomposition sont standards et sont intégrés à des logiciels de calcul numérique comme *Matlab*.

Par ailleurs, pour tester la nullité du déterminant, on peut se contenter de programmer une simple dichotomie. Mais cela suppose que la solution numérique de l'équation aux variations soit suffisamment lisse. En fait, si le système est raide la solution peut numériquement se présenter sous forme de fonction constante par morceaux, auquel cas la procédure de dichotomie peut échouer. On peut alors affiner la méthode de discrétisation de l'équation différentielle, en prenant par exemple un pas plus petit. Mais cela s'avère coûteux et peu efficace. Une meilleure solution consiste à interpoler les points de la solution discrétisée (méthode de collocation), ce qui consiste à lisser la solution. Là encore, de telles routines sont standards (voir *Matlab*), par exemple [63] a développé une formule de collocation dont le polynôme fournit une approximation C^1 de la solution, précise à l'ordre 4 sur l'intervalle en question.

Cela a été implémenté dans le logiciel *COTCOT* (Conditions of Order Two and COnjugate Times), disponible sur le web[1] (voir aussi le rapport technique [8]), dont le fichier principal est une routine matlab, *cotcot.m*. Le calcul du système adjoint s'effectue par différentiation automatique, à l'aide du software *Adifor*, disponible sur internet. Le code *Fortran* définissant le Hamiltonien est généré de manière automatique, et des fichiers *mex* sont créés pour *Matlab*. L'intégration numérique des équations différentielles et la solution du problème de tir associé sont effectués avec des codes standards *Netlib*, interfacés avec *Matlab*. Plus précisément, la routine *Matlab* utilisée pour implémenter la méthode de Newton est *hybrd.m*, qui fait appel au code *Fortran hybrd.f* de *Netlib*. Cette routine, fournie dans le package *COTCOT*, est beaucoup plus fiable et robuste que les routines fournies dans la *Toolbox optim* de *Matlab*.

Un exemple canonique

Considérons le système de contrôle dans $\mathbb{R}^2$

$$\dot{x} = u, \ \dot{y} = 1 - u^2 + x^2,$$

et la condition initiale $x(0) = y(0) = 0$. Le Hamiltonien est $H = p_x u + p_y (1 - u^2 + x^2)$, et le contrôle extrémal s'écrit $u = p_x/2p_y$. On calcule facilement

$$\exp(t, \lambda) = \left(\lambda \sin t, t - \lambda^2 \frac{\sin 2t}{2} \right),$$

et à l'aide de ce calcul explicite on trouve que le premier temps conjugué pour la trajectoire $(x(t) = 0, y(t) = 1)$, correspondant au contrôle $u = 0$, est $t_c = \pi$.

Une simulation numérique permet de vérifier ceci. La figure 9.12 représente la quantité $\det(\delta x_1(t), \delta x_2(t), f)$, où f est la dynamique du système. On observe bien que cette quantité s'annule pour la première fois en $t = \pi$.

---

[1] http://www.n7.fr/apo/cotcot.zip

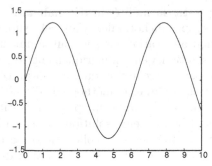

Fig. 9.12. $\det(\delta x_1(t), \delta x_2(t), f)$

9.3.4 Application au problème du transfert orbital

Dans le repère orthoradial, on a

$$\dot{x} = F_0(x) + \frac{1}{m}\left(u_r F_r(x) + u_{or} F_{or}(x) + u_c F_c(x)\right) \tag{9.23}$$

$$\dot{m} = -\delta|u|. \tag{9.24}$$

Le Hamiltonien de ce système s'écrit

$$H = \langle p, F_0(x) + \frac{1}{m} u_r F_r(x) + \frac{1}{m} u_{or} F_{or}(x) + \frac{1}{m} u_c F_c(x)\rangle - \delta p_m |u|,$$

où $|u| \leqslant u_{max}$. D'après le Chap. 6, en dehors des Π-singularités le contrôle temps minimal s'écrit

$$u = u_{max} \frac{\Phi}{|\Phi|},$$

où $\Phi = (\langle p, F_r(x)\rangle, \langle p, F_{or}(x)\rangle, \langle p, F_c(x)\rangle)$. On en déduit que $m(t) = m_0 - \delta u_{max} t$, et on doit donc tester un point conjugué pour le système (9.23).

Commentaires

D'un point de vue numérique, le système extrémal est calculé, comme pour le problème de rentrée atmosphérique, à l'aide de *Maple*, ou par différentiation automatique dans la routine *COTCOT* présente précédemment. Pour déterminer la trajectoire optimale, on utilise une méthode de tir simple. On teste ensuite son optimalité avec un calcul de temps conjugué.

On utilise les données numériques du Chap. 6. Pour une poussée maximale de 3 N, le temps minimal de transfert est d'environ 12 jours, ce qui correspond à environ 15 orbites autour de la Terre. Sur la figure 9.13, on a pris le temps final comme unité. On prolonge les extrémales sur 3.5 fois le temps minimal. Le premier temps conjugué apparaît environ à 3 fois le temps minimal, et le deuxième à environ 3.5 fois le temps minimal.

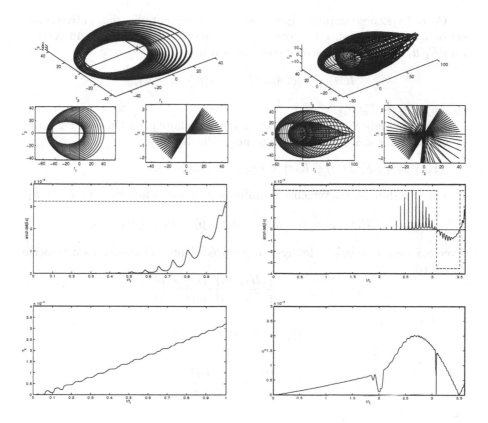

Fig. 9.13. Transfert orbital

9.3.5 Temps conjugués pour des systèmes de contrôle affines

Préliminaires

Dans cette section, on considère le problème du temps minimal pour le système de contrôle affine mono-entrée

$$\dot{x}(t) = F_0(x(t)) + u(t)F_1(x(t)), \qquad (9.25)$$

où F_0 et F_1 sont des champs de vecteurs lisses sur $\mathbb{R}^n$, et $u(t) \in \mathbb{R}$. Toute trajectoire $x(\cdot)$ temps minimale est singulière, i.e. son contrôle associé $u(\cdot)$ est une singularité de l'application entrée-sortie.

On fait les hypothèses suivantes.

($\mathbf{H_0}$) La trajectoire $x(\cdot)$ est lisse et injective.

Pour simplifier la présentation, on peut supposer que $u = 0$.

($\mathbf{H_1}$) L'ensemble $\{ad^k F_0.F_1(x(t)),\ k \in \mathbb{N}\}$ est de codimension un.

Cette hypothèse implique que la singularité de l'application entrée-sortie est de codimension un, ou encore que le premier cône de Pontryagin $K(t) = \text{Im } dE_t(u)$ est le sous-espace de codimension un

$$K(t) = \text{Vect } \{ad^k F_0.F_1(x(t)), \ k \in \mathbb{N}\},$$

où $ad\, F_0.F_1 = [F_0, F_1]$.

Le vecteur adjoint $p(\cdot)$ associé est unique à scalaire près. On peut l'orienter en utilisant la condition $H \geqslant 0$ du principe du maximum.

$(\mathbf{H_2})$ $ad^2 F_1.F_0(x(t)) \notin K(t)$ le long de la trajectoire.

On introduit les relèvements Hamiltoniens associés aux champs F_0 et F_1,

$$H_0(x,p) = \langle p, F_0(x)\rangle, \ H_1(x,p) = \langle p, F_1(x)\rangle.$$

Avec ces notations, et sous les hypothèses précédentes, l'extrémale est associée au contrôle

$$u(x,p) = -\frac{\{\{H_1, H_0\}, H_0\}(x,p)}{\{\{H_1, H_0\}, H_1\}(x,p)},$$

vérifie les contraintes

$$H_1 = \{H_0, H_1\} = 0,$$

et est solution de

$$\dot{x} = \frac{\partial \hat{H}}{\partial p}, \ \dot{p} = -\frac{\partial \hat{H}}{\partial x},$$

où

$$\hat{H}(x,p) = H_0(x,p) + u(x,p)H_1(x,p).$$

Définition 95. *1. Si $H_0 > 0$:*
  a) si $\{\{H_1, H_0\}, H_1\} > 0$, on dit que la trajectoire est hyperbolique ;
  b) si $\{\{H_1, H_0\}, H_1\} < 0$, on dit que la trajectoire est elliptique.
  2. Si $H_0 = 0$, on dit que la trajectoire est exceptionnelle.

Transformation intégrale

$(\mathbf{H_3})$ La champ F_1 est transverse à la trajectoire $x(\cdot)$ de référence.

Dans un voisinage tubulaire de $x(\cdot)$, on identifie le champ F_1 à

$$F_1 = \frac{\partial}{\partial x_n}.$$

Localement, le système se décompose en

$$\dot{\tilde{x}} = f(\tilde{x}, x_n), \tag{9.26}$$
$$\dot{x}_n = g(\tilde{x}, x_n) + u, \tag{9.27}$$

où $\tilde{x} = (x_1, \ldots, x_{n-1})$.

Définition 96. *La transformation intégrale consiste à prendre comme nouveau contrôle le contrôle $v = x_n$. On considère alors le système réduit (9.26), qui s'écrit*

$$\dot{\tilde{x}} = f(\tilde{x}, v).$$

Le Hamiltonien de ce système est

$$\tilde{H}(\tilde{x}, \tilde{p}, v) = \langle \tilde{p}, f(\tilde{x}, v) \rangle.$$

Lemme 64. *Le triplet (x, p, u) est une extrémale du système (9.25) si et seulement si $(\tilde{x}, \tilde{p}, x_n)$ est une extrémale du système réduit (9.26). De plus,*

$$\frac{\partial}{\partial t} \frac{\partial H}{\partial u} = -\frac{\partial \tilde{H}}{\partial x_n},$$

$$\frac{\partial}{\partial u} \frac{\partial^2}{\partial t^2} \frac{\partial H}{\partial u} = -\frac{\partial^2 \tilde{H}}{\partial x_n^2}.$$

En particulier, la condition de Legendre stricte pour le système réduit équivaut à la condition dite de Legendre-Clebsch pour le système affine initial.

Faisons l'hypothèse technique supplémentaire suivante.

(H₄) Pour tout $t \in [0, T]$, les $n - 1$ premiers vecteurs $ad^k F_0.F_1(x(t))$, $k = 0, \ldots, n - 2$, sont linéairement indépendants le long de la trajectoire de référence. Dans le cas exceptionnel où $F_0(x(t)) \in K(t)$, on suppose de plus que

$$F_0(x(t)) \notin \text{Vect } \{ad^k F_0.F_1(x(t)), \ k = 0, \ldots, n - 3\}.$$

On rappelle le résultat suivant de [13].

Théorème 54. *Sous les hypothèses précédentes, la trajectoire singulière de référence $x(\cdot)$, définie sur $[0, T]$, est temps minimale dans les cas hyperbolique et exceptionnel, et temps maximale dans le cas elliptique, jusqu'à un premier temps t_{1c} dit temps conjugué, parmi toutes les trajectoires du système contenues dans un voisinage tubulaire de $x(\cdot)$.*

L'enjeu est maintenant de donner des algorithmes de calcul des temps conjugués.

Algorithmes dans les cas elliptique et hyperbolique

- **Test 1.** En utilisant la transformation intégrale, on se ramène au cadre de la Sect. 9.3.3. On considère le système extrémal réduit

$$\dot{\tilde{x}} = \frac{\partial \tilde{H}}{\partial \tilde{p}}, \ \dot{\tilde{p}} = -\frac{\partial \tilde{H}}{\partial \tilde{x}},$$

et on note $\tilde{J}_1(t), \ldots, \tilde{J}_{n-2}(t)$ les $n-2$ champs de Jacobi verticaux en 0, $\delta\tilde{p}(0)$ vérifiant $\langle \delta\tilde{p}(0), \tilde{p}(0) \rangle = 0$. Il s'agit alors de calculer numériquement l'instant auquel le rang

$$\text{rang } d\tilde{\pi}(\tilde{J}_1(t), \ldots, \tilde{J}_{n-2}(t))$$

est inférieur ou égal à $n-3$.

Remarque 48. Le test n'a de sens que pour $n \geqslant 3$. Pour $n = 2$, il n'y a pas de temps conjugué sous les hypothèses précédentes.

- **Test 2.** Ce deuxième test est intrinsèque et n'utilise pas la transformation intégrale. On considère les champs de Jacobi solutions de l'équation aux variations associée au système initial (9.25) et des contraintes linéarisées

$$dH_1 = d\{H_0, H_1\} = 0,$$

$\delta p(0)$ vérifiant $\langle \delta p(0), p(0) \rangle = 0$, et $\delta x(0) \in \mathbb{R}F_1(x(0))$. Autrement dit, on considère une base $(\delta x_1(0), \ldots, \delta x_n(0), \delta p_1(0), \ldots, \delta p_n(0))$ satisfaisant

$\langle \delta p_i(0), p(0) \rangle = 0,$
$\langle \delta p_i(0), F_1(x(0)) \rangle + \langle p_i(0), dF_1(x(0)).\delta x_i(0) \rangle = 0,$
$\langle \delta p_i(0), [F_0, F_1](x(0)) \rangle + \langle p_i(0), d[F_0, F_1](x(0)).\delta x_i(0) \rangle = 0,$
$\delta x_i(0) \in \mathbb{R}F_1(x(0)),$

on calcule les $n-2$ champs de Jacobi associés, et on détermine à quel instant le rang

$$\text{rang } (d\pi(J_1(t), \ldots, J_{n-2}(t)), F_1(x(t)))$$
$$= \text{rang } (\delta x_1(t), \ldots, \delta x_{n-2}(t), F_1(x(t)))$$

est inférieur ou égal à $n-2$.

Puisque le champ F_0 est transverse au cône de Pontryagin le long de la trajectoire, ceci est équivalent à tester l'annulation du déterminant

$$\det(d\pi(J_1(t), \ldots, J_{n-2}(t)), F_1(x(t)), F_0(x(t))).$$

Algorithme dans le cas exceptionnel

On considère la restriction des extrémales singulières sur le niveau d'énergie $H_0 = 0$. Le test, présenté sans passer par la transformation intégrale, est le suivant. On considère les $n-3$ champs de Jacobi solutions de l'équation aux variations associée au système initial (9.25) et des contraintes linéarisées

$$dH_1 = d\{H_0, H_1\} = dH_0 = 0,$$

$\delta p(0)$ vérifiant $\langle \delta p(0), p(0) \rangle = 0$, et $\delta x(0) \in \mathbb{R}F_1(x(0))$, et on détermine numériquement à quel instant le rang

$$\text{rang } (d\pi(J_1(t),\ldots,J_{n-3}(t)), F_1(x(t)), F_0(x(t)))$$

est inférieur ou égal à $n-2$.

Puisque le champ $ad^2F_1.F_0$ est transverse au cône de Pontryagin le long de la trajectoire, ceci est équivalent à tester l'annulation du déterminant

$$\det(d\pi(J_1(t),\ldots,J_{n-3}(t)), F_1(x(t)), F_0(x(t)), ad^2F_1.F_0(x(t))).$$

Remarque 49. Le test n'a de sens que si $n \geqslant 4$. Pour $n=3$, sous les hypothèses précédentes, il n'y a pas de temps conjugué.

Application au contrôle d'attitude

On rappelle que les équations d'Euler sont

$$
\begin{aligned}
\dot{\Omega}_1 &= a_1\Omega_2\Omega_3 + b_1u,\\
\dot{\Omega}_2 &= a_2\Omega_1\Omega_3 + b_2u,\\
\dot{\Omega}_3 &= a_3\Omega_1\Omega_2 + b_3u,
\end{aligned}
\tag{9.28}
$$

où

$$a_1 = \frac{I_2 - I_3}{I_1},\ a_2 = \frac{I_3 - I_1}{I_2},\ a_3 = \frac{I_1 - I_2}{I_3},$$

voir Chap. 5. On applique l'algorithme de calcul des temps conjugués intrinsèque vu en Sect. 9.3.5, avec les données suivantes :

$$I_1 = 3,\ I_2 = 2,\ I_3 = 1,$$

et

$$b_1 = 2,\ b_2 = 1,\ b_3 = 1.$$

On effectue le test avec les données initiales

$$\Omega_1 = 0.05,\ \Omega_2 = 0.05,\ \Omega_3 = 1.$$

La trajectoire associée est hyperbolique, et on obtient un premier temps conjugué à 1.37 environ, qui correspond à l'annulation de la norme de l'unique champ de Jacobi, voir figure 9.14.

Les équations complètes du contrôle d'attitude consistent à ajouter aux équations d'Euler les équations

$$\dot{R}(t) = S(\Omega(t))R(t),\tag{9.29}$$

où

$$S(\Omega) = \begin{pmatrix} 0 & \Omega_3 & -\Omega_2 \\ -\Omega_3 & 0 & \Omega_1 \\ \Omega_2 & -\Omega_1 & 0 \end{pmatrix}.$$

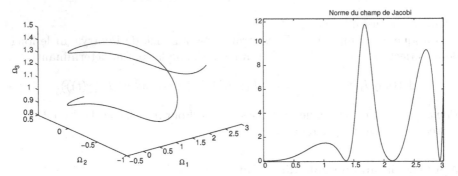

Fig. 9.14. Résultats numériques sur les équations d'Euler

La matrice $R(t)$ est une matrice de rotation dans $\mathbb{R}^3$, représentée par un élément de $\mathbb{R}^9$.

Pour le calcul des temps conjugués, on choisit ici la méthode de transformation intégrale décrite à la Sect. 9.3.5. Le champ F_1 étant constant, il s'agit juste d'un changement linéaire de coordonnées. Plus précisément, b_3 étant différent de 0, on réalise la transformation intégrale en prenant comme nouveau contrôle $v = x_3$, et on définit les nouvelles coordonnées

$$x = \Omega_1 - \frac{b_1}{b_3}\Omega_3, \ y = \Omega_2 - \frac{b_2}{b_3}\Omega_3.$$

Le système réduit est de la forme

$$\dot{R}(t) = S(x(t), y(t), v(t))R(t),$$
$$\dot{x}(t) = f_1(x(t), y(t), v(t)),$$
$$\dot{y}(t) = f_2(x(t), y(t), v(t)),$$

où f_1 et f_2 sont quadratiques.

Pour les simulations numériques, les données initiales sur l'état (qui est un élément de $\mathbb{R}^{11}$) sont

$$R(0) = Id, \ x(0) = 0.05, \ y(0) = 0.05.$$

Cas hyperbolique

Si on choisit le vecteur adjoint initial

$$p(0) = (1\ 1\ 1\ 1\ 1\ 1\ 1\ 1\ 1\ 1\ 1\ ),$$

on est dans le cas hyperbolique. Pour calculer le rang de la matrice, on utilise une décomposition aux valeurs singulières (SVD). On constate qu'en dehors d'un temps conjugué le rang de cette matrice est égal à 4. La figure 9.15 représente les valeurs singulières 2, 3 et 4, le premier temps conjugué correspondant à l'annulation de la quatrième valeur singulière. On obtient $t_{1c} = 285.729$ environ.

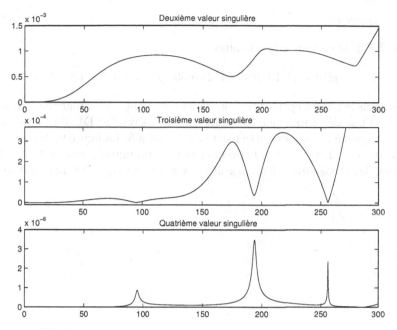

Fig. 9.15. Résultats numériques sur les équations du contrôle d'attitude, cas hyperbolique

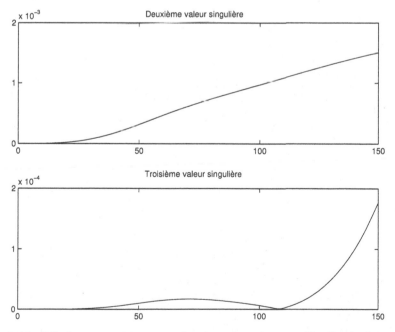

Fig. 9.16. Résultats numériques sur les équations du contrôle d'attitude, cas exceptionnel

Cas exceptionnel

Si on choisit le vecteur adjoint initial

$$p(0) = (1 \ 1 \ 0.99355412876393 \ 1 \ 1 \ 1 \ 1 \ 1 \ 1 \ 1 \ 1 \ ),$$

on est dans le cas exceptionnel. Pour calculer le rang de la matrice, on utilise de même une décomposition aux valeurs singulières (SVD). En dehors d'un temps conjugué le rang de cette matrice est égal à 3. La figure 9.16 représente les valeurs singulières 2 et 3, le premier temps conjugué correspondant à l'annulation de la troisième valeur singulière. On obtient $t_{1c} = 108.1318$ environ.

Références

1. Agrachev, A.A, Sachkov, Yu.L.: Control theory from the geometric viewpoint, Encyclopaedia of Mathematical Sciences, 87, Control Theory and Optimization, II, Springer-Verlag, Berlin (2004)
2. Agrachev, A.A., Sarychev, A.A.: On abnormal extremals for Lagrange variational problems, Journal Math. Syst. Estim. Cont. **8**, 1 87–118 (1998)
3. Arnold, V.I.: Méthodes mathématiques de la mécanique classique, Ed. Mir, Moscou (1976)
4. Arnold, V.I.: Chapitres supplémentaires de la théorie des équations différentielles ordinaires, Ed. Mir, Moscou (1980)
5. Arnold, V.I., Avez, A.: Problèmes ergodiques de la mécanique classique, Gauthier-Villars, Paris (1967)
6. Bolza, O.: Calculus of variations, Chelsea Publishing Co., New York (1973)
7. Bonnard, B.: Contrôlabilité de systemes mécaniques sur les groupes de Lie, SIAM J. Cont. Optim. **22**, 711–722 (1984)
8. B. Bonnard, J.-B. Caillau, E. Trélat, *Cotcot: short reference manual*, Technical report RT/APO/05/1, "http://www.n7.fr/apo".
9. Bonnard, B., Caillau, J.-B., Trélat, E.: Geometric optimal control of elliptic Keplerian orbits, to appear in Discrete Contin. Dyn. Syst.
10. Bonnard, B., Chyba, M.: The role of singular trajectories in control theory, Math. Monograph, Springer-Verlag (2003)
11. Bonnard, B., Faubourg, F., Launay, G., Trélat, E.: Optimal control with state constraints and the space shuttle re-entry problem, J. Diff. Cont. Syst. **9**, 2, 155–199 (2003)
12. Bonnard, B., Faubourg, L., Trélat, E.: Optimal control of the atmospheric arc of a space shuttle and numerical simulations by multiple-shooting techniques, Math. Models Methods Applied Sci. **2**, 15 (2005)
13. Bonnard, B., Kupka, I.: Théorie des singularités de l'application entrée/sortie et optimalité des trajectoires singulières dans le problème du temps minimal, Forum Math. **5**, 111–159 (1993)
14. Bonnard, B., Trélat, E.: Une approche géométrique du contrôle optimal de l'arc atmosphérique de la navette spatiale, ESAIM Control Optim. Calc. Var. **7**, 179–222 (2002)

15. Bryson, A.E., Ho, Y.C.: Applied optimal control, Hemisphere Publishing Corp. Washington, D. C. (1975)
16. Caillau, J.B.: Contribution à l'étude du contrôle en temps minimal des transferts orbitaux, PhD thesis, Institut National Polytechnique de Toulouse (2000)
17. Caillau, J.B., Noailles, J.: Coplanar of a satellite around the Earth, ESAIM Control Optim. Calc. Var. **6**, 239–258 (2001)
18. Chang, D.E., Chichka, D.F., Marsden, J.E.: Lyapunov-based transfer between elliptic Keplerian orbits, Discrete Contin. Dyn. Syst. **2**, Ser. B, 57–67 (2002)
19. Chenciner, A.: A l'infini en temps fini, Séminaire Bourbaki **832**, Astérisque **245**, 323–353 (1997)
20. Chenciner, A., Montgomery, R.: A remarkable periodic solution of the three-body problem in the case of equal masses, Ann. Math. **152**, 3, 881–901 (2000)
21. Chenciner, A., Grever, J., Montgomery, R., Simo, C.: Simple choreographic notion of N-bodies, a preliminary study, Geometry, mechanics and dynamics, Springer New-York, 287–308 (2002)
22. Ciampi, A.: Classical Hamiltonian linear systems, Queen's Papers in Pure and Applied Mathematics **31**, Queen's University, Kingston, Ont. (1972)
23. Clarke, F.: Optimization and nonsmooth analysis, Canadian Mathematical Society Series of Monographs and Advanced Texts, John Wiley & Sons, Inc., New York (1983)
24. CNES: Mécanique spatiale, Cepadues Eds (1993)
25. Coron, J.M., Praly, L.: Transfert orbital à l'aide de moteurs ioniques, Rapport CNES **1442** (1996)
26. Deuflhard, P.: A stepsize control for continuation methods and its special application to multiple shooting techniques, Numer. Math. **33**, 115–146 (1979)
27. Geffroy, S.: Généralisation des techniques de moyennisation en contrôle optimal - Application aux problèmes de transfert et de rendez-vous orbitaux à poussée faible, PhD thesis, Institut National Polytechnique de Toulouse (1997)
28. Grimm, W., Markl, A.: Adjoint estimation from a direct multiple shooting method, J. Opt. Theory Appl. **92**, 2, 262–283 (1997)
29. Gelfand, I.M., Fomin, S.V.: Calculus of variations, Revised English edition translated and edited by Richard A. Silverman, Prentice-Hall Inc., Englewood Cliffs, N.J. (1963)
30. Gamkrelidze, R.V.: Discovery of the maximum principle, J. Dyn. Cont. Syst. **5**, 4, 437–451 (1999)
31. Godbillon, C.: Géométrie différentielle et mécanique analytique, Hermann, Paris (1969)
32. Gordon, W.G.: A minimizing property of Keplerian orbits, Amer. J. Math. **99**, 961-971 (1990)
33. Harpold, J., Graves, C.: Shuttle entry guidance, J. Astronautical Sciences **27**, 239–268 (1979)
34. Hartl, R.F., Sethi, S.P., Vickson, R.G.: A Survey of the Maximum Principles for Optimal Control Problems with State Constraints, SIAM Review **37**, 181–218 (1995)

35. Hermes, H.: Lie algebras of vector fields and local approximation of attainable sets, SIAM J. Control Optim. **16**, 715–727 (1978)
36. Hermes, H.: On the synthesis of a stabilizing feedback control via Lie algebraic methods, SIAM J. Control Optim. **18**, 352–361 (1980)
37. Hirsch, M.W., Smale, S.: Differential equations, dynamical systems and linear algebra, Academic Press, New York (1974)
38. Ioffe, A.D., Tikhomirov, V.M.: Theory of extremal problems, North-Holland Publishing Co., Amsterdam (1979)
39. Jacobson, D.H., Lele, M.M., Speyer, J.L.: New necessary conditions of optimality for control problems with state-variable inequality constraints, J. Math. Anal. Appl. **35**, 255–284 (1971)
40. Jurdjevic, V., Kupka, I.: Control systems on semisimple Lie groups and their homogeneous spaces, Ann. Inst. Fourier **31**, 151–179 (1981)
41. Jurdjevic, V., Quinn, J.P.: Controlability and stability, J. Diff. Eq. **28**, 381-389 (1978)
42. Klingenberg, W.: Riemannian Geometry, Grayter, Berlin (1982)
43. Kwakernaak, H., Sivan, R.: Linear optimal control systems, John Wiley, New-York (1972)
44. Landau, L., Lifchitz, E.: Mécanique, Ed. Mir, Moscou (1969)
45. Laumond, J.P.: Nonholonomic motion planning for mobile robots, Report 98211, LAAS (1998)
46. Lee, E.B., Markus, L.: Foundations of optimal control theory, John Wiley, New York (1967)
47. Libermann, P., Marle, C.M.: Symplectic geometry and analytical mechanics, D. Reidel Publishing Company, Dordrecht Holland (1987)
48. Lobry, C.: Controllability of nonlinear systems on compact manifolds, SIAM J. Control **12**, 1–4 (1974)
49. Maurer, H.: On optimal control problems with bounded state variables and control appearing linearly, SIAM J. Cont. Optim. **15**, 3, 345–362 (1977)
50. Mawhin, J., Willem, M.: Critical point theory and Hamiltonian systems, Springer, New-York (1989)
51. Miele, A.: Recent advances in the optimization and guidance of aeroassociated orbital transfers, Acta astronautica **38**, 10, 747–768 (1996)
52. Meyer, G.: On the use of Euler's theorem on the rotations for the synthesis of attitude control systems, NASA, TND-3643 (1966)
53. Meyer, K.R., Hall, G.R.: Introduction to Hamiltonian dynamical systems and the N-body problem, Applied Mathematical Sciences **90**, Springer-Verlag, New York (1992)
54. Meyer, K.R., Hall, G.R.: Hill lunar equation and the three-body problem, Journal Diff. Eq. **44**, 2, 263–272 (1982)
55. Montgomery, R.: A new solution to the three-body problem, Notices AMS, 471–481 (2001)
56. Nemytskii, V.V., Steponov, V.V.: Qualitative theory of differential equations, Princeton University Press, Princeton (1960)
57. Pascoli, G.: Astronomie fondamentale, Masson Sciences, Dunod (2000)
58. Poincaré, H.: Oeuvres de H. Poincaré, Gauthier-Villars (1956)
59. Pollard, H.: Celestial Mechanics, Number eighteen in the Carus Mathematical Monographs (1976)

60. Pontriaguine, L., Boltianski, V., Gamkrelidze, R., Michtchenko, E.: Théorie mathématique des processus optimaux, Ed. Mir, Moscow, traduit du russe par Djilali Embarek (1974)
61. Rouche, N., Mawhin, J.: Equations différentielles ordinaires, tome 2, Masson, Paris (1973)
62. Sarychev, A.V.: The index of second variation of a control system, Math. USSR Sbornik **41**, 338–401 (1982)
63. Shampine, L.F., Reichelt, M.W., Kierzenka, J.: Solving Boundary Value Problems for Ordinary Differential Equations in MATLAB with bvp4c, available at ftp://ftp.mathworks.com/pub/doc/papers/bvp/
64. Siegel, C.L., Moser, J.K.: Lectures on celestial mechanics, Classics in Mathematics, Springer-Verlag, Berlin (1995)
65. Sternberg, S.: Celestial Mechanics, New York (1969)
66. Stoer, J., Bulirsch, R.: Introduction to numerical analysis, Springer-Verlag, Berlin (1980)
67. Sussmann, H.J.: Orbits of families of vector fields and integrability of distributions, Trans. Amer. Math. Soc. **317**, 171–188 (1973)
68. Sussmann, H.J.: New theories of set-valued differentials and new versions of the maximum principle of optimal control theory, Nonlinear Control in the Year 2000, A. Isidori, F. Lamnabhi-Lagarrigue and W. Respondek Eds., Springer-Verlag, 487–526 (2000)
69. Sussmann, H.J.: A nonsmooth hybrid maximum principle, Stability and stabilization of nonlinear systems (Ghent, 1999), 325–354, Lecture Notes in Control and Inform. Sci. **246**, Springer, London (1999)
70. von Stryk, O., Bulirsch, R.: Direct and indirect methods for trajectory optimization, Annals of Operations Research **37**, 357–373 (1992)
71. Watson, L.T.: A globally convergent algorithm for computing fixed points of C^2 maps, Applied Math. Comput. **5**, 297–311 (1979)
72. Williamson, J.: On algebraic problem, concerning the normal forms of linear dynamical systems, Amer. J. of Math. **1**, 141–163 (1936)
73. Wintner, A.: The analytical foundation of celestial mechanics, Princeton Univ. Press (1947)
74. Zarrouati, O.: Trajectoires spatiales, CNES-Cepadues, Toulouse, France (1987)

Index

Déjà parus dans la même collection

1. T. CAZENAVE, A. HARAUX
Introduction aux problèmes d'évolution
semi-linéaires. 1990

2. P. JOLY
Mise en œuvre de la méthode des
éléments finis. 1990

3/4. E. GODLEWSKI, P.-A. RAVIART
Hyperbolic systems of conservation
laws. 1991

5/6. PH. DESTUYNDER
Modélisation mécanique des milieux
continus. 1991

7. J. C. NEDELEC
Notions sur les techniques d'éléments
finis. 1992

8. G. ROBIN
Algorithmique et cryptographie. 1992

9. D. LAMBERTON, B. LAPEYRE
Introduction au calcul stochastique
appliqué. 1992

10. C. BERNARDI, Y. MADAY
Approximations spectrales de problèmes
aux limites elliptiques. 1992

11. V. GENON-CATALOT, D. PICARD
Eléments de statistique asymptotique.
1993

12. P. DEHORNOY
Complexité et décidabilité. 1993

13. O. KAVIAN
Introduction à la théorie des points
critiques. 1994

14. A. BOSSAVIT
Électromagnétisme, en vue de la
modélisation. 1994

15. R. KH. ZEYTOUNIAN
Modélisation asymptotique en
mécanique des fluides newtoniens. 1994

16. D. BOUCHE, F. MOLINET
Méthodes asymptotiques en
électromagnétisme. 1994

17. G. BARLES
Solutions de viscosité des équations
de Hamilton-Jacobi. 1994

18. Q. S. NGUYEN
Stabilité des structures élastiques. 1995

19. F. ROBERT
Les systèmes dynamiques discrets. 1995

20. O. PAPINI, J. WOLFMANN
Algèbre discrète et codes correcteurs.
1995

21. D. COLLOMBIER
Plans d'expérience factoriels. 1996

22. G. GAGNEUX, M. MADAUNE-TORT
Analyse mathématique de modèles non
linéaires de l'ingénierie pétrolière. 1996

23. M. DUFLO
Algorithmes stochastiques. 1996

24. P. DESTUYNDER, M. SALAUN
Mathematical Analysis of Thin Plate
Models. 1996

25. P. ROUGEE
Mécanique des grandes transformations.
1997

26. L. HÖRMANDER
Lectures on Nonlinear Hyperbolic
Differential Equations. 1997

27. J. F. BONNANS, J. C. GILBERT,
C. LEMARÉCHAL, C. SAGASTIZÁBAL
Optimisation numérique. 1997

28. C. COCOZZA-THIVENT
Processus stochastiques et fiabilité des
systèmes. 1997

29. B. LAPEYRE, É. PARDOUX, R. SENTIS
Méthodes de Monte-Carlo pour les
équations de transport et de diffusion.
1998

30. P. SAGAUT
Introduction à la simulation des grandes
échelles pour les écoulements de fluide
incompressible. 1998

31. E. RIO
Théorie asymptotique des processus
aléatoires faiblement dépendants.
1999

32. J. MOREAU, P.-A. DOUDIN,
P. CAZES (EDS.)
L'analyse des correspondances et les
techniques connexes. 1999

33. B. CHALMOND
Eléments de modélisation pour l'analyse
d'images. 1999

34. J. ISTAS
Introduction aux modélisations
mathématiques pour les sciences du
vivant. 2000

35. P. ROBERT
Réseaux et files d'attente: méthodes
probabilistes. 2000

36. A. ERN, J.-L. GUERMOND
Eléments finis: théorie, applications,
mise en œuvre. 2001

37. S. SORIN
A First Course on Zero-Sum Repeated
Games. 2002

38. J. F. MAURRAS
Programmation linéaire, complexité.
2002

39. B. YCART
Modèles et algorithmes Markoviens.
2002

40. B. BONNARD, M. CHYBA
Singular Trajectories and their Role in
Control Theory. 2003

41. A. TSYBAKOV
Introduction à l'estimation
non-paramétrique. 2003

42. J. ABDELJAOUED, H. LOMBARDI
Méthodes matricielles – Introduction à la
complexité algébrique. 2004

43. U. BOSCAIN, B. PICCOLI
Optimal Syntheses for Control Systems
on 2-D Manifolds. 2004

44. L. YOUNES
Invariance, déformations et
reconnaissance de formes. 2004

45. C. BERNARDI, Y. MADAY, F. RAPETTI
Discrétisations variationnelles de
problèmes aux limites elliptiques.
2004

46. J.-P. FRANÇOISE
Oscillations en biologie: Analyse
qualitative et modèles. 2005

47. C. LE BRIS
Systèmes multi-échelles: Modélisation et
simulation. 2005

48. A. HENROT, M. PIERRE
Variation et optimisation de formes: Une
analyse géométrique. 2005

49. B. BIDÉGARAY-FESQUET
Hiérarchie de modèles en optique
quantique: De Maxwell-Bloch à
Schrödinger non-linéaire. 2005

50. R. DÁGER, E. ZUAZUA
Wave Propagation, Observation and
Control in $1 - d$ Flexible
Multi-Structures. 2005

51. B. BONNARD, L. FAUBOURG,
E. TRÉLAT
Mécanique céleste et contrôle des
véhicules spatiaux. 2005